全国教育科学"十一五"规划课题
中等职业教育工学结合课程实践成果

机械制图与识图工作页

Jixie Zhitu yu Shitu Gongzuoye

第 2 版

谢彩英　主编

朱丽萍　主审

高等教育出版社·北京

内容简介

　　本书是全国教育科学"十一五"规划课题中等职业教育工学结合课程实践成果、广州市中等职业学校数控技术应用专业新课程教材之一《机械制图与识图工作页》的第 2 版,是为使教材更贴近中职学生的实际,结合教学一线的反馈意见,配合创建国家示范校建设在第 1 版基础上修订而成的。

　　本书体现以学生为中心、行动为导向的教学和以综合职业能力培养为目标的课程建设思路,主要内容包括源于典型工作任务的 12 个学习任务:吊钩平面图形的绘制、轴承座三视图的绘制、压块正等轴测图的绘制、弯管视图表达方案的确定、支承座剖视图的画法、初识从动齿轮轴零件图、泵盖零件图的识读、支架零件图的识读、泵体零件图的识读、主动轴零件图的绘制、齿轮油泵装配图的识读、机用虎钳螺杆零件的测绘。

　　本书适用于中等职业学校、技工学校机械类专业的机械制图课程教学,也可作为职业培训教材。

图书在版编目(CIP)数据

机械制图与识图工作页/谢彩英主编.--2 版.--北京:高等教育出版社,2013.8(2020.5重印)
ISBN 978-7-04-038024-8

Ⅰ.①机… Ⅱ.①谢… Ⅲ.①机械制图-中等专业学校-教材②机械图-识别-中等专业学校-教材 Ⅳ.①TH126

中国版本图书馆 CIP 数据核字(2013)第 160068 号

策划编辑	张春英	责任编辑	张春英	封面设计 姜　磊	版式设计	马敬茹
插图绘制	尹　莉	责任校对	杨凤玲	责任印制 耿　轩		

出版发行	高等教育出版社	网　址	http://www.hep.edu.cn	
社　址	北京市西城区德外大街 4 号		http://www.hep.com.cn	
邮政编码	100120	网上订购	http://www.landraco.com	
印　刷	北京鑫海金澳胶印有限公司		http://www.landraco.com.cn	
开　本	787mm×1092mm　1/16			
印　张	18.75	版　次	2010 年 11 月第 1 版	
			2013 年 8 月第 2 版	
字　数	440 千字			
购书热线	010-58581118	印　次	2020 年 5 月第 5 次印刷	
咨询电话	400-810-0598	定　价	36.10 元	

本书如有缺页、倒页、脱页等质量问题,请到所购图书销售部门联系调换
版权所有　侵权必究
物 料 号　38024-00

序

　　进入 21 世纪,中国已成为世界上最大的制造业中心之一,这决定了经济建设和社会发展对人才的需求是多样化的,不仅需要高层次的创新人才,而且更需要在各行各业进行技术传播和技术应用的高素质劳动者。职业教育担负着培养高素质劳动者这一艰巨的历史重任,是全面推进素质教育,提高全民素质,增强综合国力的重要力量。那么,如何提升学生的综合职业能力已成为新一轮职业教育课程改革中最为关键的问题。我欣慰地看到广州职业教育工作者在该方面做出了积极的研究和探讨,他们以科研为引领,以实践为依托,做出了积极的探索。"中等职业学校数控技术应用专业新课程教学用书"系列教材是由广州市教育局孟源北副局长主持的全国教育科学"十一五"规划课题"中等职业教育工学结合课程的实践研究"的成果之一。

　　这套教材是根据《中等职业学校数控技术应用专业紧缺人才培养与培训教学指导方案》,中级车工、中级铣工、中级钳工(2009 版)以及中级数控车工、中级数控铣工、中级加工中心操作工(2005 版)国家职业标准编写而成的,且有别于传统的教科书,是从学生学习的角度来指导帮助学生完成学习任务的学材。学生在学材的引导下,学习新的知识和技能,制订工作计划,完成任务,并对获得的工作成果和经历的工作进程进行总结和反思。由此看来,该套教材的运用必将带来教学环境、教学方法、教师角色、学生角色等方面的变化,即教学环境不仅仅是在普通的教室,而是在接近真实工作情境的数控加工车间、普通机械加工车间采用行动导向的教学方法,实现理论教学与实践教学的统一,教师是学生学习过程的组织者和专业对话伙伴,学生是主动学习的主体,学生在经历结构完整的工作过程中获得工作过程知识,习得操作技能,获取工作经验,促进综合职业能力的形成和发展,从而实现职业教育对人才的培养目标。

　　我衷心祝愿这套教材能为我国数控技术应用专业改革注入生机与活力,为创造具有中国特色的职业教育课程模式做出有益的尝试,以质量为核心,扎实推进职业教育改革创新,全面提升职业教育服务经济和社会发展的能力。

华南理工大学工程训练中心主任

2010.6.9.

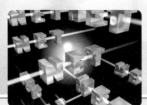

第2版前言

本书是全国教育科学"十一五"规划课题中等职业教育工学结合课程实践成果、广州市中等职业学校数控技术应用专业新课程教材之一《机械制图与识图工作页》的第2版,是为使教材更贴近中职学生的实际,结合教学一线的反馈意见,配合创建国家示范校建设,在第1版基础上修订而成的。

本书主要修订内容如下:

1. 根据收集的反馈意见,对学习任务4中的部分图例进行了更换,更加方便学生理解,对部分内容的先后顺序进行了调整,有利于教师开展教学。

2. 由于教材第1版的学习任务5开始出现剖视图例,但这部分内容前面没介绍,跨度太大,学生难以理解,因此,在此之前增加一个重点介绍剖视图的学习任务。

3. 教材第1版学习任务6、学习任务7、学习任务8内容安排太分散,不利于学生的学习和复习,本次修订时对这部分内容进行了重新梳理和调整,进一步理顺和简化内容,增加了可读性。

4. 执行最新国家标准,对教材第1版中的部分疏漏进行了更正。

本次修订仍由谢彩英任主编,付志光、王利容、饶敏强参与了部分修订工作。

由于编者水平有限,书中难免存在疏漏或不妥之处,敬请读者谅解和指正。请将意见反馈至邮箱 zz_dzyj@pub.hep.cn。

编　者
2013 年 3 月

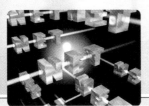

第1版前言

　　培养具有职业能力和综合素质的人才是中等职业教育的根本目标。本工作页根据教育部《中等职业学校机械制图教学大纲》(2009年版)并采用最新机械制图国家标准编写而成。本工作页呈现源于典型工作任务的学习任务,体现以学生为中心、行动导向的教学和以综合职业能力培养为目标的课程建设思路。本工作页适用于中等职业学校、技工学校机械类专业的机械制图课程教学,也可作为职业培训教材。

　　本工作页打破了传统教材按章节编排的思路,采用行动导向的教学方法,重新编排教学内容。工作页中每个任务的每个知识点设有引导性问题,让学生在实践行动中学习,体验成功,激发学习兴趣,强调学生的自主学习,突出学习的主动性和有效性;教材中每个任务既有理论学习,又有技能训练,理论学习和技能训练一体化,交互开展教学。

　　本工作页分为11个学习任务。主要特色是:

　　(1)学习目标工作化,学习目标就是工作目标,既体现职业教育的综合职业能力要求,又具有鲜明的工作特征。

　　(2)课程内容综合化,每个学习任务的内容既有技能训练,也有理论知识学习。

　　(3)学习过程行动化,学生亲身经历实践学习和解决问题的全过程,在实践行动中学习。每个学习任务都要完成一个完整的工作过程,重点是学习准备、计划实施和评价反馈。

本工作页文字通俗易懂,且配置有大量图样和立体图形。在编写体例上,每个学习任务首页设计"学习目标"、"建议学时"、"内容结构"、"学习任务描述"等栏目进行概括性提示,正文部分设置一系列引导问题,其中"学习准备"和"计划实施"阶段均辅以"想一想"、"做一做"、"小词典"、"小提示","评价反馈"阶段辅以"测一测"、"议一议"等,检测学生在任务学习中的学习效果。

本工作页由谢彩英担任主编,并编写引言、学习任务1和学习任务2;王利容编写学习任务5、学习任务9和学习任务11;付志光编写学习任务6、学习任务7和学习任务8;饶敏强编写学习任务3、学习任务4和学习任务10。朱丽萍担任主审。

本工作页在编撰过程中得到了广州市交通运输职业学校刘建平校长、陈高路老师、林志伟老师、邱志华老师的大力支持和指导,在此表示深深的感谢!

特别感谢黄凤环工程师和叶锦洪工程师对编写该工作页所提出的宝贵意见。

由于编者水平有限,书中难免存在某些疏漏或不妥之处,敬请专家和读者不吝指正。

编 者

2010 年 8 月

机械制图与识图课程方案

1. 课程计划

专业名称： 数控技术应用专业	课程名称(学习领域/典型工作任务)： 机械制图与识图	教学时间安排： 140 学时

对典型工作任务的描述

机械制图与识图的主要任务是让学生能够按照制图的国家标准正确画图,准确读图。

数控机床一线工作人员在看到机件图样后,能根据制图国家标准要求,利用所学的制图知识,看懂图样中机件的结构形状及技术要求,正确确定下一步的工作内容

学习目标

学生在教师的指导下,以独立或小组合作的形式,达成以下目标:

1. 知道机械制图国家标准中的有关规定;
2. 能运用各种绘图工具正确绘制平面图形;
3. 能利用投影的原理正确绘制机件的三视图;
4. 能够识读轴套类、轮盘类、支架类、箱体类零件的零件图;
5. 能够识读简单装配图,知道装配图中各零件间的相对位置、连接方式、装配关系,明白各技术要求的含义;
6. 学会查阅手册,绘制简单的零件图

工作与学习内容

工作对象	工具	学习要求
• 需要绘制的平面图形; • 绘图的模型; • 机件的实物、模型或轴测图; • 零件图; • 公差等级、极限偏差、几何公差、螺纹参数等表格; • 装配图; • 齿轮油泵(实物)	• 机械制图国家标准的有关资料手册; • 绘图工具:图板、丁字尺、圆规、三角板、铅笔等; • 图纸和练习册; • 实物、模型或轴测图; • 各种图样; • 公差等级、极限偏差、几何公差、螺纹参数等表格。 **学习方法和组织** • 在教师的组织和引导下,学生以个人或小组分工的形式,完成学习	• 严格按照国家标准规定的各项要求正确绘制图形; • 正确使用各种绘图工具; • 识读三视图,画出正确的轴测图; • 能够正确使用各种工量具对实物进行测量; • 识读零件图,能描述出零件的结构形状、技术要求; • 需要分工协作的时候各成员之间能有一个简洁、清晰的交流沟通

课业名称/学习情景

引言;1.吊钩平面图形的绘制;2.轴承座三视图的绘制;3.压块正等轴测图的绘制;4.弯管视图表达方案的确定;5.支承座剖视图画法;6.从动齿轮轴零件的初识;7.泵盖零件图的识读;8.支架零件图的识读;9.泵体零件图的识读;10.主动轴零件图的绘制;11.齿轮油泵装配图的识读;12.机用虎钳螺杆零件的测绘

学习组织形式与方法

学习准备阶段采用正面课堂教学,计划实施阶段采用小组学习形式,实行做中学,做中教。

教学在具有多媒体设备的测绘室开展,并准备充足的教具,如零件图、装配图、模型及实物等,学习过程体现学生的主体作用和教师的主导作用。理论学习采用教师引导,学生自主学习为主,实践教学是以小组学习为主,并在小组内和各组间进行评价反馈

学业评价

1. 关注学生个体差异;
2. 注重学习过程的评价,在不同学习任务中评价内容各有侧重;
3. 自我评价、小组评价和教师评价相结合的评价方式;
4. 理论知识与实操技能综合考评,注重对学生专业能力、关键能力评价

2．课业计划

课业/学习情景	学习目标	学习内容	评价建议	建议学时数	教学建议与说明
引言	1）能描述出机械图样的用途； 2）明确本课程学习内容	1）图样的概念； 2）本课程学习内容的介绍		1	建议在有实物投影仪的多媒体测绘室开展教学
学习任务 1 吊钩平面图形的绘制	1）知道国家标准中关于图幅、比例、字体、图线和尺寸标注的基本规定； 2）熟练使用常用的绘图工具，绘制特殊角度线和等分圆周； 3）运用圆弧连接的原理，绘制出不同类型的连接圆弧； 4）根据尺寸标注的规定，描述不同类型尺寸的标注方法； 5）在教师的指导下，规范绘制吊钩平面图形	1）国家标准中关于图幅、比例、字体、图线和尺寸标注的基本规定； 2）各种绘图工具介绍、等分圆周和多边形的画法； 3）圆弧连接的画法； 4）绘制平面图形的方法与步骤； 5）锥度、斜度的画法	1）自我评价内容：学习准备和计划实施的学习效果，工作页填写情况； 2）小组评价内容：计划实施的学习效果	12	1）建议在有实物投影仪的多媒体测绘室开展教学； 2）学生进行分组，2～4人为一小组，采用小组学习形式； 3）"圆弧连接的画法"建议采用动画演示
学习任务 2 轴承座三视图的绘制	1）描述三视图的形成及其投影规律； 2）对照教学模型，通过小组讨论，画出基本几何体的三视图； 3）在教师的指导下，归纳出空间点、各种位置直线和平面的投影特性； 4）在教师的指导下，画出轴承座的三视图，并标注尺寸	1）三视图的形成及其投影规律； 2）形体分析法概念； 3）基本几何体的三视图； 4）点的投影、各种位置直线和平面的投影； 5）组合体三视图的画法； 6）组合体的标注尺寸	1）自我评价内容：图面整洁，投影关系正确性； 2）小组评价内容：工作页填写情况，沟通和协调能力，图形整体效果	20	1）建议在有实物投影仪的多媒体测绘室开展教学； 2）建议教师提供基本体实物； 3）建议"三视图的形成及其投影规律"、"轴承座结构"采用动画演示

课业/学习情景	学习目标	学习内容	评价建议	建议学时数	教学建议与说明
学习任务 3 压块正等轴测图的绘制	1）知道轴测图的概念、参数及投影特性； 2）运用不同的读图方法,读形体的三视图,构想其空间形状； 3）在教师的指导下,完成简单形体正等测轴测图的绘制； 4）在教师的指导下,看懂压块三视图,完成压块正等测轴图的绘制	1）轴测图的概念、参数及投影特性； 2）看图的基本方法； 3）正等轴测图的绘制方法	1）自我评价内容：图面整洁,图线均匀,图形正确； 2）小组评价内容：工作页填写情况	12	建议教师利用实物投影仪投影分析各实物结构特点
学习任务 4 弯管视图表达方案的确定	1）正确绘制机件的向视图、局部视图及斜视图,并规范标注； 2）分析机件的表面连接形式,正确绘制立体表面特殊交线； 3）在教师的指导下,分析弯管的结构形状,确定弯管视图最佳表达方案	1）六面基本视图的概述； 2）向视图、局部视图和斜视图的画法与标注； 3）立体表面特殊交线的画法	1）自我评价内容：图面整洁,图线均匀,图形正确； 2）小组评价内容：工作页填写情况	10	1）建议教师利用实物投影仪投影分析各实物结构特点； 2）建议动画展示"局部视图、斜视图"的形成过程
学习任务 5 支承座剖视图画法	1）运用剖视图种类的定义识别不同的剖视图； 2）描述全剖、半剖和局部剖视图的画法和标注方法,并绘制全剖、半剖和局部剖视图； 3）运用所学知识,在教师的指导下,规范绘制支承座的剖视图	1）剖视图的概念、分类； 2）全剖、半剖和局部剖视图的画法与标注	1）自我评价内容：图面整洁,图线均匀,图形正确； 2）小组评价内容：工作页填写情况	13	1）建议教师利用实物投影仪投影分析各实物结构特点； 2）建议动画展示"全剖视图、半剖视图和局部剖视图"的形成过程

课业/学习情景	学习目标	学习内容	评价建议	建议学时数	教学建议与说明
学习任务6 初识从动齿轮轴零件图	1）叙述零件图的作用和内容； 2）正确、合理地选择零件图的尺寸基准； 3）查阅相关资料，正常说明零件图上所标注的有关极限与配合符号的含义； 4）查阅相关资料，正确说明零件图上所标注的有关几何公差符号的含义； 5）查阅相关资料，正确说明零件图上所标注的有关表面结构符号的含义； 6）在教师的指导下，正确绘制直齿圆柱齿轮及其啮合齿轮的图形	1）零件图的作用和内容； 2）尺寸基准、极限与配合、几何公差、表面结构要求的含义；表面结构和几何公差的标注方法； 3）直齿圆柱齿轮及其啮合齿轮的规定画法	1）自我评价内容：图面整洁，图线均匀，图形正确； 2）小组评价内容：工作页填写情况	12	
学习任务7 泵盖零件图的识读	1）描述几个相交的剖切平面获得的全剖视图的画法和标注方法，并正确绘制和标注； 2）叙述零件图识读的基本步骤； 3）构想出泵盖的结构形状； 4）在教师指导下，查阅相关资料，识别泵盖零件图的技术要求、尺寸标注	1）几个相交的剖切平面获得的全剖视图的画法和标注方法； 2）零件图识读的基本步骤； 3）由零件图构想出零件的结构形状	1）自我评价内容：知识内容的学习情况； 2）小组评价内容：工作页填写情况	10	1）建议教师利用实物投影仪投影分析各实物结构特点； 2）动画展示"几个相交的剖切平面获得的全剖视图"的形成

课业/学习情景	学习目标	学习内容	评价建议	建议学时数	教学建议与说明
学习任务 8 支架零件图的识读	1）描述用几个平行的剖切平面获得的全剖视图的画法，并绘制用几个平行的剖切平面获得的全剖视图； 2）描述零件上常见孔的尺寸标注方法，构想出不同类型孔的形状； 3）描述常用图形的简化画法，并识读采用简化画法的图例； 4）能构想出支架的结构形状； 5）运用所学知识，在教师的指导下，通过查阅资料识读支架零件图的技术要求、尺寸标注	1）几个平行剖切平面获得的全剖视图的画法及标注方法； 2）零件上常见结构的尺寸标注； 3）常用图形的简化画法	1）自我评价内容：知识内容的学习情况； 2）小组评价内容：工作页填写情况	10	建议动画展示"几个平行剖切平面获得的全剖视图"的形成过程和"支架"结构的构想过程
学习任务 9 泵体零件图的识读	1）识读螺纹的规定画法与标注，借助手册，查找出标准螺纹的参数； 2）描述零件上常见工艺结构的画法，识读常见工艺结构的图例； 3）构想出泵体的结构形状，并识读泵体零件图的尺寸标注； 4）通过小组合作及资料查阅，识读泵体零件图的技术要求	1）螺纹的规定画法与标注； 2）常见工艺结构的画法与标注	1）自我评价内容：知识内容的学习情况； 2）小组评价内容：工作页填写情况	10	建议动画展示泵体结构的构想过程

续表

课业/学习情景	学习目标	学习内容	评价建议	建议学时数	教学建议与说明
学习任务 10 主动轴零件图的绘制	1）叙述断面图、局部放大图的画法及其标注方法； 2）查阅相关资料，识读键、销、轴承的类型、标准及标记； 3）识读轴套类零件的机械加工工艺结构； 4）合理选择视图，表达轴类零件的结构形状； 5）在教师的指导下，合理标注轴类零件的尺寸； 6）查阅相关资料，识读轴类零件的技术要求； 7）在教师指导下，绘制出齿轮油泵主动轴的零件图	1）断面图、局部放大图画法与标注； 2）轴类零件的视图表达方法； 3）轴类零件尺寸标注的形式； 4）轴套类零件加工工艺结构的画法与标注； 5）滚动轴承的类型、代号及其规定画法和简化画法； 6）键、销的标记，平键连接，销连接的规定画法	1）自我评价内容：知识内容的学习情况，独立看图能力； 2）小组评价内容：口头表达能力，工作页填写情况	12	1）建议教师上课前准备好教具：装配有滚动轴承和齿轮（平键连接）的传动轴实物或立体模型； 2）演示传动轴运动过程
学习任务 11 齿轮油泵装配图的识读	1）叙述装配图的作用和内容； 2）知道装配图的规定画法和特殊画法； 3）识读装配图中零部件序号的编排方法、技术要求、明细栏和标题栏编写要求； 4）在教师指导下，学会从装配图中拆画零件图的方法和步骤	1）装配图的作用与内容； 2）装配图表达方法； 3）装配图的尺寸标注； 4）装配图中零部件序号的编排方法、技术要求、明细栏和标题栏； 5）从装配图中拆画零件图的方法和步骤	1）自我评价内容：知识内容的学习情况； 2）小组评价内容：工作页填写情况	10	建议动画展示"装配体"的组合过程
学习任务 12 机用虎钳螺杆零件的测绘	1）叙述零件测绘的方法和步骤； 2）学会使用常用的测量工具测量零件的尺寸； 3）在教师的指导下，绘制零件草图； 4）正确使用参考资料、手册、标准，规范绘制螺杆零件工作图	1）零件测绘的方法和步骤； 2）常用的测量工具及其测量方法； 3）草图的绘图方法； 4）尺寸公差、配合要求、表面结构要求的确定	1）自我评价内容：学习准备和计划实施的学习效果，工作页填写情况，量具的使用情况； 2）小组评价内容：沟通和协助能力	8	建议动画展示螺杆零件的工作过程

3. 实践教学设备配备要求

序号	设备名称	单位	数量	备注
1	具有多媒体设备的课室或测绘室	个	1	配实物投影仪
2	测绘工具	套	10	托盘、小锤
3	测绘量具	套	10	直钢尺,游标卡尺,内、外径千分尺,螺纹环规、塞规,角度样板,螺纹中径千分尺,标准锥度量规,万能角度尺,百分表,磁性表座等
4	实物或模型			若干

4. 课程实施建议

(1)建议本课程采用理论与实践一体化的教学模式,行动导向的教学方法;

(2)教学场所中应设置成具有多媒体设备的课室或测绘室,配备课程中完成学习任务所需的挂图、手册及其他相关资料;

(3)为保证教学效果,建议 2～4 位同学为一学习小组;

(4)教师在讲授或演示教学中,应借助多媒体教学设备,配备丰富的课件、实物、模型等教学辅助设备;

(5)评价方式包括学生评价和教师评价,学生评价包括学生自评和学生互评,教师在评价过程中起引导调控作用,教师评价内容包括对学生学习过程的观察,根据学生自我评价和小组评价情况,给出总体评价和改善意见;

(6)《机械制图与识图工作页》是教学中的主线,其他学习资料是为工作页服务的;学习资源可参阅金大鹰主编、机械工业出版社出版的《机械制图》和王幼龙主编、高等教育出版社出版的《机械制图》;

(7)在教材的实际使用中,可根据学校场地设备、师资、学生情况等实际条件对具体学习任务、教学时间和教学内容进行相应的调整。

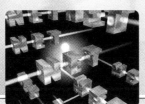

目　录

引　言

机器是由部件和零件组装而成的。

机器的制造、安装和维修都必须依照机械图样进行。常用的机械图样有装配图和零件图。

在机器的制造过程中,工程技术人员根据机器的使用功能和性能要求设计和绘制机器的装配图,然后再拆画出相关的零件图;生产工人根据零件图加工出零件,然后按照装配图所表达的装配关系和技术要求,把合格的零件装配成机器。

图0-1所示的台虎钳装配体是由钳座、螺杆、活动钳身等11种零件组成的。台虎钳是一种装在机床工作台上用来夹紧工件以便进行加工的夹具,当用扳手转动螺杆时,螺杆带动方块螺母使活动钳口沿钳座作直线运动,从而使钳口闭合(夹紧工件)或张开(卸下工件)。钳座是台虎钳的一个主要零件,其立体图如图0-2所示。

(a) 立体图　　　　　　　　　　　　(b) 拆分图

图 0-1　台虎钳立体图、拆分图

图0-3所示的装配图表达了台虎钳装配体各零件之间的连接方式、装配关系和技术要求。图0-4所示的零件图表达了钳座零件的结构、形状、大小及有关技术要求。

由此可见,机械图样是现代企业生产中重要的技术文件,是进行技术交流的重要工具,被称为工程技术语言。

本课程引导初学者识读和绘制机械图样,主要学习内容包括:

(1) 学习机械制图相关的国家标准与识读机械图样的基础知识(图0-3、图0-4、图0-5和图0-6包含这部分知识)。

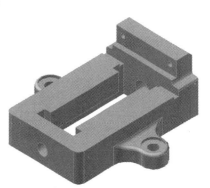

图 0-2　钳座立体图

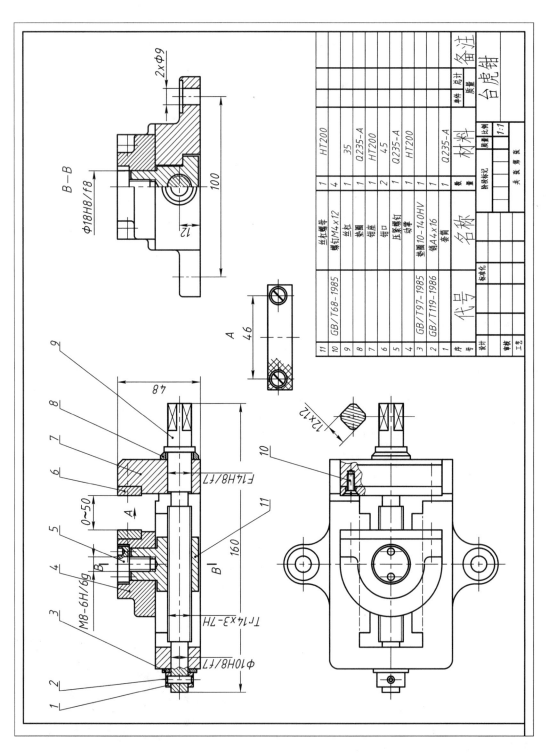

图 0 - 3 台虎钳装配图

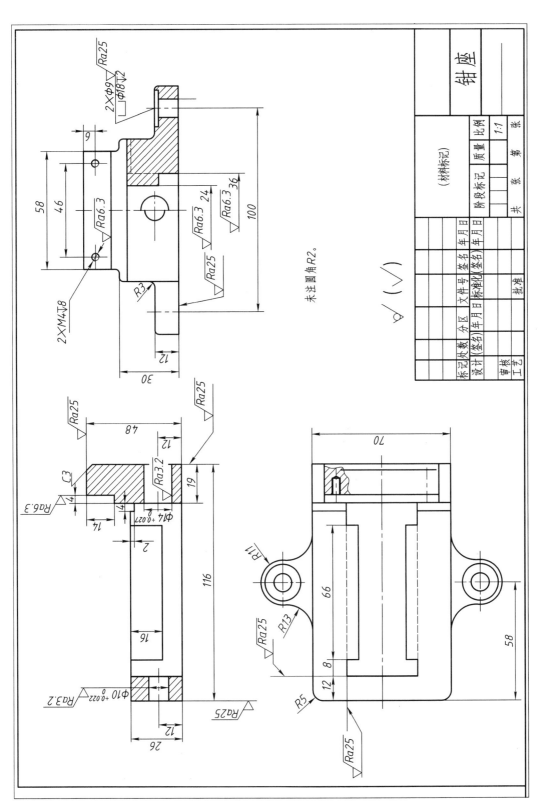

图 0－4　钳座零件图

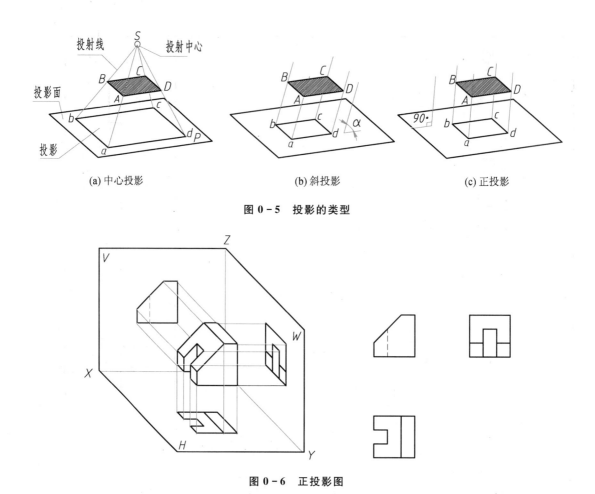

图 0-5　投影的类型

(a) 中心投影　　　(b) 斜投影　　　(c) 正投影

图 0-6　正投影图

（2）学习机械图样的各种表达方法（图 0-3 和图 0-4 包含这部分知识）。

（3）学习识读各种机械图样的方法和步骤（图 0-3 和图 0-4 包含这部分知识）。

（4）学习绘制简单的零件图。

（5）识读简单装配图。

"机械制图与识图"是一门实践性较强的课程，学习时要多看、多想、多问、多练、主动学习，才能提高绘图、识图能力。

学习任务 1 吊钩平面图形的绘制

学习目标

完成本学习任务后,应当能:

1. 知道国家标准中关于图幅、比例、字体、图线和尺寸标注的基本规定;
2. 熟练使用常用的绘图工具,绘制特殊角度线和等分圆周;
3. 运用圆弧连接的原理,绘制出不同类型的连接圆弧;
4. 根据尺寸标注的规定,描述不同类型尺寸的标注方法;
5. 在教师的指导下,规范绘制吊钩平面图形。

建议完成本学习任务用12学时。

内容结构

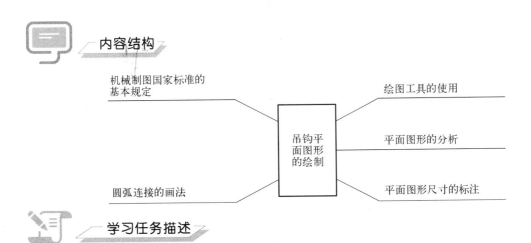

学习任务描述

平面图形的绘制是绘制机械图样的基础。按机械制图国家标准的规定、规范绘制吊钩平面图形(图1-1)。

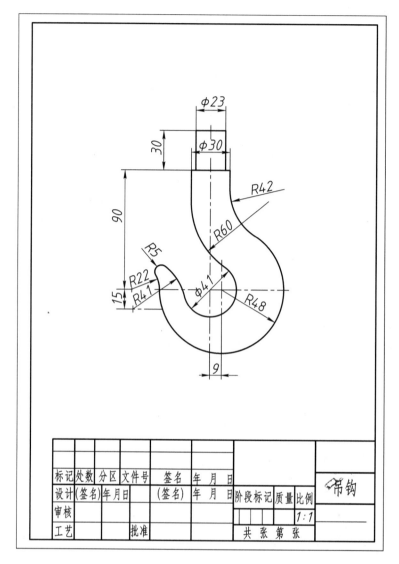

标记	处数	分区	文件号	签名	年 月 日				吊钩
设计	(签名)	年 月 日		(签名)	年 月 日	阶段标记	质量	比例	
审核									
工艺			批准			共 张 第 张		1:1	

图 1-1　吊钩的平面图形

　　机械图样是机械设计和制造的重要技术文件,是工程技术人员的共同语言。为了正确地绘制和阅读机械图样,必须熟悉机械制图国家标准的基本规定;正确使用常用绘图工具和仪器绘制平面图形;掌握绘制平面图形的基本方法和步骤是绘图的基本技能。

一、学习准备

1　图样是工程界交流的语言,在绘制图样时必须遵守《技术制图》、《机械制图》等有关的技术标准。在绘制吊钩的平面图形时需要遵守哪些标准?这些标准中有哪些相应的规定?

1. 图纸幅面和格式(GB/T 14689—2008)

（1）基本幅面

图样的基本幅面如表 1－1 所示，共有 A0、_____、_____、_____、_____ 五种规格。

（2）图框格式和尺寸

如图 1－2、图 1－3 所示，图框格式分 _____ 和 _____ 两种。但同一产品的图样只能采用同一种格式，在图样上图框必须用粗实线画出。

表 1－1   图纸幅面   （mm）

幅面代号	A0	A1	A2	A3	A4
$B×L$	841×1 189	594×841	420×594	297×420	210×297
e	20			10	
c	10			5	
a	25				

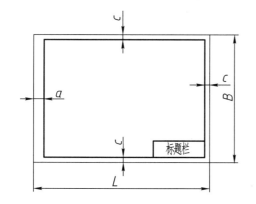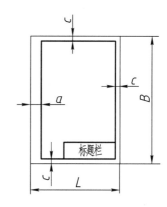

图 1－2   留装订边的图框格式

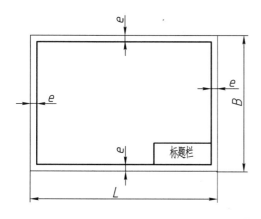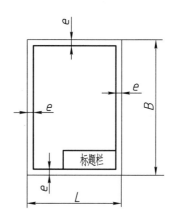

图 1－3   不留装订边的图框格式

想一想：图幅中 A0、A1、A2、A3、A4 五种规格的幅面之间的尺寸存在怎样的关系？

💡 **小提示**

图纸幅面中标题栏的基本要求、内容、格式及尺寸,国家标准(GB/T 10609.1—2008、GB/T 10692.2—2009)均作了规定,如图1-4a所示;学生练习所用的标题栏建议采用的格式如图1-4b所示。标题栏的位置应位于图纸的右下角,标题栏的文字方向为看图方向。

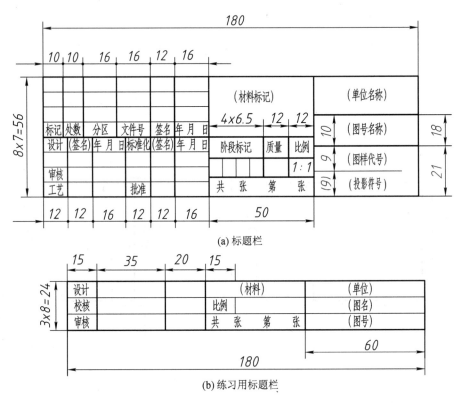

(a) 标题栏

(b) 练习用标题栏

图 1-4

2. 比例(GB/T 14690—1993)

图样中图形与其实物相应要素的线性尺寸之比称为比例。绘图时优先选用原值比例1∶1。绘图常用比例如表1-2所示。

表 1-2 优先选用的比例系列

种类			
原值比例	1∶1		
放大比例	$5∶1$ $5×10^{n}∶1$	$2∶1$ $2×10^{n}∶1$	$10∶1$ $1×10^{n}∶1$
缩小比例	$1∶2$ $1∶2×10^{n}$	$1∶5$ $1∶5×10^{n}$	$1∶10$ $1∶1×10^{n}$

观察图 1-5,分析三个图形的异同点。

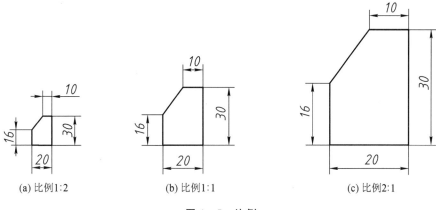

(a) 比例1:2　　　　　(b) 比例1:1　　　　　(c) 比例2:1

图 1-5　比例

相同点:尺寸数值;不同点:图形大小,所选比例;

从上述的异同点分析可得出,图样中不论采用何种比例,图形中所标注的尺寸数值必须是_____,与图形的_____和绘图精度无关。

3. 字体(GB/T 14691—1993)

国家标准 GB/T 14691—1993 中明确规定,在图样中书写的汉字、数字和字母必须做到"字体工整、笔画清楚、间隔均匀、排列整齐"。

字体用字号 h 表示高度,其公称尺寸系列有 1.8 mm、2.5 mm、3.5 mm、5 mm、7 mm、10 mm、14 mm、20 mm。

(1) 汉字

汉字用长仿宋体字书写,字高 h 不应小于 3.5 mm,其字宽一般为 $h/\sqrt{2}$。书写长仿宋体字的要领是横平竖直、注意起落、结构匀称、填满方格。示例如下:

7 号字

横平竖直　注意起落　结构匀称　填满空格

5 号字

交通运输机械制图数控技术模具设计与制造职业学校

(2) 数字和字母

数字和字母可写成直体或斜体。斜体字字头向右倾斜,与水平基准线成 $75°$。下面是数字和字母的示例。

斜体字母

$ABCDEFGHIJKLMN\ abcdefghijklmn$

斜体数字

1234567890

9

4. 图线（GB/T 17450—1998、GB/T 4457.4—2002）

在图样中出现的各种形式的线条统称为图线。国家标准 GB/T 17450—1998 规定了绘制各种技术图样的 15 种基本线型。国家标准 GB/T 4457.4—2002 规定了绘制机械图样的 9 种线型及其应用，如表 1-3 所示。

表 1-3   机械图样中的线型及其应用

线型	名称	线宽	一般应用
	粗实线	d	可见轮廓线
	细虚线	$d/2$	不可见轮廓线
	细点画线	$d/2$	轴线对称中心线
	细实线	$d/2$	尺寸线和尺寸界线 剖面线、重合断面轮廓线 指引线和基准线 过渡线 不连续同一表面连线分界线及范围线
	波浪线	$d/2$	断裂处边界线
	双折线	$d/2$	视图与剖视图的分界线 断裂处边界线
	粗虚线	d	允许表面处理的表示线
	粗点画线	d	限定范围表示线
	细双点画线	$d/2$	相邻辅助零件的轮廓线 可动零件的极限位置的轮廓线

图线宽度 d 应按图样的类型、尺寸大小和绘图比例在下列数系中选择：

0.13 mm；0.18 mm；0.25 mm；0.35 mm；0.5 mm；0.7 mm；1 mm；1.4 mm；2 mm

绘制机械图样的图线分粗、细两种。粗线的宽度 d 优先采用 0.5 mm 和 0.7 mm，细线的宽度为 $d/2$。图线的应用如图 1-6 所示。

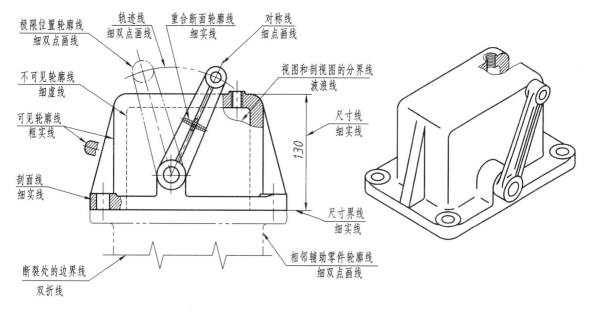

图 1-6　图线的应用

想一想: 图 1-1 吊钩平面图形中共用了＿＿＿＿＿种图线,分别是**粗实线**、＿＿＿＿＿和

＿＿＿＿＿。

5. 尺寸标注

在图样中图形只表示物体的结构形状,其真实大小必须由标注的尺寸来确定。尺寸是产品加工的直接依据。标注尺寸时必须做到正确、齐全、清晰、合理。

由图 1-7 可知,完整的尺寸由尺寸界线、＿＿＿＿＿、＿＿＿＿＿组成。

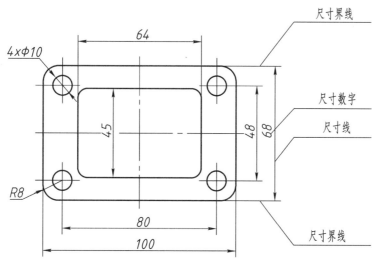

图 1-7　尺寸标注

11

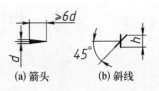

小提示

尺寸线的终端结构有箭头和斜线两种形式,如图 1-8 所示。

图 1-8　尺寸线的两种终端形式

图样中(包括技术要求和其他说明)的尺寸以 mm 为单位时,不需要标注单位符号(或名称),如采用其他单位则应注明相应的单位符号。标注尺寸的常用符号如表 1-4 所示。

表 1-4　常用的尺寸符号

名称	符号	名称	符号	名称	符号
直径	ϕ	弧长	⌒	沉孔或锪孔	⌴
半径	R	45°倒角	C	埋头孔	⌵
球直径	$S\phi$	厚度	t	正方形	□
球半径	SR	深度	↓	均布	EQS

小提示

国家标准《机械制图　尺寸注法》(GB/T 4458.4—2003)规定了图样中尺寸的注法。

做一做:请参照图 1-1,根据吊钩平面图形的总长、总宽,选择绘图的比例、图幅并填写完成表1-5。

表 1-5　绘制吊钩的比例、图幅及相关参数

吊钩图形总长	参考尺寸100
吊钩图形总宽	
选择比例	
选择图幅大小	A2 □　　A3 □　　A4 □
选择图框格式	留装订边 □　　不留装订边 □
选择图框参数	a _____ , c _____ , 或 e _____
吊钩平面图形的图线有	_____线、_____线和_____线

2 运用合适的绘图工具才能绘制出标准、规范的图样。常用的绘图工具有哪些? 如何正确使用绘图工具?

1. 铅笔

（1）铅笔分类

铅笔笔芯有质地软硬、颜色浓淡之分，分别用 B 和 H 表示。常用标号有 13 种，如下所示：

→黑度越来越大　　　　　　　　硬度越来越高←

6H、5H、4H、3H、2H、H、HB、B、2B、3B、4B、5B、6B

（2）铅笔的正确使用

绘图时经常采用的铅笔型号是 2H 及 2B，其中 2H 的通常用来绘制底稿，削成尖锐的圆锥形，如图1-9a所示；2B 的通常用来描深底稿，削成扁铲形，如图 1-9b 所示。

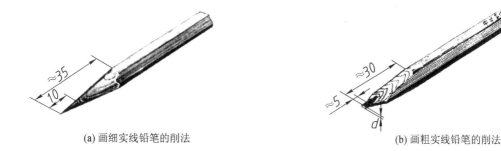

(a) 画细实线铅笔的削法　　　　　(b) 画粗实线铅笔的削法

图 1-9　铅笔的削法

2. 图板、丁字尺和三角板

（1）作用

图板用于铺放和固定图纸。板面要求平坦、光洁，左右两边的导边必须光滑。

丁字尺由尺头和尺身两部分组成，主要用于画水平线。尺身沿长度方向带有刻度的侧边为工作边。

三角板由 45°和 30°(60°)各一块组成一副。三角板和丁字尺配合使用可画出铅垂线和与水平线成 30°、45°、60°以及 15°倍数角的各种倾斜线。

（2）正确使用

图板、丁字尺、三角板的配合使用如图 1-10、图 1-11 所示。

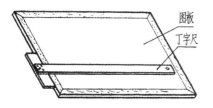

图 1-10　丁字尺与图板配合使用

三角板与丁字尺配合使用可以画垂直线以及特殊角度的直线，如图 1-11 所示。

3. 分规、圆规

分规主要用于量取线段和等分线段，圆规主要用于画圆和圆弧，其用法如图 1-12 所示。

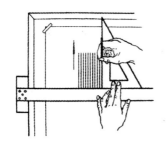
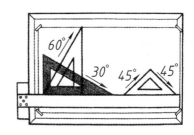

图 1-11 三角板与丁字尺配合使用

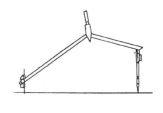

图 1-12 分规、圆规的使用方法

想一想：用一副三角板能否画出一组平行线和一组垂直线？

做一做：(1) 用圆规和三角板画出图 1-13、图 1-14 所示图形。

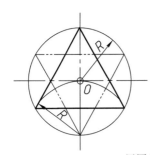
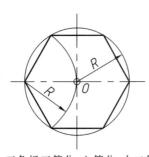
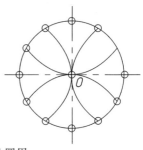

用圆规、三角板三等分、六等分、十二等分圆周

图 1-13 等分圆周

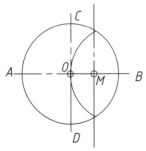
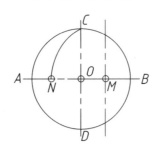

(a) 等分半径 OB 得点 M

(b) 以点 M 为圆心, MC 长为
半径, 画弧交 AO 于 N

(c) CN 为五边形的边长

图 1-14 五等分圆周

（2）在选定绘制吊钩的图幅上绘制图框及标题栏。

二、计划与实施

3 绘制平面图形之前应先对图形进行分析。即从尺寸分析入手，接着分析构成图形的线段，最后确定绘图的先后顺序。绘制吊钩平面图形的顺序应怎样确定？

1．尺寸分析

平面图形是由各种线段（直线或圆弧）连接而成的，这些线段之间的相对位置和连接关系靠给定的尺寸确定。平面图形中的尺寸，根据所起的作用不同，分为定形尺寸和定位尺寸两类。

🏭 **小词典**

定形尺寸：确定图形中各部分几何形状大小的尺寸。

定位尺寸：确定图形中各组成部分之间相对位置的尺寸。

请分析图 1-15 中的定形尺寸、定位尺寸：$R38$、$\phi60$、_____、30、和_____为定形尺寸；75 为定位尺寸。

定位尺寸通常以图形的对称线、中心线或某一轮廓线作为尺寸的起点，这个起点称为尺寸基准。平面图形的长度方向和宽度方向都要确定一个尺寸基准。如图 1-15 所示，长度方向基准为 A，宽度方向基准为 B。

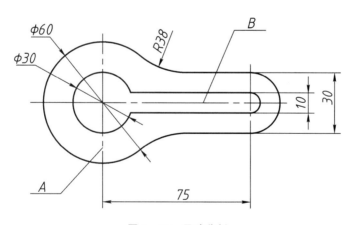

图 1-15　尺寸分析

做一做：吊钩平面图形（图 1-1）的定形尺寸有 $R42$、_____、_____、_____、_____、_____、_____、_____、_____，定位尺寸有 9 、_____、_____；

长度方向的尺寸基准为_____，宽度方向基准为_____。

2．线段分析

平面图形中的线段（直线和圆弧），根据其定位尺寸的完整与否，有些线段可直接画出（已知线段),有些线段则需利用线段之间的连接关系才能画出来(中间线段或连接线段)。

 小词典

　　已知线段：具有完整的定形尺寸和定位尺寸,能直接画出的线段。

　　中间线段：有定形尺寸和一个定位尺寸的线段。

　　连接线段：只有定形尺寸,没有定位尺寸的线段。

　　请分析图 1 - 16 中的已知线段、中间线段和连接线段：R15,R10、_____、_____、_____为已知线段,R50 为中间线段,R12 为连接线段。

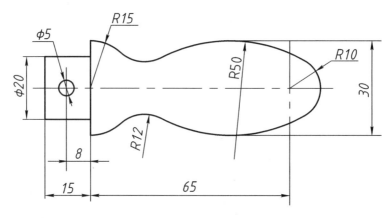

图 1 - 16　线段分析

　　做一做：吊钩平面图形(图 1 - 1)的已知线段有 R48、_____、_____、_____、_____,中间线段有 R41、_____,连接线段有 _____、_____、_____。

　　绘制吊钩平面图形应按照先画 _____,接着画 _____,最后画连接线段的顺序进行绘制。

4 圆弧连接在机件轮廓图中经常可见,同样,在吊钩的平面图形中也有圆弧连接。在机械图样中圆弧连接有哪几种情况? 它的作图原理是怎样的?

　　平面图形的中间线段和连接线段不能直接画出来,一般需要利用线段之间的连接关系,找出潜在的补充条件才能画出来。吊钩平面图形就是利用圆弧连接的作图方法找出潜在的条件完成作图的。圆弧连接包括直线之间的圆弧连接、直线与圆弧之间的圆弧连接、圆弧与圆弧之间的圆弧连接等三种情况。

1. 相交两直线之间的圆弧连接(图 1 - 17)

　　想一想：在图 1 - 17 中找出两直线之间的圆弧连接的规律并完成表 1 - 6。

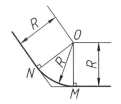 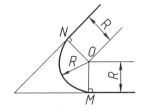 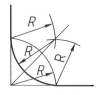

图 1-17　两直线间的圆弧连接

表 1-6　两直线间的圆弧连接

作图步骤	两直线间的圆弧连接
取半径	连接(已知)弧半径为 R
找圆心	分别作出两相交直线的平行线,距离为_____,得交点_____,_____为圆心
找切点	自_____点分别向两直线作垂直线,切点_____和_____即为连接点
画连接弧	以_____为圆心,以_____为半径,从_____点到_____点画连接弧,把两直线光滑连起来

2. 直线与圆弧之间的连接(图 1-18)

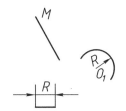 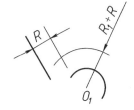 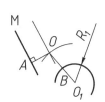

图 1-18　直线和圆弧间的圆弧连接

 想一想:在图 1-18 中找出直线与圆弧之间的圆弧连接的规律?并完成表 1-7。

表 1-7　直线与圆弧间的圆弧连接

作图步骤	直线与圆弧间的圆弧连接
取半径	连接弧半径为 R
找圆心	作已知直线的平行线,距离为_____;以 O_1 为圆心,以_____为半径画弧;圆弧与平行线的交点_____,即为连接弧的圆心
找切点	过点 O 作已知直线垂直线得交点_____,画连心线 OO_1 得交点_____;点_____和点_____即为圆弧连接的两个切点
画连接弧	以_____为圆心,以 R 为半径,过点_____和点_____画连接弧,把已知直线和已知圆弧光滑连接起来

17

3．两圆弧之间的圆弧连接(图 1-19)

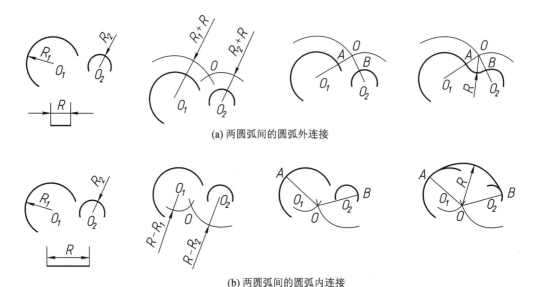

(a) 两圆弧间的圆弧外连接

(b) 两圆弧间的圆弧内连接

图 1-19　两圆弧间的圆弧连接

想一想：在图1-19中两圆弧之间的圆弧内连接与外连接有什么不同？总结其规律并完成表1-8。

表 1-8　两圆弧之间的圆弧连接

作图步骤	圆弧内连接	圆弧外连接
取半径	连接弧半径为 R	连接弧半径为 R
找圆心	以 O_1 为圆心，以_____为半径画圆弧；以 O_2 为圆心，以_____为半径画圆弧；两圆弧的交点_____即为连接弧的圆心	以 O_1 为圆心，以_____为半径画圆弧；以 O_2 为圆心，以_____为半径画圆弧；两圆弧的交点_____即为连接弧的圆心
找切点	连接 OO_1 及 OO_2 并延长两连线，交已知圆弧于_____和_____两点	连接 OO_1 及 OO_2，交已知圆弧于_____和_____两点
画连接弧	以 O 为圆心，以 R 为半径，从点_____到点_____画圆弧，即为连接弧	以 O 为圆心，以 R 为半径，从点_____到点_____画圆弧，即为连接弧

做一做：在吊钩的平面图形中，中间线段、连接线段的圆弧连接有哪些种类？分别在什么位置？请对照图1-1按提示填写完成表1-9。

表 1 - 9 吊钩圆弧连接的分析

中间线段	所在位置	线段连接种类	绘制方法
$R41$	与 $\phi41$ 外连接	圆弧与圆弧外连接	参照图 1 - 19a
$R22$	与 R ____ 外连接	圆弧与 ____ 外连接	参照图 ____

连接线段	所在位置	线段连接种类	绘制方法
$R42$	与 $R48$ ____ 连接 与 $\phi30$ 直线相切	圆弧与圆弧外连接 圆弧与直线连接	参照图 1 - 19a 参照图 1 - 18
$R60$	与 $\phi41$ 外连接 与 $\phi30$ 直线相切	圆弧与圆弧外连接 圆弧与 ____ 连接	参照图 1 - 19a 参照图 ____
$R5$	与 $R41$ 内连接 与 $R22$ ____ 连接	圆弧与 ____ 内连接 圆弧与 ____ 外连接	参照图 ____ 参照图 ____

5 对平面图形分析后可以绘制平面图形的底稿。绘制吊钩平面图形底稿的步骤是怎样的?

绘制底稿时各种线型都用细实线画出,绘图时力量应尽量轻,做到"轻描淡写",作图力求准确。若有画错之处,如果影响作图,应该用橡皮轻轻擦掉;如果不影响作图,则可先作记号,完成整个底稿的绘制之后一起擦掉。

1. 画吊钩平面图形底稿的步骤

绘制吊钩平面图形底稿的步骤如图 1 - 20 所示。

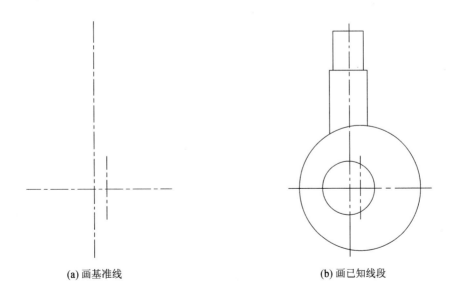

(a) 画基准线　　　　　　　　　　　(b) 画已知线段

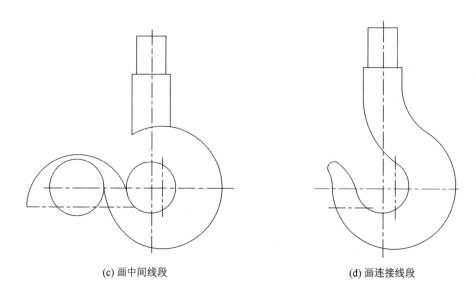

(c) 画中间线段　　　　　　　　　　　(d) 画连接线段

图 1-20　绘制吊钩平面图形底稿的步骤

2. 检查、校对图形

6 图形只表示物体的结构形状,而物体的真实大小则必须通过标注尺寸来确定。怎样标注吊钩平面图形的尺寸?

1. 常见的尺寸注法

在机械图样中,常见的尺寸注法如表 1-10 所示

表 1-10　常见的尺寸注法

项目	说明	图例
线性尺寸数字的注写方向	(1) 水平尺寸字头朝上,垂直尺寸字头朝左,倾斜尺寸应保持字头有朝上的趋势(图 a); (2) 尽量避免在图 a 所示 30°范围内标注尺寸,当无法避免时允许按图 b 所示形式标注	(a)　　　　　　(b)
角度的注法	(1) 尺寸界线沿径向引出,尺寸线是以角度顶点为圆心的圆弧; (2) 角度数字一律水平注写,一般注写在尺寸线的中断处;必要时也可注写在尺寸线外或引出标注	

项目	说明	图例
圆和圆弧的注法	（1）标注直径或半径的尺寸时,应在数字前分别加注"ϕ"或"R"; （2）圆和大于半圆的圆弧标注直径,半圆和小于半圆的圆弧标注半径(图 a); （3）大圆弧的注法:当圆弧半径过大并且需要标明其圆心位置时,可按图 b 的方法标注;若不需要标明圆心位置,则可按图 c 的方法标注	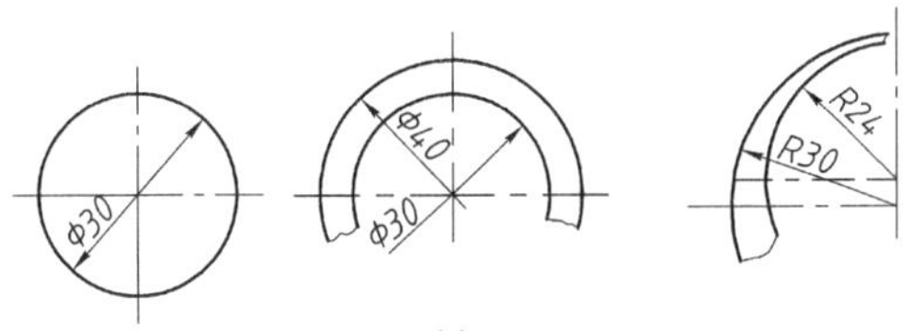 (a) 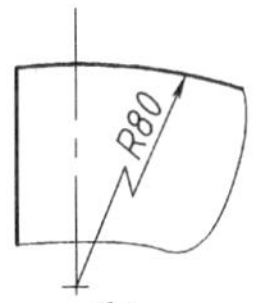　(b) 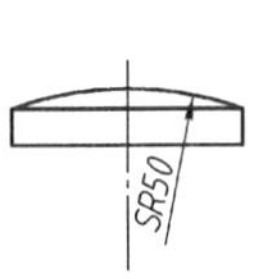　(c)
球面的注法	（1）标注球面直径或半径时,应在"ϕ"或"R"前面加注"S"; （2）在不致引起误解的情况下(如螺钉头部,轴或螺杆的端部等)可以省略"S"	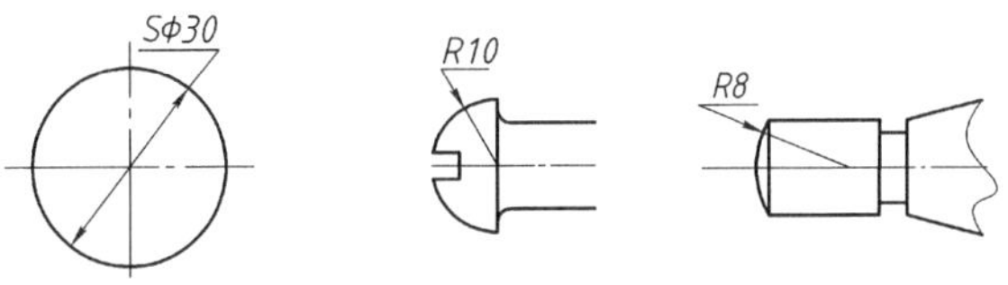
狭小部位的注法	（1）当没有足够位置画箭头或注写尺寸数字时,可按右图形式注写; （2）几个小尺寸连续标注时,中间的箭头可用圆点或斜线代替	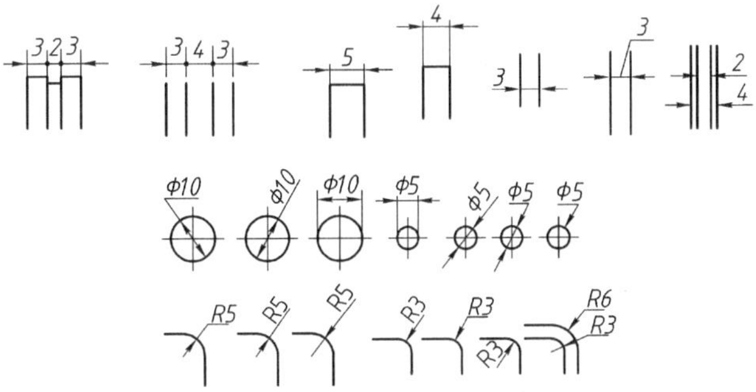
图样的简化注法	（1）一组同心圆弧(图 a)或圆心位于一条直线上的多个不同心圆弧(图 b)的尺寸可用共用的尺寸线和箭头依次表示	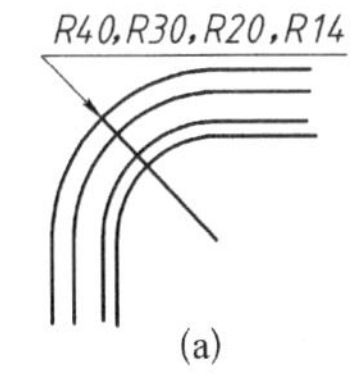 (a) 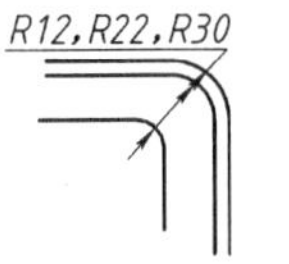　(b)
	（2）可用带箭头和不带箭头的指引线标注尺寸(图 a、图 b) （3）对于同一图形中尺寸相同的孔、槽等成组要素,可仅在一个要素上注出其尺寸和数量(图 b)	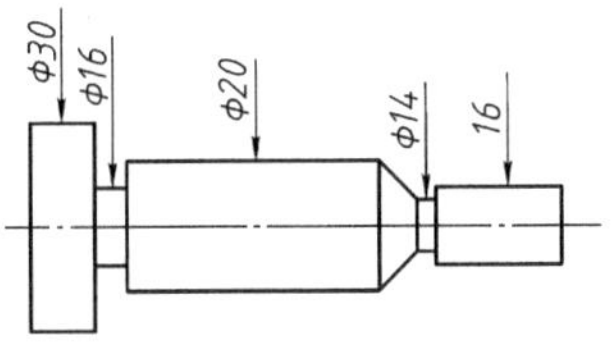 (a) 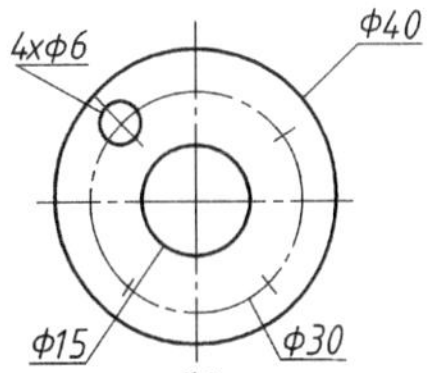　(b)

续表

项目	说明	图例
图样的简化注法	（4）从同一基准出发的尺寸可按右图的形式标注	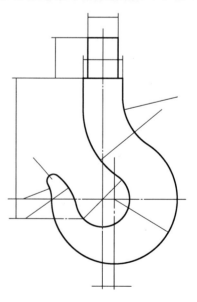 (a)　　　　(b)
	（5）当图形具有对称中心线时，分布在其两边的相同结构可仅标注其中一边的结构尺寸	

 小提示

（1）机件的真实大小应以图样上所注的尺寸数值为依据，与图形的大小及绘图的准确度无关；

（2）机件的每一尺寸一般只标注一次，并应标注在反映该结构最清晰的图形上；

（3）图样中所注的尺寸为该图样所示机件的最后完工尺寸，否则应另加说明。

2．参照表 1-9、图 1-1 标注尺寸界线和尺寸线（图 1-21）

3．描深底稿，完成尺寸标注

描深底稿的步骤：

（1）描深图形。

描深图形时，应做到：

1）线型正确，粗细分明，连接光滑，图面整洁；

2）描深底稿要遵循"先粗后细、先曲后直、先水平后垂斜、先小（圆弧）后大"的原则；

3）用力要均匀一致，同类型的线条要保持相同的粗细程度。

（2）描深图框线和标题栏。

（3）标注尺寸，填写标题栏。

（4）校对，完成全图。

完成后的吊钩平面图形如图 1-1 所示。

图 1-21　标注尺寸

学习拓展：在机械图样中经常出现斜度和锥度的画法。

1. 斜度

斜度是指一直线（或平面）对另一直线（或平面）的倾斜程度。其大小用该两直线或两平面间夹角的正切值来表示。斜度用符号∠表示，通常写成 1∶n 形式，斜度＝tan α＝H/L。斜度的符号及画法、斜度的应用如图 1-22 所示，图中的 h 为字体的高度。标注时斜度符号的方向应与斜线方向一致。

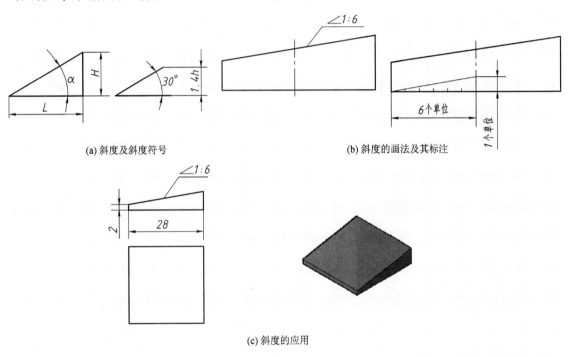

(a) 斜度及斜度符号　　　　　　　　　　　　(b) 斜度的画法及其标注

(c) 斜度的应用

图 1-22　斜度

2. 锥度

锥度是指圆锥的底圆直径与圆锥高度之比。如果是锥台，则是上、下底圆直径之差与圆锥台高度之比。锥度使用符号▷表示，常写成 1∶n 形式。锥度＝D/L＝2tan α，锥度的符号及画法、锥度的应用如图 1-23 所示。标注时锥度符号应配置在基准线上，图形符号的方向应与锥度方向一致。

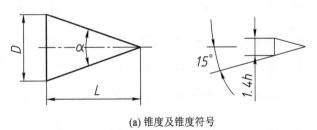

(a) 锥度及锥度符号

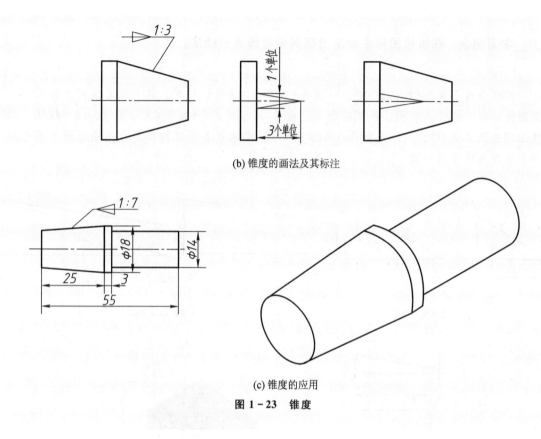

(b) 锥度的画法及其标注

(c) 锥度的应用

图 1-23 锥度

做一做: (1) 参照图 1-22,画出图 1-22c 中斜度 1:6 的图形,并在图形上进行标注。

(2) 参照图 1-23,画出图 1-23c 中锥度 1:7 的图形,并在图形上进行标注。

三、评价反馈

7 测一测

(1) 请在表 1-11 的左边对绘制吊钩的先后顺序进行排序。

表 1-11 绘制吊钩的步骤

1	绘图工具和仪器的准备
	确定绘图顺序
	描深底稿,标注尺寸
	分析图形尺寸和线段
	选择画图比例
	绘制底稿
	选择画图图幅

（2）运用所学知识，根据图 1-24 所示平面图形，填写表 1-12，并按表 1-12 步骤规范绘制该图形。

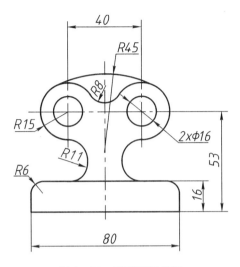

图 1-24　平面图形练习

表 1-12　平面图形练习步骤

步骤一	绘图工具和仪器的准备
步骤二	图形长_____，宽的参考尺寸为 76，选择_____比例画图；
步骤三	选择_____图幅，图框格式为_____；
步骤四	确定绘图顺序：已知线段有_____，连接线段有_____；
步骤五	
步骤六	
步骤七	
步骤八	

8 议一议

（1）通过本学习任务的学习，你能否做到以下几点：

1）叙述国家标准中关于图幅、比例、字体、图线和尺寸标注的基本规定。

能 □　　　不确定 □　　　不能 □

2）正确演示各种绘图工具的使用方法。

能 □　　　不确定 □　　　不能 □

3）对平面图形进行分析并绘制。

能 □　　　不确定 □　　　不能 □

（2）工作页的完成情况：

1) 能独立完成的任务：_____

_____

2) 与他人合作完成的任务：_____

_____

3) 在教师指导下完成的任务：_____

_____

（3）你对本次任务学习的建议：

签名_____　　____年___月___日

学习任务 2 轴承座三视图的绘制

学习目标

完成本学习任务后,应当能:

1. 描述三视图的形成及其投影规律;
2. 对照教学模型,通过小组讨论,画出基本几何体的三视图;
3. 在教师的指导下,归纳出空间点、各种位置直线和平面的投影特性;
4. 在教师的指导下,画出轴承座的三视图,并标注尺寸。

建议完成本学习任务用 20 学时。

内容结构

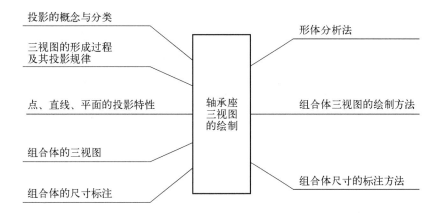

✎ **学习任务描述**

图 2-1 所示为轴承座的轴测图,请根据所学知识,正确绘制轴承座的三视图,并标注完整、清晰的尺寸。

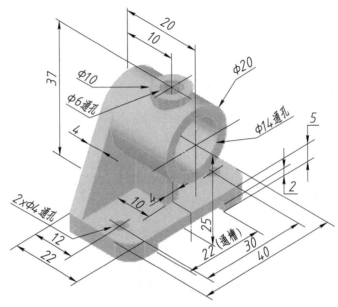

图 2-1 轴承座的轴测图

采用正投影法将物体向投影面投射所得到的三视图,能够综合反映物体的真实形状和大小,且作图方便、度量性好,在工程中得到广泛的应用。

一、学习准备

1 物体在光线的照射下会在地面或墙面上产生影子,这是常见的投影现象。人们经过科学研究,提出:通过投射线将物体按一定规则向选定的面投射,并在该面上得到图形的方法称为投影法。在工程中用于绘制图样的投影法有哪些? 投影法是如何分类的? 为什么采用正投影法绘制机械图样? 正投影有哪些投影特性?

1. 投影法的种类

投影法一般分为两大类:中心投影法和平行投影法。

投影法 { 中心投影法:中心投影不反映物体的真实大小
  平行投影法 { 正投影法:正投影反映物体的真实大小
    斜投影法:斜投影反映物体的真实大小

小词典

中心投影法：投射线汇交于一点的投影法。

中心投影：根据中心投影法所得到的图形。

平行投影法：投射线相互平行的投影法。

正投影法：投射线与投影面相垂直的平行投影法。

正投影（正投影图）：根据正投影法所得到的图形。

斜投影法：投射线与投影面相倾斜的平行投影法。

斜投影（斜投影图）：根据斜投影法所得到的图形。

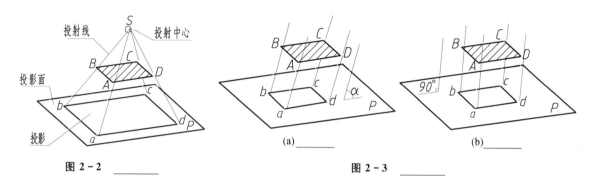

图 2－2 _____　　　　图 2－3 _____

做一做：请运用所学的知识，观察图 2－2 和图 2－3，正确识别中心投影法和平行投影法，并区分平行投影法中的正投影和斜投影，在对应的下划线上填写正确的文字。

由于用正投影法得到的投影能够表达物体的真实形状和大小且绘制较为简便，因此绘制机械图样主要采用正投影法。绘制图 2－1 所示轴承座的三视图也采用正投影法。

2. 正投影的投影特性

（1）真实性

当直线或平面平行于投影面时，直线的投影反映实长，平面的投影反映真实形状，如图 2－4a 所示。

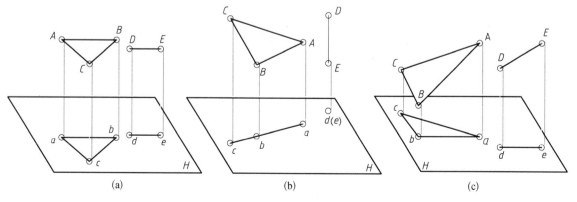

图 2－4　正投影的投影特性

29

（2）积聚性

当直线或平面垂直于投影面时，直线的投影积聚成一点，平面的投影积聚成直线，如图 2 - 4b 所示。

（3）类似性

当直线或平面倾斜于投影面时，直线的投影仍为直线，但小于实长。平面的投影小于真实图形的大小，但仍然是真实平面形状的类似形状，如图 2 - 4c 所示。

2 视图是根据有关标准和规定，用正投影法画出的物体的投影。工程上为何常用三视图来表示机械零件的结构形状？什么是三视图？三视图是如何建立和形成的？三视图的位置关系、投影关系和方位关系有哪些特点？

观察图 2 - 5 判断能反映空间物体真实形状的是哪一组图形，为什么？

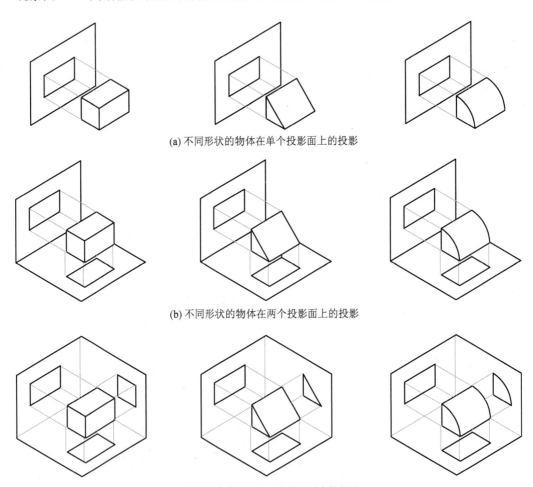

(a) 不同形状的物体在单个投影面上的投影

(b) 不同形状的物体在两个投影面上的投影

(c) 不同形状的物体在三个投影面上的投影

图 2 - 5　不同形状的物体在投影面上的投影

从图 2-5 中可以看出,一面投影一般不能完全确定物体的真实形状和大小,因此在机械图样中常采用多面投影表达物体。

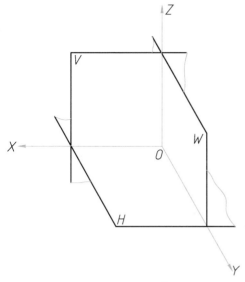

图 2-6　三投影面体系

1. 三面投影体系的建立

为了反映物体在长、宽、高三个方向的形状和大小,选取互相垂直的三个投影面,建立三投影面体系,如图 2-6 所示。

三投影面体系分别由正立投影面(简称正面,用 V 表示)、水平投影面(简称水平面,用 H 表示)和侧立投影面(简称侧面,用 W 表示)组成。

三个投影面两两相交产生的交线称为投影轴。

正面(V)与水平面(H)的交线称为 OX 轴,水平面(H)与侧面(W)的交线称为 OY 轴,正面(V)与侧面(W)的交线称为 OZ 轴。

三根投影轴互相垂直,它们的交点 O 称为原点。

做一做: 参考图 2-6,自行建立一个三投影面体系模型(材料自定),并标注各投影面名称和各投影轴名称。

2. 三视图的形成

将物体放在三投影面体系中,按正投影法分别向各投影面投射,就会得到物体的三视图,如图 2-7 所示。

在正面(由前向后投射)获得的视图称为主视图,在水平面(由上向下投射)获得的视图称为俯视图,在侧面(由左向右投射)获得的视图称为左视图,如图 2-7a 所示。

为了画图方便,需要把三个视图展开在同一个平面上。国家标准规定三个视图展开的方法是:正面(V)保持不动,水平面(H)绕 OX 轴向下转动 90°,侧面(W)绕 OZ 轴向右转动 90°,这样三个视图就展开在同一个平面上,如图 2-7b、图 2-7c 所示。由于投影面的边框线代表投影面的范围,它的大小与视图无关,为了让三视图表达得更清晰,实际画图时不必画出边框线和投影轴,如图 2-7d 所示。

做一做: (1) 将自建的三投影面体系模型展开在同一平面上。

(2) 在图 2-7a 上用箭头指明主视图、俯视图和左视图的投射方向,并写上对应的文字。

(3) 在图 2-7d 上分别找出主视图、俯视图和左视图,并写上对应的文字。

3. 三视图的关系

(1) 位置关系

由图 2-7 可知,三视图展开后有明确的位置关系:以主视图为准,俯视图在主视图的<u>正下方</u>,左视图在主视图的_____。

(2) 投影关系

由图 2-8 可知,空间的物体都有长、宽、高三个方向的尺寸,而每个视图都能够反映物体两个方向的尺寸。

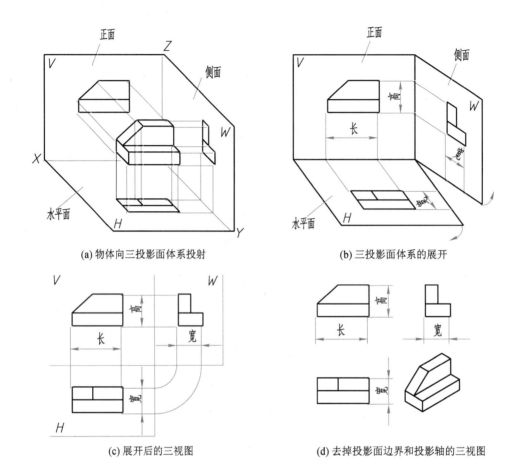

(a) 物体向三投影面体系投射　　　　　　　　(b) 三投影面体系的展开

(c) 展开后的三视图　　　　　　　　　(d) 去掉投影面边界和投影轴的三视图

图 2-7　三视图的形成

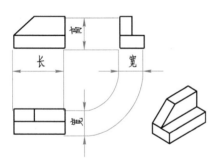

图 2-8　三视图的投影关系

主视图反映物体长度和高度方向的尺寸,俯视图反映物体_____和_____方向的尺寸,左视图反映物体_____和_____方向的尺寸。

由此可归纳出三个视图之间保持着如下的投影关系:

主视图与俯视图长对正(等长),俯视图与左视图宽相等(等宽),主视图与左视图高平齐(等高)。物体的三视图要按"三等"关系进行绘制,即三视图必须符合"长对正,宽相等,高平齐"的投影关系。

（3）方位关系

一个物体都有前、后、上、下、左、右六个方位。三视图中每个视图都反映物体的四个方位,如图 2-9 所示:主视图反映物体的上、_____、_____、_____,俯视图反映物体的前、_____、_____、_____,左视图反映物体的上、_____、_____、_____。

做一做: 参照实物按 1:1 画出图 2-10 所示基本几何体的三视图,并标注尺寸。

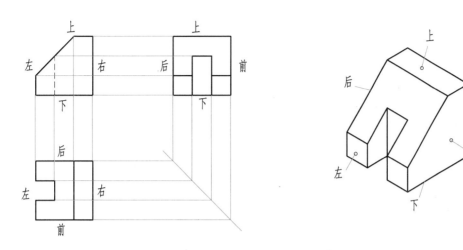

图 2-9　三视图的方位关系

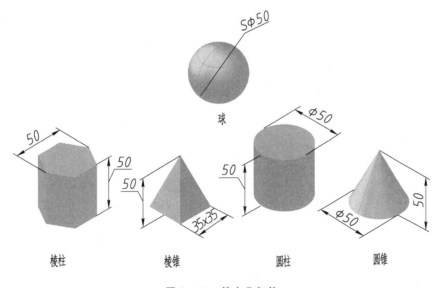

图 2-10　基本几何体

💡 小提示

　　棱柱、棱锥是由平面所构成的形体,称为平面立体;圆柱、圆锥、圆球是由曲面和平面或全部是曲面所构成的形体,称为曲面立体。平面立体和曲面立体为常见的基本几何体。它们三视图的画图步骤是从反映形状特征的视图画起,然后按视图间的投影关系完成其他两面视图。布图时注意画好基准线(对称线或中心线)。标注尺寸时注意这些基本几何体都应有长、宽、高三个方向的尺寸。

二、计划与实施

3 轴承座(图2-1)是由几个基本几何体所组成的组合体。在绘制这类组合体的三视图之前,首先要用形体分析法分析组合体由几个基本几何体构成,这几个基本几何体的结构形状如何,组合形式怎样,并判断基本几何体之间表面的连接关系,不同的连接关系的画法有哪些不同。

小词典

组合体:由两个或两个以上基本几何体组合而成的物体。

1. 形体分析

图2-11所示轴承座可分为5个基本几何体:1 底板 、2 _____ 、3 _____ 、4 _____ 和5 _____ 。

假想将组合体分解成若干个基本几何体,然后分析它们各自的形状、它们之间的组合形式,以及各部分相邻表面之间的连接关系,完整理解组合体的结构形状,这种分析图形的方法称为形体分析法。

形体分析法是画图和看图的基本方法。

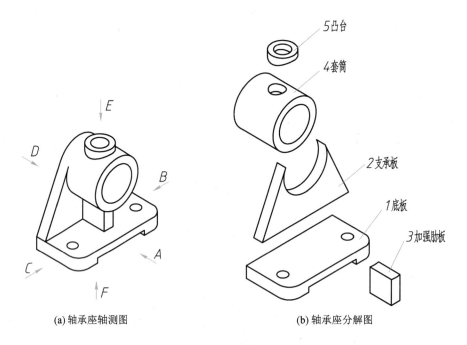

(a) 轴承座轴测图   (b) 轴承座分解图

图2-11 轴承座的形体分析

2. 组合体的组合形式

小词典

叠加式组合体：由基本几何体叠加而成的形体。按各基本几何体表面间接触的方式不同，又可分为相接、相切、相交三种。

切割式组合体：基本几何体被平面或曲面切割而成的形体。

综合式组合体：由叠加式和切割式组合体组合形成的形体。

如图 2-12、图 2-13 和图 2-14 所示：

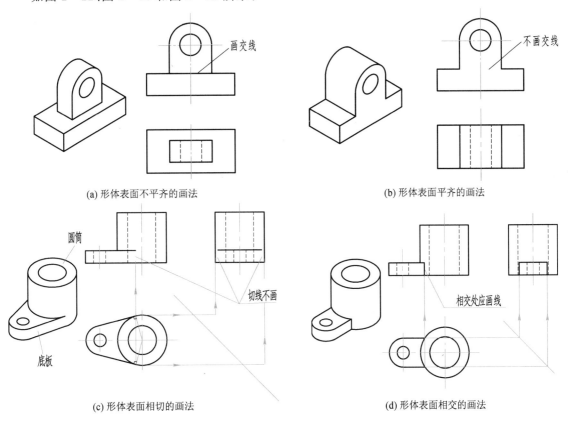

(a) 形体表面不平齐的画法　　　　　　　　(b) 形体表面平齐的画法

(c) 形体表面相切的画法　　　　　　　　(d) 形体表面相交的画法

图 2-12　叠加式组合体的表面连接形式

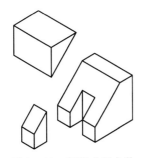

图 2-13　切割式组合体

图 2-14　综合式组合体

组合体的组合形式有叠加式、_____和_____。

 想一想：运用所学知识分析轴承座(图2-11)各部分的组合形式和表面连接形式。

4 从形体分析可知,轴承座是由5个基本几何体组成的。基本几何体均由空间点、直线、平面所构成,绘制基本几何体前首先应理解空间点、直线、平面的投影规律。空间点、直线、平面的投影规律是怎样的呢?

1. 点的投影

按统一规定,空间点用大写字母 A、B、C、D …表示,它们在正面(V 面)的投影用相对应的小写字母加一撇 a'、b'、c'、d' …表示,在水平面(H 面)的投影用小写字母 a、b、c、d …表示,在侧面(W 面)的投影用小写字母加两撇 a''、b''、c''、d'' …表示。

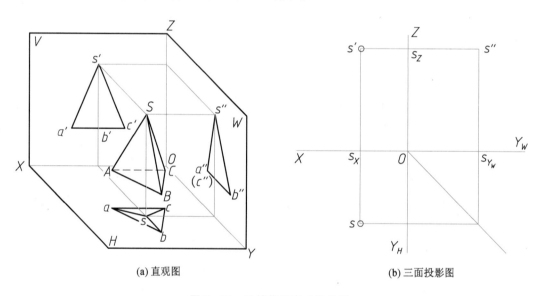

(a) 直观图　　　　　　　　　　　　(b) 三面投影图

图2-15　三棱锥顶点 S 的投影

(1) 分析图2-15,可归纳出空间点的投影规律:

1) 点的投影永远是_____;

2) S 点正面投影 s' 和水平面投影 s 的连线 $s's$ 垂直于_____轴;

3) S 点正面投影 s' 和侧面投影 s'' 的连线 $s's''$ 垂直于_____轴;

4) S 点水平投影 s 到 X 轴的距离等于 S 点在侧面的投影 s'' 到 OZ 轴的距离,即 $ss_x =$ _____。

(2) 点的空间位置可用直角坐标来表示,如图2-15a所示,把投影面当做坐标面,投影轴当做坐标轴,O 点当做坐标原点。则:

S 点的 X 坐标等于 S 点到_____面的距离 Ss'';

S 点的 Y 坐标等于 S 点到_____面的距离_____;

S 点的 Z 坐标等于 S 点到_____面的距离_____;

空间点 S 的书写格式为:$S(x, y, z)$。

做一做：(1) 完成图2-16中 C 点、D 点的三视图,并根据 C 点、D 点的三视图,量出它们的

X、Y、Z 坐标,写在括号内。

（2）已知空间点 $A(10,15,20)$、$B(15,25,25)$,请在图 2-17 中画出它们的直观图和三视图（参考图 2-15）,并比较 A 点和 B 点在空间的相对位置（前、后、左、右、上、下）。

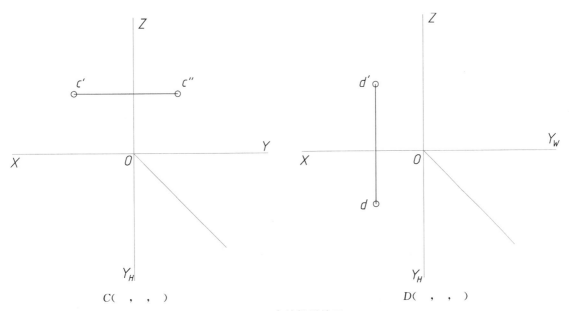

图 2-16　点的投影练习一

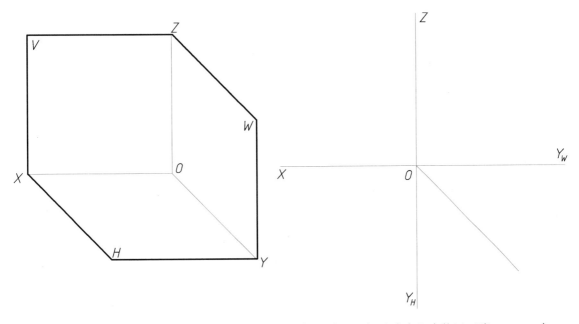

A 点在 B 点的（前、后）_____方,A 点在 B 点的（左、右）_____方,A 点在 B 点的（上、下）_____方。

图 2-17　点的投影练习二

（3）已知空间点 $A(10,15,10)$ 和 $B(10,20,10)$,画出它们的三视图,并比较它们的空间相对位置。

 小提示

当空间两点的某两个坐标值相同时,该两点处于投射到某一投影面的同一投射线上,则这两点对该投影面的投影重合于一点,称为对该投影面的重影点。空间两点的同面投影(同一投影面上的投影)重合于一点的性质称为重影性。重影点有可见性判断问题。在投影图上如果两个点的同面投影重合,看不见的点的投影加括号表示,如(a)、(b')、(c'')。例如空间 A 点、B 点在正面(V 面)的投影重合,A 点投影可见,B 点投影不可见,则在 V 面投影图上 A 点投影用 a' 表示,B 点投影用 (b') 表示。

(4)根据图 2-18 所示轴承座的尺寸和指定的三投影面体系位置,画出 A 点、B 点的三面投影。

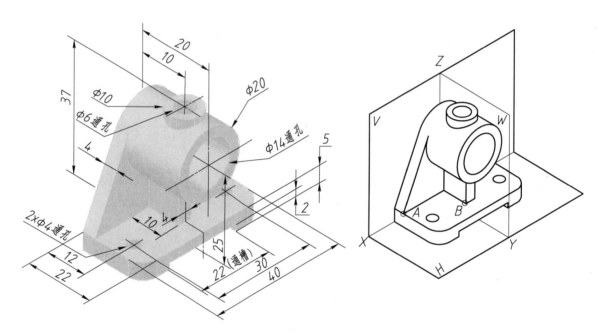

图 2-18 点的投影练习三

2. 直线的投影

本书所讲的直线为有限长度的直线——线段。

(1)直线的三面投影及其投影特性

图 2-19 所示直线的投影是直线上两点同名投影(同一投影面上的投影)的连线。

在图 2-20 中:

直线相对投影面的位置有三种情况,分别为与投影面_____、_____、_____;

当直线与投影面倾斜时,其投影_____实长,这种性质称为_____性;

当直线与投影面垂直时,其投影_____一点,这种性质称为_____性;

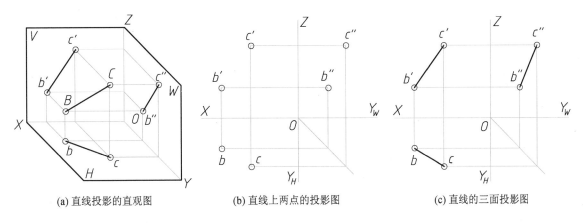

(a) 直线投影的直观图　　　(b) 直线上两点的投影图　　　(c) 直线的三面投影图

图 2 - 19　直线的三面投影

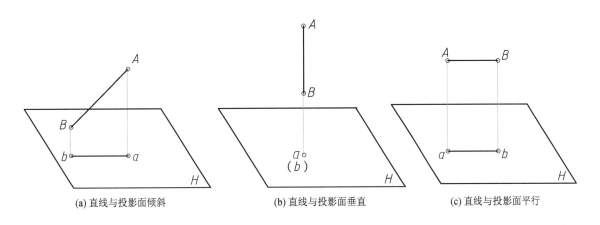

(a) 直线与投影面倾斜　　　(b) 直线与投影面垂直　　　(c) 直线与投影面平行

图 2 - 20　直线的投影特性

当直线与投影面平行时,其投影_____实长,这种性质称为_____性。

（2）一般位置直线和特殊位置直线的投影特性

1）一般位置直线

图 2 - 21 所示四棱台的四条棱线 AE、BF、CG、DN 均倾斜于三个投影面,称为一般位置直线。其投影特性为:

在三个投影面上的投影均_____实长,在三个投影面上的投影均与投影轴_____。

2）投影面垂直线

从表 2 - 1 可以看出,垂直于一个投影面,并且同时平行于另外两个投影面的直线,称为投影面垂直线。

垂直于水平面(H)的直线称为_____线,垂直于正面(V)的直线称为_____线,垂直于侧面(W)的直线称为_____线。

投影面垂直线的投影特性为:在所垂直的投影面的投影积聚为_____点,在其他两个投影面上的投影分别_____相应的投影轴,且_____实长。

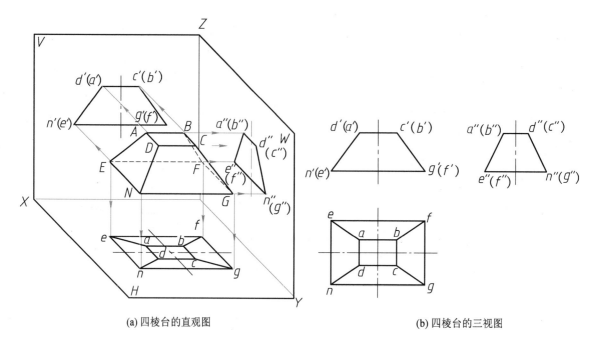

(a) 四棱台的直观图　　　　　　　　　　　　(b) 四棱台的三视图

图 2 - 21　一般位置直线

表 2 - 1　投影面垂直线

名称	铅垂线（⊥H 面）	正垂线（⊥V 面）	侧垂线（⊥W 面）
实例			
轴测图			
投影图			

3）投影面平行线

从表 2-2 可以看出,平行于一个投影面,并且同时倾斜于另外两个投影面的直线,称为投影面平行线。

表 2-2　投影面平行线

名称	水平线（∥H 面）	正平线（∥V 面）	侧平线（∥W 面）
实例	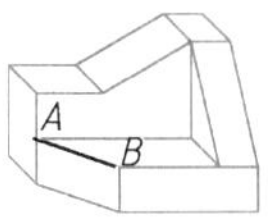	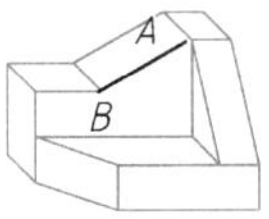	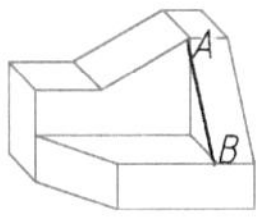
轴测图	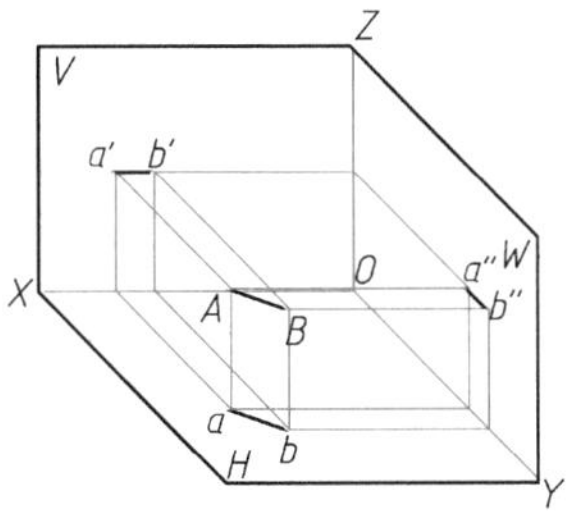	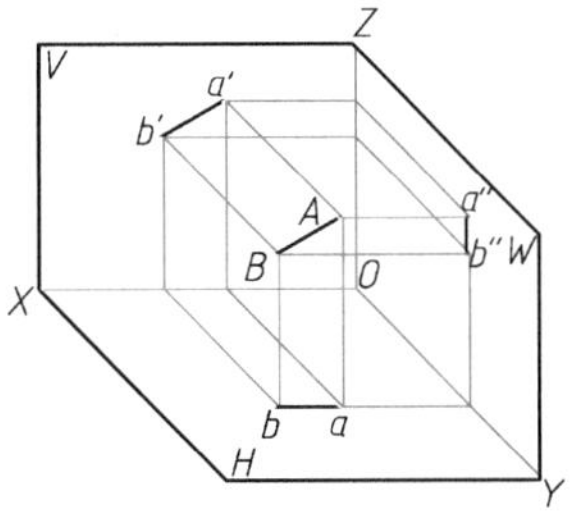	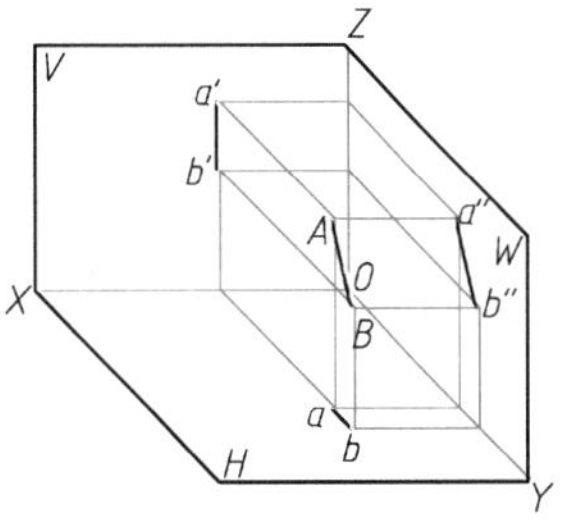
投影图	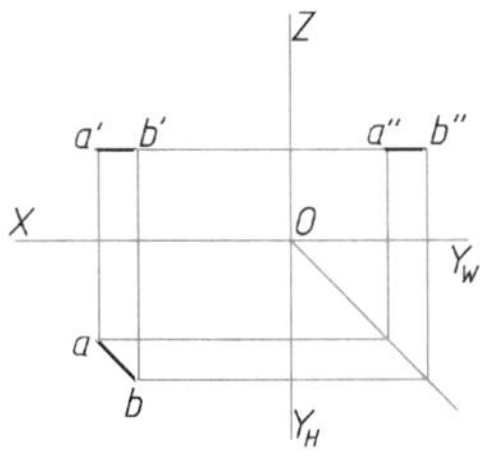	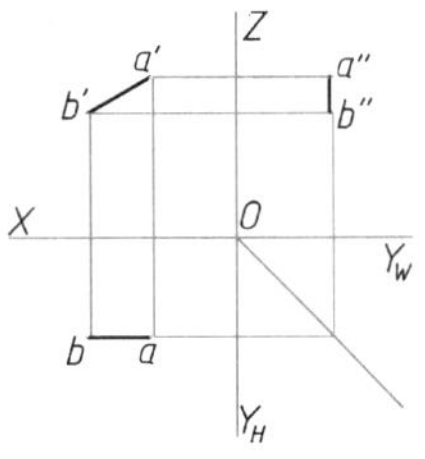	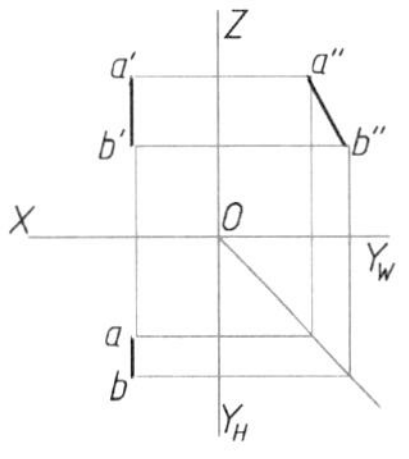

平行于水平面（H）的直线称为_____线,平行于正面（V）的直线称为_____线,平行于侧面（W）的直线称为_____线。

投影面平行线的投影特性为:在所平行的投影面的投影是反映_____的斜线,在其他两个投影面上的投影分别_____相应的投影轴,且_____实长。

💡 小提示

投影面垂直线和投影面平行线统称为特殊位置直线。

做一做：根据图 2‐22 所示轴承座的尺寸和指定的三投影面体系的位置,画出 AC 线段、CB 线段的三面投影。

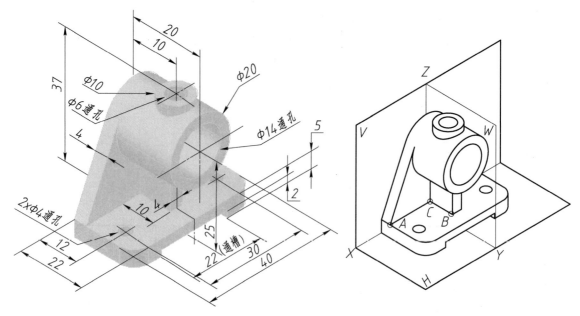

图 2‐22　直线投影的练习

3. 平面的投影

本书所讲的平面是指有限平面——平面图形。

(1) 平面的三面投影及其投影特性

根据图 2‐23 所示,求出平面上各顶点的投影,然后将各顶点的同名投影(同一投影面上的投影)依次连接,即可得到平面的三面投影。

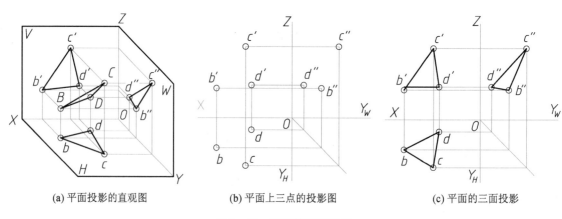

(a) 平面投影的直观图　　　(b) 平面上三点的投影图　　　(c) 平面的三面投影

图 2‐23　平面的三面投影

在图 2‐24 中:

平面相对投影面的位置有三种情况,分别为与投影面＿＿＿＿＿＿＿＿＿＿＿＿＿＿＿＿;

当平面与投影面倾斜时,其投影＿＿＿＿＿实形,这种性质称为＿＿＿＿＿＿性;

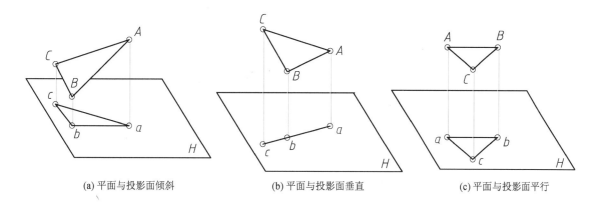

(a) 平面与投影面倾斜 　　(b) 平面与投影面垂直 　　(c) 平面与投影面平行

图 2 - 24　平面的投影特性

当平面与投影面垂直时,其投影_____一斜线,这种性质称为_____性;

当平面与投影面平行时,其投影_____实形,这种性质称为_____性。

(2) 一般位置平面和特殊位置平面的投影特性

1) 一般位置平面

图 2 - 25 所示三棱锥的 SAB 面均倾斜于三个投影面,称为一般位置平面。其投影特性为:

一般位置平面在三个投影面上的投影均为原平面的_____,在三个投影面上的投影均_____真实形状。

2) 投影面垂直面

从表 2 - 3 可以看出,垂直于一个投影面,并且同时倾斜于另外两个投影面的平面,称为投影面垂直面。

垂直于水平面(H)的平面称为_____面,垂直于正面(V)的平面称为_____面,垂直于侧面(W)的平面称为_____面。

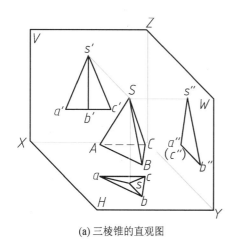

(a) 三棱锥的直观图 　　　　　(b) 三棱锥的三视图

图 2 - 25　一般位置平面

表 2 – 3　投影面垂直面

名称	铅垂面(⊥H 面)	正垂面(⊥V 面)	侧垂面(⊥W 面)
实例	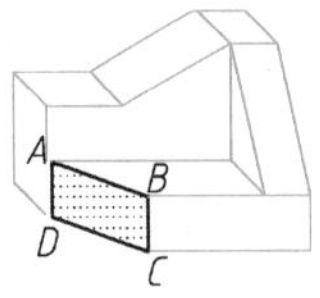	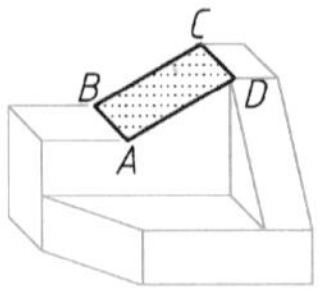	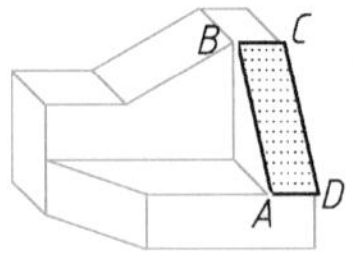
轴测图	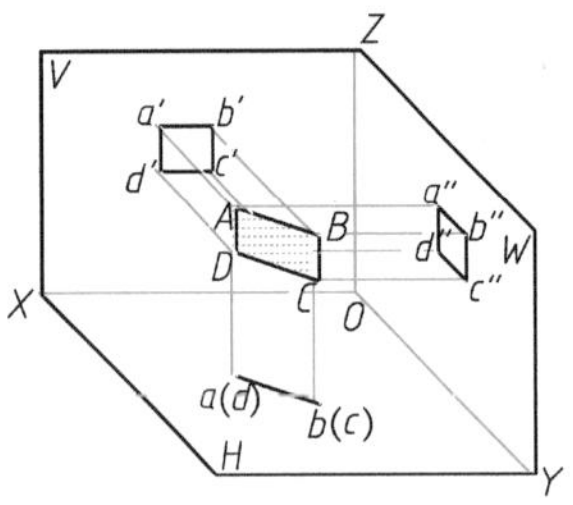	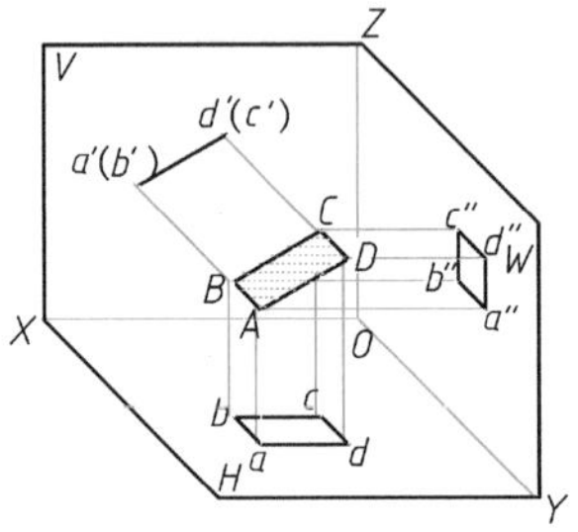	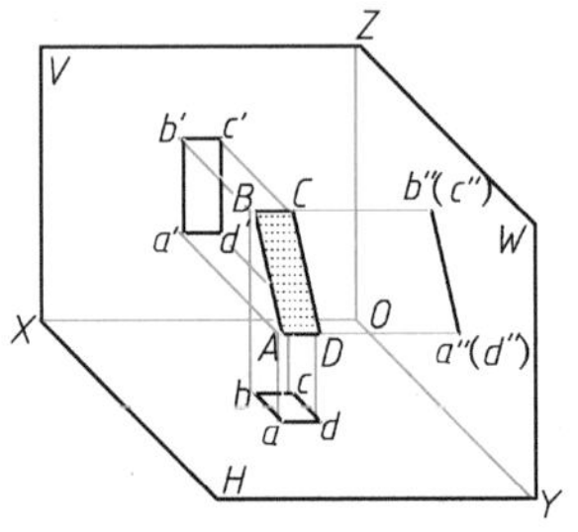
投影图	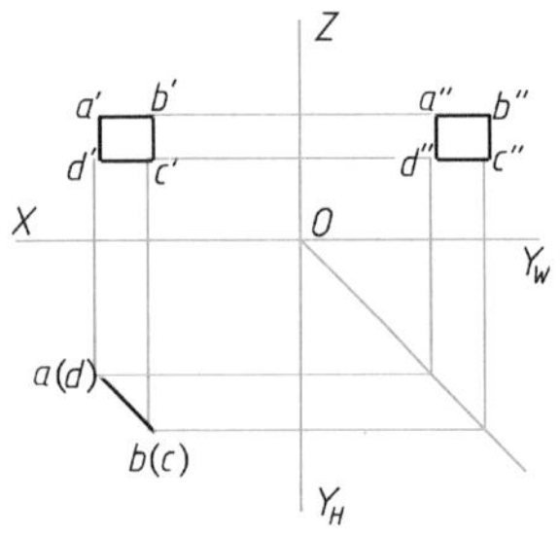	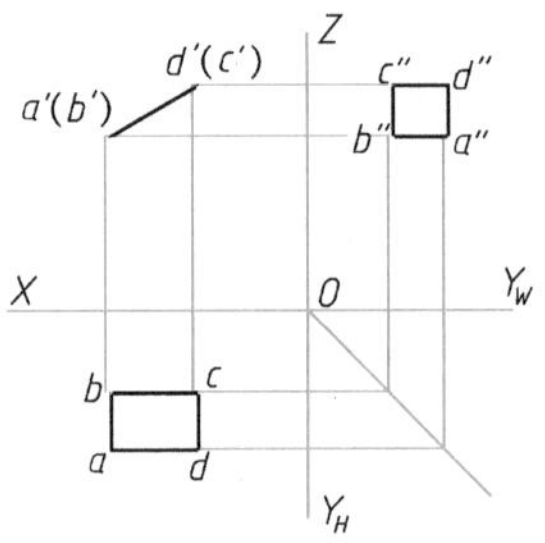	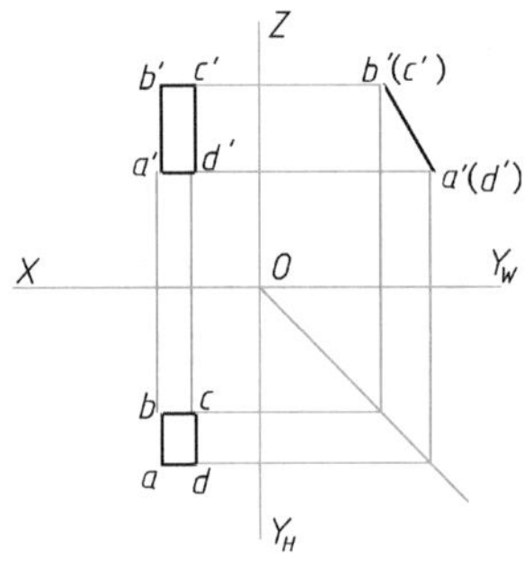

投影面垂直面的投影特性为:在所垂直的投影面的投影积聚为＿＿＿＿斜线,在其他两个投影面上的投影均＿＿＿＿类似形。

3) 投影面平行面

从表 2 - 4 可以看出,平行于一个投影面,并且同时垂直于另外两个投影面的平面,称为投影面平行面。

表 2 – 4　投影面平行面

名称	水平面(∥H 面)	正平面(∥V 面)	侧平面(∥W 面)
实例	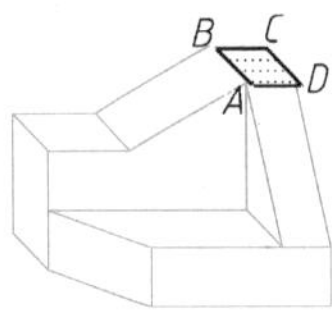	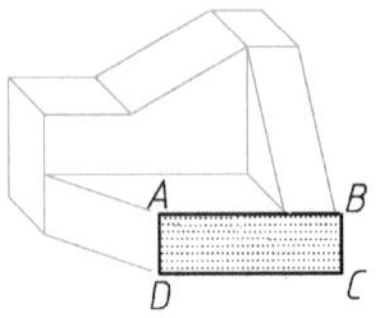	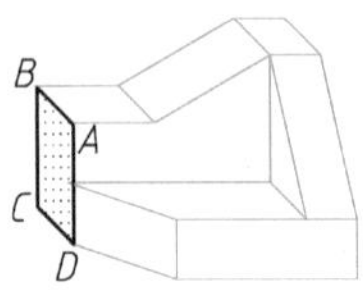

续表

名称	水平面(//H 面)	正平面(//V 面)	侧平面(//W 面)
轴测图			
投影图			

平行于水平面(H)的平面称为_____面,平行于正面(V)的平面称为_____面,平行于侧面(W)的平面称为_____面。

投影面平行面的投影特性为:在所平行的投影面的投影反映平面的_____,在其他两个投影面上的投影分别积聚成_____,且_____于相应的投影轴。

💡**小提示**

投影面垂直面和投影面平行面统称为特殊位置平面。

做一做:(1) 根据图 2-26 所示轴承座的尺寸和指定的三投影面体系位置,画出 B 面的三面投影。

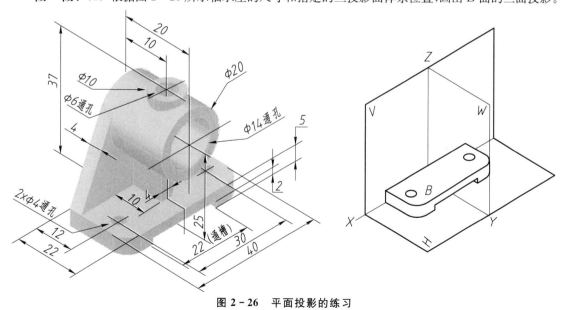

图 2-26　平面投影的练习

45

（2）求出图 2-27 所示棱柱、棱锥、圆锥表面上点的另外两面投影，并判断各投影的可见性。

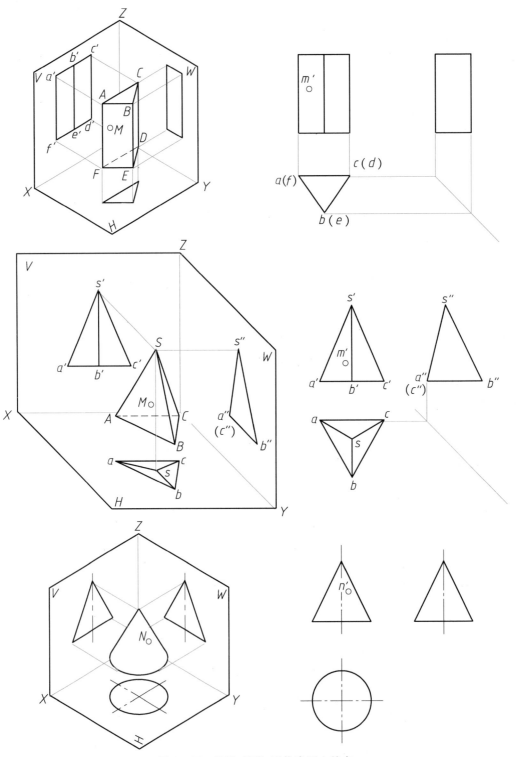

图 2-27　棱柱、棱锥、圆锥表面上的点

小提示

　　立体表面上属于特殊位置平面的点的投影,可利用该平面投影的积聚性直接作图。属于一般位置平面的点的投影,可通过在平面上作辅助线的方法求得。

5　初步学习了空间点、直线、平面的投影特性后,接着绘制轴承座的视图。在绘图过程中,如何选择轴承座的主视图? 绘制轴承座的三视图有哪些步骤?

1. 形体分析

　　轴承座可分解为底板 1、支承板 2、加强肋板 3、套筒 4 和凸台 5 共五部分。底板 1、支承板 2 和加强肋板 3 两两的组合形式为叠加式;支承板 2 和圆筒 4 为叠加式的<u>相切连接</u>;加强肋板 3 与套筒 4 属于叠加式的_____连接;套筒 4 与凸台 5 的中间有圆柱形通孔,它们的组合形式为_____;底板 1 上有两个圆柱形_____,底面还有一个长方体_____。

2. 选择视图

　　分析图 2-28a,选择轴承座主视图的投射方向为_____向(填字母)。

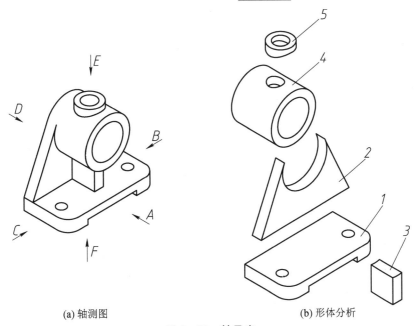

(a) 轴测图　　　　　　　　(b) 形体分析

图 2-28　轴承座

　　主视图确定后,左视图和俯视图也就随之确定了。

小提示

　　主视图的选择一般要反映物体形状的主要特征,即尽量将各组成部分的形状和相互关系反映在主视图上,并使主要平面和投影面平行,以便使投影获得实形。

3. 选择比例、图幅

选择画图的比例是_____,选择的图幅是_____。

💡 **小提示**

选择图幅的大小应留有余地,以便标注尺寸、画标题栏和写说明等。

4. 绘制底稿(图 2 - 29)

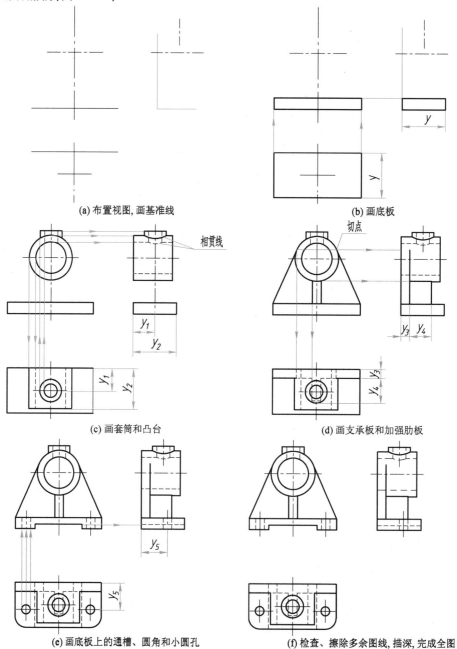

图 2 - 29　轴承座的画图步骤

小提示

（1）画每一形体时最好是三个视图配合着画,先画形状特征明显的视图,后画其他两个视图。

（2）在画凸台和套筒视图时出现两回转体相交,表面形成交线,这种交线称为相贯线。通常相贯线采用简化画法。图2-30所示相贯线的正面投影以大圆柱的半径为半径画圆弧来代替,并向大圆柱内弯曲。

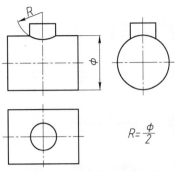

图 2-30　相贯线的简化画法

6 轴承座的三视图只反映轴承座的结构形状,而它的真实大小由三视图上的尺寸来确定。轴承座的尺寸是怎样标注的?

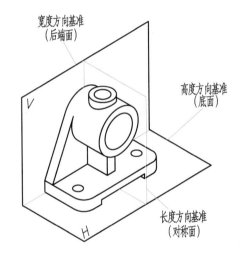

图 2-31　轴承座的尺寸基准

1. 尺寸基准

组合体具有长、宽、高三个方向的尺寸,标注每个方向的尺寸都应选择好尺寸基准。尺寸基准即标注尺寸的起点。

图 2-31 所示轴承座长度方向的基准选取轴承座<u>左右对称面</u>,高度方向基准选取_____,宽度方向基准选取_____。

小提示

一般选择组合体的对称平面、底面、重要端面以及回转体的轴线作为尺寸基准。

2. 形体分析

标注尺寸采用形体分析法。

　　轴承座由底板 1、支承板 2、加强肋板 3、套筒 4 和凸台 5 组成,首先分别标注它们的定形尺寸,如图 2-32 所示,其次标注确定各组成部分相对位置的定位尺寸,最后标注总体尺寸,如图 2-33所示。

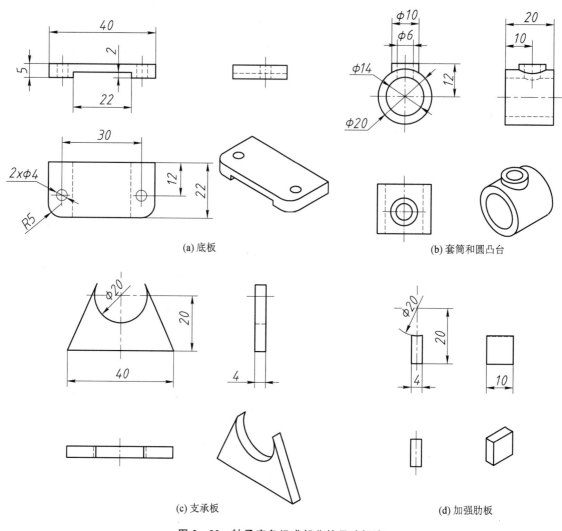

(a) 底板　　　　　　　　　　　　　　　　　(b) 套筒和圆凸台

(c) 支承板　　　　　　　　　　　　(d) 加强肋板

图 2-32　轴承座各组成部分的尺寸标注

小词典

　　定形尺寸:表示各基本几何体大小(长、宽、高)的尺寸。

　　定位尺寸:表示各基本几何体之间相对位置(上下、左右、前后)的尺寸。

　　总体尺寸:表示组合体总长、总宽、总高的尺寸。

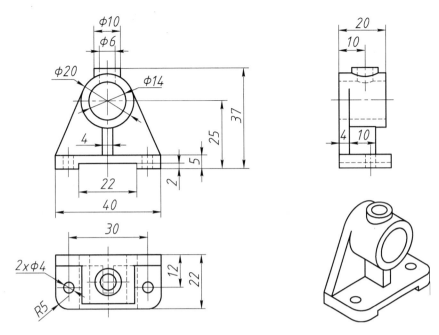

图 2-33　轴承座的尺寸标注

 小提示

（1）标注尺寸应做到正确、完整、清晰；

（2）定形尺寸和定位尺寸要尽量集中标注在一个或两个视图上；

（3）尺寸应标注在表达形体特征最明显的视图上，并尽量避免标注在虚线上；

（4）尽量将尺寸标注在视图外面，标注平行尺寸时，较小的尺寸靠近视图，较大的尺寸依次向外分布，与两视图有关的尺寸最好标注在两视图之间；

（5）圆的直径一般标注在投影为非圆的视图上，圆弧的半径标注在投影为圆弧的视图上。

3. 尺寸标注步骤

归纳轴承座尺寸标注的步骤，填写表 2-5。

表 2-5　轴承座尺寸标注的步骤

步骤一	用形体分析法分析轴承座的各组成部分

三、评价反馈

7 测一测

（1）请在表 2-6 的左边对绘制轴承座的先后顺序进行排序。

表 2-6 绘制轴承座的步骤

绘制轴承座的步骤	
1	形体分析
	选择比例，确定图幅
	画底稿
	选择视图
	布置视图
	检查，描深
	标注尺寸，完成全图

（2）根据图 2-34 所示，画出组合体的三视图，并标注尺寸。

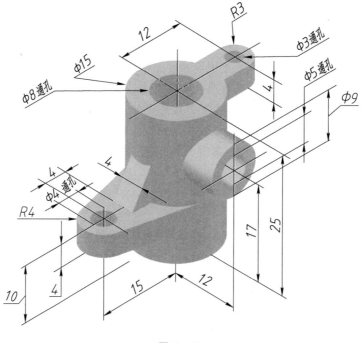

图 2-34

8 议一议

（1）通过本任务的学习，你能否做到以下几点：

1）描述三视图的形成过程及其投影规律。

　　　　　　　　能 □　　　　不确定 □　　　　不能 □

2）用实物演示各种特殊位置直线、特殊位置平面的三面投影。

　　　　　　　　能 □　　　　不确定 □　　　　不能 □

3）独立绘制组合体的三视图并标注尺寸。

　　　　　　　　能 □　　　　不确定 □　　　　不能 □

（2）工作页的完成情况：

1）能独立完成的任务：＿＿＿＿＿＿＿＿＿＿＿＿＿＿＿＿＿＿＿＿＿＿

＿＿＿＿＿＿＿＿＿＿＿＿＿＿＿＿＿＿＿＿＿＿＿＿＿＿＿＿＿＿＿＿＿＿

2）与他人合作完成的任务：＿＿＿＿＿＿＿＿＿＿＿＿＿＿＿＿＿＿＿＿

＿＿＿＿＿＿＿＿＿＿＿＿＿＿＿＿＿＿＿＿＿＿＿＿＿＿＿＿＿＿＿＿＿＿

3）在教师指导下完成的任务：＿＿＿＿＿＿＿＿＿＿＿＿＿＿＿＿＿＿＿

＿＿＿＿＿＿＿＿＿＿＿＿＿＿＿＿＿＿＿＿＿＿＿＿＿＿＿＿＿＿＿＿＿＿

（3）你对本次任务学习的建议：

　　　　　　　　　　　签名＿＿＿＿＿＿　　＿＿＿年＿＿＿月＿＿＿日

学习任务 3　压块正等轴测图的绘制

学习目标

完成本学习任务后,应当能:

1. 知道轴测图的概念、参数及投影特性;
2. 运用不同的读图方法,读形体的三视图,构想其空间形状;
3. 在教师的指导下,完成简单形体轴测图的绘制;
4. 在教师的指导下,看懂压块三视图,完成压块正等轴测图的绘制。

建议完成本学习任务用 12 学时。

内容结构

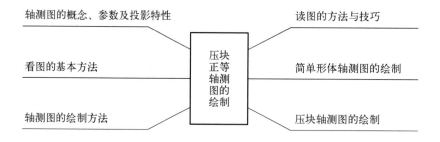

学习任务描述

分析图 3-1 压块的三视图,根据视图中各线框的对应关系,构想出各线框对应的空间形体,正确绘制出其正等轴测图(压块阶梯孔省略不画)。

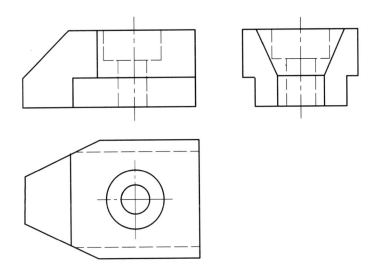

图 3 - 1　压块的三视图

　　对于形状结构复杂的组合体,尤其是复杂的切割式组合体,读图分析难度较大,因此需运用形体分析法、线面分析法等读图方法,并借助组合体的轴测图这类能直观表达物体的三维形象、富有立体感、接近人们视觉习惯的图形来辅助读图,解决读图的难点。

一、学习准备

1　轴测图是一种具有立体感的图形,能直观表达物体的三维形状特征,常作为辅助图样来使用。这种图形是如何形成的? 有哪些类型? 具有什么投影特性?

1. 轴测投影(轴测图)的形成
图 3 - 2 为一立方体从不同的方向进行投射后得到的图形。

　　从图 3 - 2a、b、c 三个图形的比较可知_____图具有立体感,能反映物体_____个方向的形状,这种具有较强立体感的图形称为轴测图。

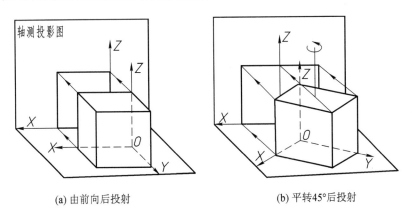

(a) 由前向后投射　　　　　　　　　　(b) 平转45°后投射

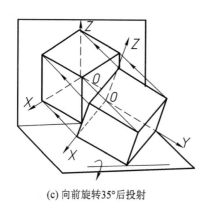 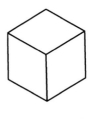

(c) 向前旋转35°后投射   (d) 正等轴测图

图 3 - 2　正等轴测图的形成

2. 轴测投影的参数

轴测投影的参数有轴间角和轴向伸缩系数 p、q、r,它们是绘制轴测图的重要参照依据。

小词典

　　轴测图(轴测投影):将物体连同其直角坐标系,沿不平行于任一坐标平面的方向,用平行投影法将其投射在单一投影面上所得的具有立体感的图形。

　　轴测轴:在轴测投影面上的坐标轴 OX、OY、OZ。

　　轴间角:在轴测投影中任两根轴测轴之间的夹角。

　　轴向伸缩系数:轴测轴上的单位长度与相应直角坐标轴上的单位长度的比值,OX、OY、OZ 轴上的轴向伸缩系数分别用 p_1、q_1、r_1 表示。为了便于作图,对轴向伸缩系数进行简化,简化伸缩系数分别用 p、q、r 表示。

在工程图上常用的轴测投影如表 3 - 1(摘自 GB/T 14692—2008)所示。

表 3 - 1　常用的轴测投影

特性		正轴测投影			斜轴测投影		
		投射线与轴测投影面垂直			投射线与轴测投影面倾斜		
轴测类型		等测投影	二测投影	三测投影	等测投影	二测投影	三测投影
简称		正等测	正二测	正三测	斜等测	斜二测	斜三测
应用举例	轴向伸缩系数	$p_1 = q_1 = r_1 = 0.82$	$p_1 = r_1 = 0.94$ $q_1 = \dfrac{p_1}{2} = 0.47$	视具体要求选用	视具体要求选用	$p_1 = r_1 = 1$ $q_1 = 0.5$	视具体要求选用
	简化伸缩系数	$p = q = r = 1$	$p = r = 1$ $q = 0.5$			无	

续表

特性	正轴测投影			斜轴测投影		
	投射线与轴测投影面垂直			投射线与轴测投影面倾斜		
轴测类型	等测投影	二测投影	三测投影	等测投影	二测投影	三测投影
简称	正等测	正二测	正三测	斜等测	斜二测	斜三测
应用举例　轴间角	Z 120° 120° X 0 120° Y	Z ≈97° 131° X 0 132° Y	视具体要求选用	Z 90° 135° X 0 135° Y	视具体要求选用	视具体要求选用
应用举例　例图	l l l	l l/2 l		l l/2 l		

3. 轴测投影的基本特性

由于轴测图是根据平行投影法画出来的,因此它具有平行投影的基本性质。其主要投影特性为:

(1)空间互相平行的线段在同一轴测投影中一定互相平行。与直角坐标轴平行的线段,其轴测投影必与相应的轴测轴平行。

(2)与轴测轴平行的线段按该轴的轴向伸缩系数进行度量。与轴测轴倾斜的线段不能按该轴的轴向伸缩系数进行度量,只能依据该斜线两个端点的坐标先求出点,再连线。

做一做:已知长方体的三视图(图 3 - 3),试根据表 3 - 2 中作图分析和作图步骤的提示,在 A4 图纸上画出它的正等轴测图。

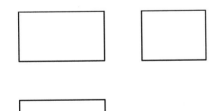

图 3 - 3　长方体三视图

分析:长方体共有_____个顶点,用坐标确定各顶点在其轴测图中的位置,然后连接各顶点间的棱线即为所求。

表 3-2　长方体正等轴测图的绘制

画图步骤	画法
（1）在三视图上定出原点和坐标轴的位置。设定右侧后下方的棱角为原点，OX、OY、OZ 轴是过原点的三条棱线。标出长方体底面各顶点 C、D、E、F 的三面投影（C 点与原点 O 重合）	
（2）绘制长方体的正等轴测图，首先要画出 OX、OY、OZ 三根轴测轴。三根轴测轴互成一定角度。画轴测图时一般使 OZ 轴处于垂直位置，OX、OY 轴与水平线成 $30°$ 画出。作图技巧：可利用（绘图工具）＿＿＿＿＿＿绘制。 在 OX 轴上量取长方体的长度 $OD=l$，同理在 OY 轴上量取长方体宽度 $OF=b$；然后过端点 D 和 F 分别画 OX、OY 轴的平行线，得出两平行线交点 E，四边形 $CDEF$ 即为长方体底面的轴测投影	
（3）由长方体底面各端点画 Z 轴的平行线，在各线上量取长方体的高度 h，得到长方体顶面各端点。依次把各点连接起来，并擦去多余的棱线，即得长方体顶面、正面和侧面的轴测投影	
（4）擦去轴测轴，描深轮廓线，将要保留的不可见轮廓线改为细虚线，即得长方体的正等轴测图	

2 压块是一个形状轮廓较为复杂的组合体,要绘制形体复杂的组合体的正等轴测图,首先应该掌握基本几何体、简单形体正等轴测图的绘制方法和技巧。那么如何绘制基本几何体、简单形体的正等轴测图呢?

1. 平面立体正等轴测图的画法

图 3-4 为一个平面立体的三视图,请根据表 3-3 的作图分析和作图步骤画出其正等轴测图。

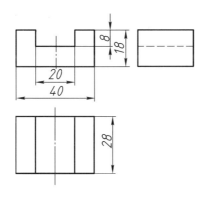

图 3-4 平面立体的三视图

表 3-3 平面立体正等轴测图的绘制

视图分析	作图步骤	画法
(1) 由平面立体的主视图与俯视图及其对应关系分析可知,该形体的基本形状为长方体,因此先画出长方体的正等轴测图	① 在三视图上定出原点和坐标轴的位置,设定该形体的右侧后顶点为原点	
	② 画出长方体的正等轴测图(参考表 3-2(2)绘制长方体的正等轴测图)	

续表

视图分析	作图步骤	画法
（2）由平面立体的主视图与左视图、俯视图的对应关系分析,可知该形体的顶面被截去一个小长方体而形成凹形槽	③ 在长方体的顶面平行于 OX 轴的棱上量取 $AB=CD=$ 凹形槽槽宽 20,连接 AD 和 BC	
	④ 过点 A、C、D 三点,沿 _____ 轴负方向量取凹槽深度 _____ ,得 E、F、G 三点,连接 E 点与 F 点、F 点与 G 点,并且过 E 点作 OX 轴的平行线,即得到长方体的凹形槽	
	⑤ 擦去 _____ ,描深轮廓线,即得凹形槽平面体的正等轴测图	

2. 回转体正等轴测图的画法

（1）圆柱体是常见的简单回转体,图 3 - 5 所示为圆柱的两个视图,请根据表 3 - 4 的作图分析和作图步骤绘制其正等轴测图。

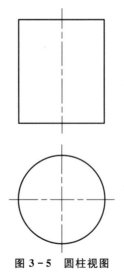

图 3 - 5 圆柱视图

表 3 − 4　圆柱正等轴测图的绘制

视图分析	作图步骤	画法
	① 确定 OX、OY、OZ 轴的方向和原点 O 的位置。在圆柱俯视图的外切正方形中切点分别为 1、2、3、4	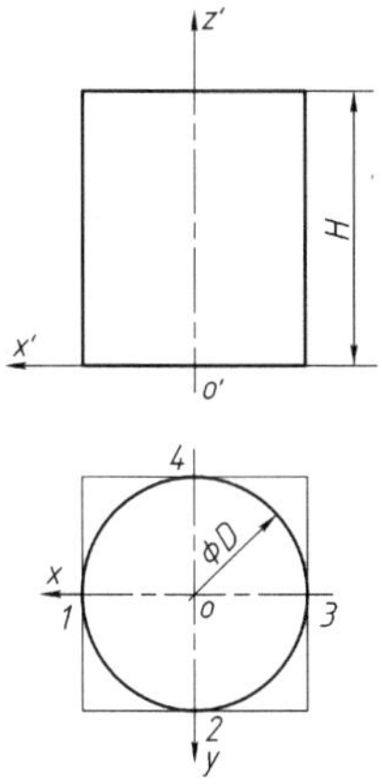
圆柱的轴线是_____线,因此圆柱的顶圆和底圆都平行于_____面,所以它们的正等轴测图都是椭圆。将顶面和底面两椭圆画好,再作两椭圆的切线(即圆柱的轮廓素线)即得到圆柱的正等轴测图	② 画底圆的轴测图。先画出三根轴测轴,沿 OX、OY 轴向量取切点 1、2、3、4,过这四点分别作 OX、OY 轴的平行线,得到底圆外切正方形的轴测图(菱形)	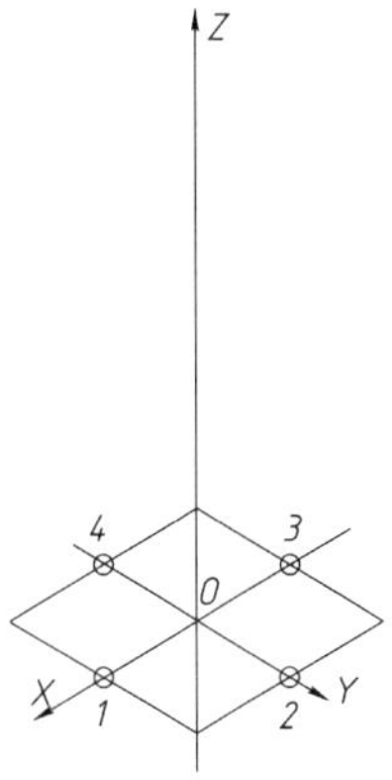
	③ 过切点 1、2、3、4 作菱形相应各边的垂线,它们的交点 O_1、O_2、O_3、O_4 就是近似椭圆的四个圆心,O_1、O_3 位于菱形的对角线上	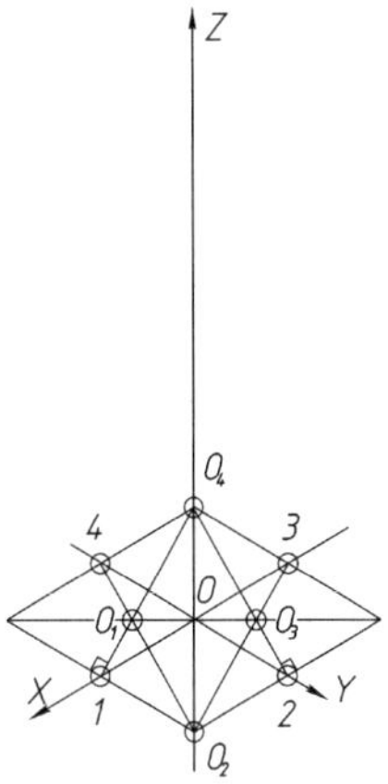

视图分析	作图步骤	画法
	④ 画四段圆弧连成椭圆。以 $O_1 1 = O_1 4 = O_3 2 = O_3 3$ 为半径,以 O_1、O_3 为圆心,画出小圆弧 $\overset{\frown}{14}$、$\overset{\frown}{23}$;以 $O_2 3 = O_2 4 = O_4 1 = O_4 2$ 为半径,以 O_2、O_4 为圆心,画出大圆弧 $\overset{\frown}{12}$、$\overset{\frown}{34}$,完成底圆的轴测图(四心法近似画椭圆)	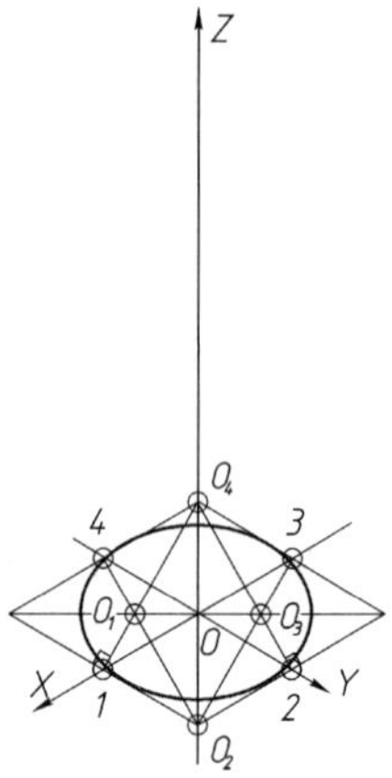
圆柱的轴线是＿＿＿＿线,因此圆柱的顶圆和底圆都平行于＿＿＿＿面,所以它们的正等轴测图都是椭圆。将顶面和底面两椭圆画好,再作两椭圆的切线(即圆柱的轮廓素线)即得到圆柱的正等轴测图	⑤ 沿 OZ 轴正方向量取圆柱高度 H,定出圆柱顶面的椭圆的中心;再由底面椭圆的四个圆心都向上量取圆柱的高度距离 H,即可得顶面椭圆各个圆心的位置,并由此画出顶面椭圆(圆心平移法)	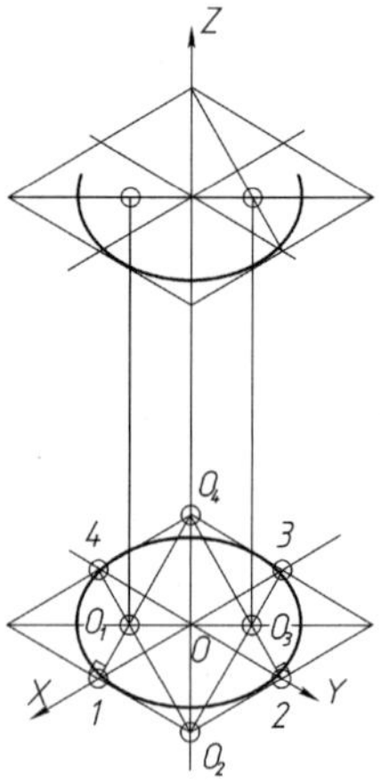
	⑥ 画出椭圆的切线,擦去多余的线条,描深轮廓线,即得圆柱的正等轴测图	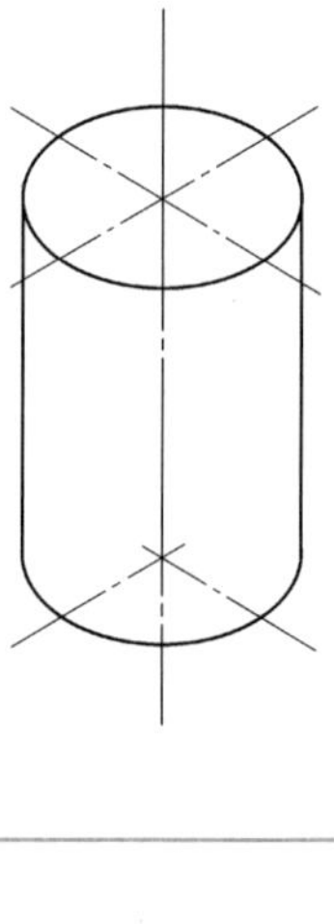

（2）三向正等测圆的画法

在正等轴测图中圆在三个坐标面上的图形都是椭圆，即水平面椭圆、正面椭圆、侧面椭圆，它们的外切菱形的方位有所不同。作图时选好该坐标面上的两根轴，组成新方位的菱形，按上述所示画椭圆的方法，即得新方位的椭圆，如图 3-6 所示。

（3）正等轴测图中圆角的画法

根据圆角平板的三视图（图 3-7a）画出其正等轴测图。

分析：圆角相当于四分之一的圆周，因此圆角的正等轴测图正好是近似椭圆的四段圆弧中的一段。作图过程和步骤如图 3-7b 所示。

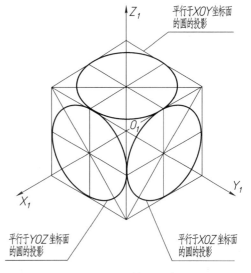

图 3-6　三向正等测圆的画法

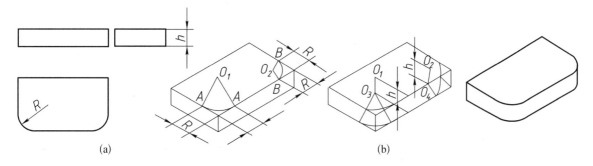

（a）　　　　　　　　　　　　　　　　（b）

图 3-7　圆角平板的正等轴测图

做一做：根据以上绘制基本体、简单形体正等轴测图的方法和步骤，绘制图 3-8 组合体的正等轴测图（尺寸由图中量取）。

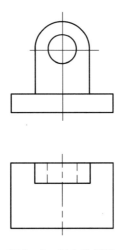

图 3-8　组合体视图

二、计划与实施

3 根据压块三视图绘制其正等轴测图,首先需要运用看图的基本方法读懂压块三视图,再结合空间想象,构想出压块形体,然后绘制轴测图。那么看图的基本要领是什么?看图有哪些基本方法?如何运用这些方法来读压块三视图?

画图是把空间形体按正投影方法绘制在平面上。看图也就是读图,是根据视图想象出物体空间形状的过程。对初学者来说,必须先掌握看图的基本要领,然后运用各种看图的基本方法来看图。

1. 读图的基本要领

(1) 几个视图联系起来读图

在机械图样中机件的形状一般要通过几个视图来表达,每个视图只能反映机件一个方向的形状。因此仅由一个或两个视图往往不能唯一地表达机件的形状。如图 3-9 所示的四组图形,它们的俯视图均相同,但实际上是四种不同形状的物体的俯视图。所以只有把俯视图与主视图联系起来识读才能判断它们的形状。又如图 3-10 所示的四种图形,它们的主、俯视图均相同,但同样是四种不同形状的物体。

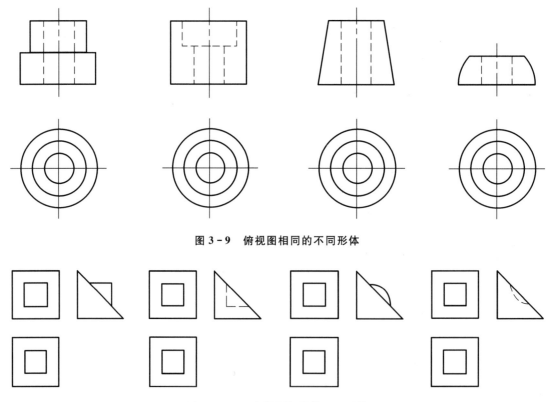

图 3-9　俯视图相同的不同形体

图 3-10　两个视图相同的不同形体

（2）明确视图中线框和图线的含义

1）视图中每个封闭线框，通常表示物体上一个表面（平面或曲面）的投影。如图 3-11a 所示，主视图中有四个封闭线框，由对应俯视图可知，线框 a'、b'、c' 分别是六棱柱左、前、右三个棱面的投影，线框 d' 则是圆柱体前（后）圆柱面的投影。相邻两线框或大线框中包含小线框，则表示物体不同位置的两个表面，如图 3-11a 主视图中 a'、b'、c' 三个线框是六棱柱依次相交的三个面，俯视图中大线框（六边形）中间有小线框（圆形），就是六棱柱顶面与圆柱体顶面的投影。

2）视图中的每条图线可能是立体表面有积聚性的投影。如图 3-11b 所示，主视图中图线 $1'$ 是圆柱顶面 I 的投影；或者是两平面交线的投影，主视图中的 $2'$ 是 A 面与 B 面交线 II 的投影；主视图中 $3'$ 是圆柱面前后转向轮廓线 III 的投影。

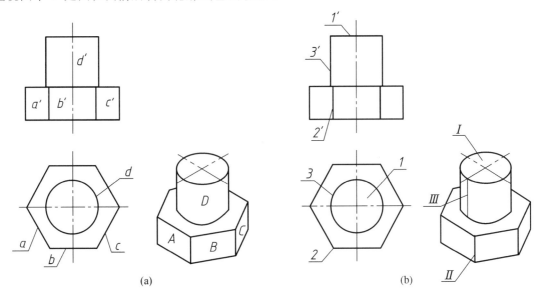

图 3-11　视图中线框和图线的含义

（3）善于构思物体的形状

下面举例说明构思物体形状的方法和步骤。

在图 3-12 中已知某一物体三个视图，要求通过构思，想象出这个物体的形状。

构思过程如图 3-13 所示。

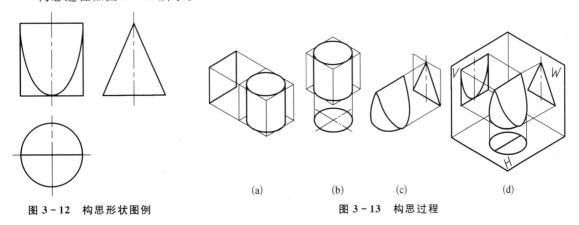

　　（a）　　　　（b）　　　　（c）　　　　（d）

图 3-12　构思形状图例　　　　　　图 3-13　构思过程

1) 看主视图的外部轮廓可以想象出的立体有长方体、圆柱等（图3-13a）。

2) 根据图3-13b所示，结合俯视图的投影为圆，通过视图分析可知其基本形体是圆柱体。

3) 左视图三角形只能由与轴线对称的两相交侧垂面切出。而且侧垂面要沿圆柱顶面直径切下（保证主视图高度不变），并与圆柱底面交于一点（保证俯视图和左视图不变），如图3-13c所示。

4) 图3-13d所示为物体的实际形状。主视图上的椭圆曲线是前、后两个半椭圆的重合投影，俯视图上有两个截面交线的投影。

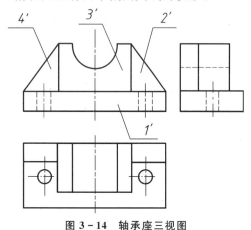

图3-14 轴承座三视图

2. 看图的基本方法

看图的基本方法有两种：一种称为形体分析法，另一种称为线面分析法。

（1）形体分析法读图

观察图3-14轴承座的三视图，请根据下列提示的看图方法和步骤识读三视图，并构想出其空间形状。

1) 认识视图，抓住特征

认识视图就是先弄清图样上共有几个视图，然后分清图样上其他视图与主视图之间的位置关系。

抓住特征就是先找出最能代表物体形状结构的特征视图，通过与其他视图的配合，对物体的空间形状有一个大概的了解。

图3-14轴承座的三视图反映形状特征较多的是主视图，它反映了_____、_____和_____三种形体的特征形状（填写形体的数字编号）。

2) 分析投影，联想形体

按照每一个封闭线框代表一个形体轮廓的投影原理，把图形分解成几个部分，根据三视图"长对正、高平齐、宽相等"的投影规律，划分出每一块的三个投影，分别想象出它们的形状。

① 从形体3的主视图出发，根据三视图的投影规律，找到俯视图上和左视图上相对应的投影，想象出它的形状是_____。请在图3-15轴承座三视图中用不同颜色或不同的线型把形体3的线框表示出来。

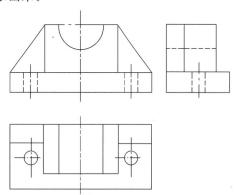

图3-15 形体3的投影分析

② 同理可以找到形体 2、4 在其他两个视图上的对应投影,想象出它们的形状是_____。请在图3-16轴承座三视图中用不同颜色或不同的线型把形体 2、4 的线框表示出来。

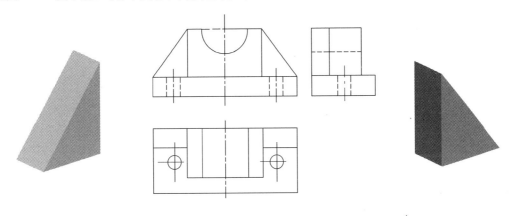

图 3-16　形体 2、4 的投影分析

③ 再看底板 1,_____图反映它的形状特征。再配合其主视图和左视图,想象出它的形状是_____,请在图 3-17轴承座三视图中用不同颜色或不同的线型把底板 1 的线框表示出来。

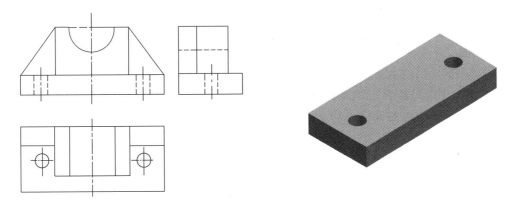

图 3-17　底板 1 的投影分析

3)综合构想整体

看懂了各部分的形状之后,再根据它们之间的相对位置和组合形式、各表面之间的连接关系等,综合想象出该物体的整体形状。通过上述对轴承座的形体分析,综合起来想象轴承座的整体形状,如图3-18 所示。

这种假想将物体分解为若干个简单的基本体,分析各基本体的形状、组合形式和相对位置,然后组合起来想象出整体形状的看图方法称为形体分析法。

(2)线面分析法读图

观察图 3-19 切割组合体的三视图,请根据下列提示的看图方法和步骤识读三视图,并构想出其空间形状。

67

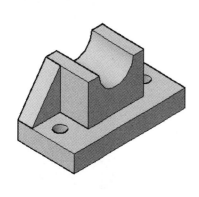

图 3-18　轴承座轴测图

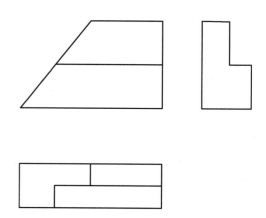

图 3-19　切割组合体

1）首先对该形体作形体分析

由于组合图三个视图的轮廓都是矩形，且被切掉了一些角，所以它的原始形体是_____。

2）抓住特征分清线、面

看切割体的视图时主要靠对线面进行分析，在搞清被切平面的空间位置后，再根据平面的投影特性，分清各切面的几何形状。即当被切面为"垂直面"或"平行面"时，一般都应先从该平面投影积聚成直线的视图出发，再在其他两视图上找出对应的投影，对应的两投影应为类似形或直线和反映出该平面实形的平面图形。

① 从主视图的斜线 P 出发，在俯视图、左视图上能找出与它对应的投影——均为六边形，如图 3-20 所示，因此可以想象主视图左上方的缺角是用正垂面切出的。

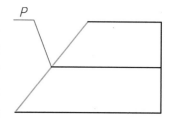

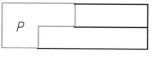

图 3-20　P 面的投影分析

② 从左视图的直线 q 出发，在主视图上找出其正面投影——带斜边的四边形，在俯视图上能找出其对应的水平投影——直线，如图 3-21a 所示，由投影原理可以判断 q 面是正平面；从左

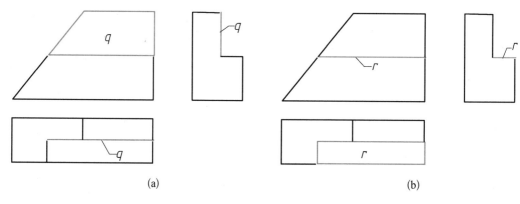

(a)　　　　　　　　　　　　　　　　(b)

图 3-21　q、r 面的投影分析

视图 r 出发,可找出 r 面的水平投影——矩形,和正面投影——直线,如图 3－21b 所示,由此可判断 r 面是<u>水平面</u>;同时可以想象出组合体左视图的缺角是被该<u>正平面</u>和<u>水平面</u>切出的。

3)综合起来想整体

在看懂组合体各表面的空间位置与形状后,还必须根据视图分析清楚面与面间的相对位置,进而综合想象出组合体的整体形状(图 3－22)。

这种看图方法是运用投影规律,把物体表面分解为线、面等几何要素,通过识别这些要素的空间位置、形状,进而想象出物体的形状的看图方法,称为线面分析法。

由上述实例可知,在一般情况下形体清晰的零件用_____法看图方便。但是对于一些比较复杂的物体(如较复杂的切割类组合体),单用形体分析法还不够,还要应用<u>线面分析法</u>分析,综合起来以解决看图的难点。

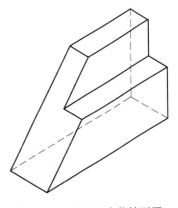

图 3－22　切割组合体轴测图

3. 三视图识读

请运用上述介绍的看图基本方法,根据表 3－5 中的看图步骤和提示,分析读懂压块三视图。

表 3－5　读压块三视图

看图方法	看图步骤	视图分析
(1)用形体分析法先做主要分析(整体分析)	对压块作形体分析。由于压块三个视图的轮廓基本上都是矩形,且缺了几个角,可以看出压块总体的基本形体是_____,压块属于_____(叠加/切割/综合)式组合体	
(2)用线面分析法再作补充分析	① 如右图所示,在俯视图中有梯形线框 a,而在_____中可找出与它对应的斜线 a′,由此可知 A 面是_____V 面的梯形平面,即长方体的左上方缺一角,是由 A 面截切而成的。平面 A 与 W 面和 H 面都处于倾斜位置,所以它的侧面投影 a″ 和水平投影 a 是_____,不反映 A 面的真实形状	

看图方法	看图步骤	视图分析
（2）用线面分析法再作补充分析	② 如右图所示,在主视图中有七边形线框 b',而在俯视图中可找出与它对应的_____,由此可见 B 面是_____ H 面。长方体的左端,就是由这样两个平面截切而成的。平面 B 对 V 面和 W 面都处于倾斜位置,因而侧面投影 b'' 也是个类似的_____线框	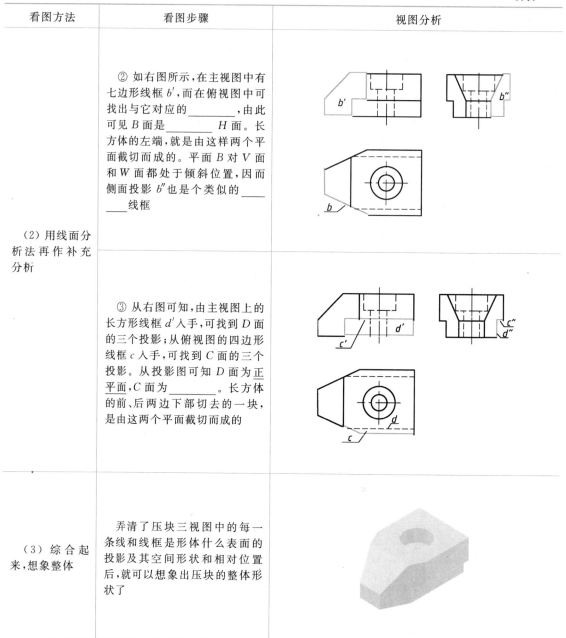
	③ 从右图可知,由主视图上的长方形线框 d' 入手,可找到 D 面的三个投影;从俯视图的四边形线框 c 入手,可找到 C 面的三个投影。从投影图可知 D 面为<u>正平面</u>,C 面为_____。长方体的前、后两边下部切去的一块,是由这两个平面截切而成的	
（3）综合起来,想象整体	弄清了压块三视图中的每一条线和线框是形体什么表面的投影及其空间形状和相对位置后,就可以想象出压块的整体形状了	

4 通过上述分析读懂压块的三视图后,根据绘制正等轴测图的方法和步骤,正确绘制压块的正等轴测图。

请根据表 3-5 读压块三视图的分析过程提示,用 A4 图纸绘制压块的正等轴测图,并在表 3-6 中写出具体的作图步骤(轴测图尺寸在图中量取)。

表 3-6　压块正等轴测图的绘制

作图步骤	画法
① 在压块三视图上定出原点和坐标轴的位置,以＿＿＿＿为原点。 作图步骤: 	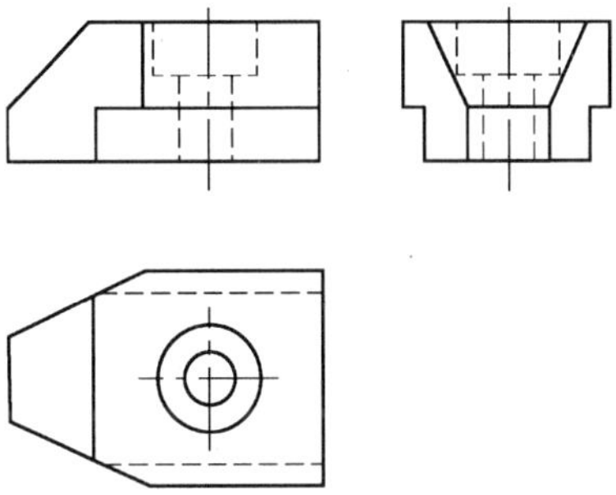
② 画出轴测轴坐标系。 作图步骤: 	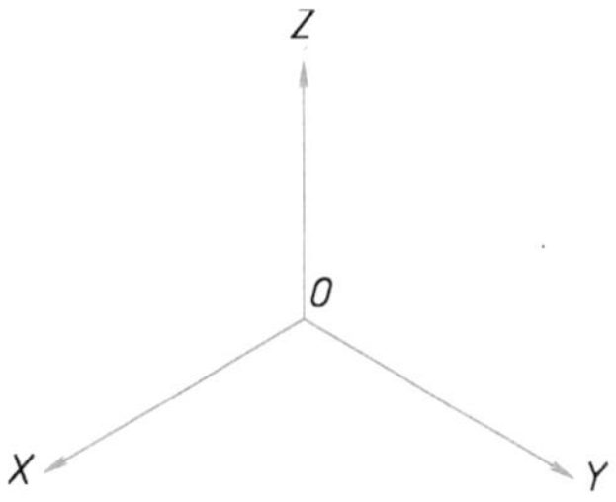
③ 画出压块长方体底面形状,然后画出压块长方体顶面各端点,得到长方体整体形状。 作图步骤: 	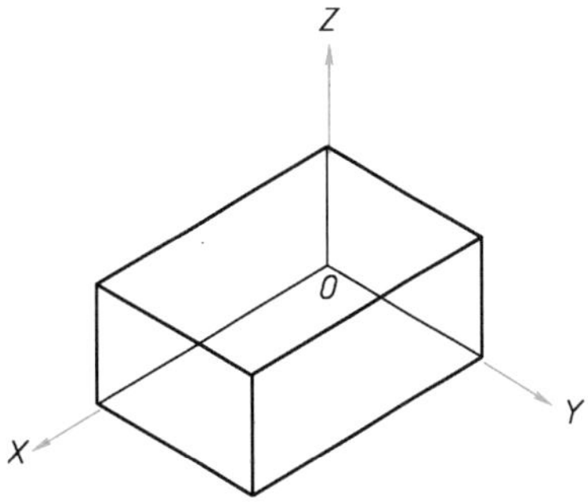
④ 画出压块长方体斜截面 A(正垂面)。 作图步骤: 	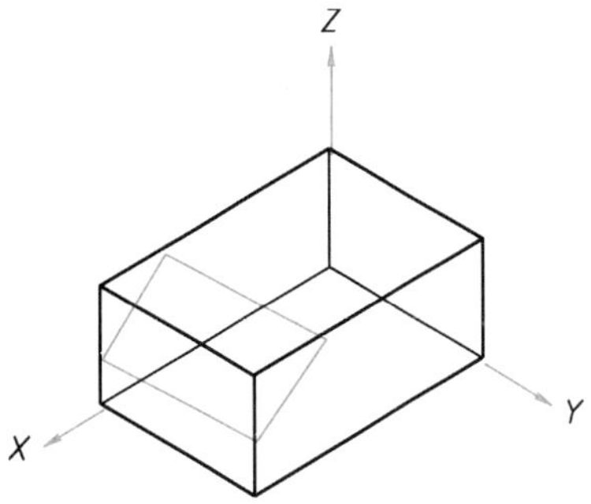

作图步骤	画法
⑤ 画出压块前端两截切平面 B（铅垂面）。 作图步骤： _____ _____ _____	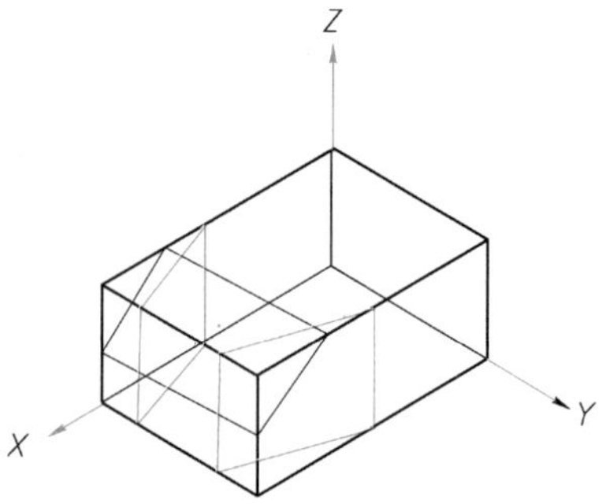
⑥ 画出压块前、后两边被切去的长条。 作图步骤： _____ _____ _____	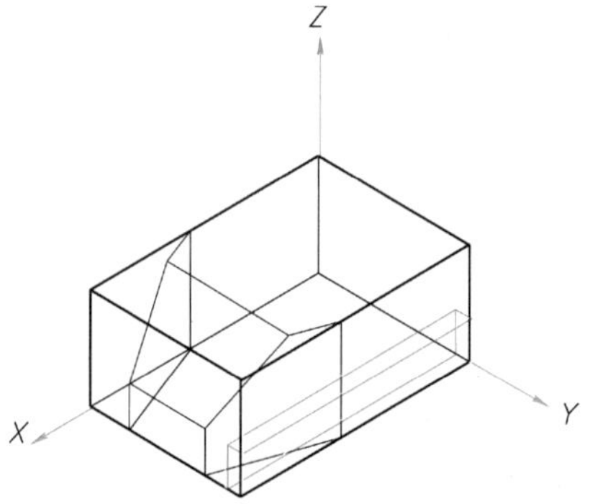
⑦ 擦去压块截切后多余的棱边	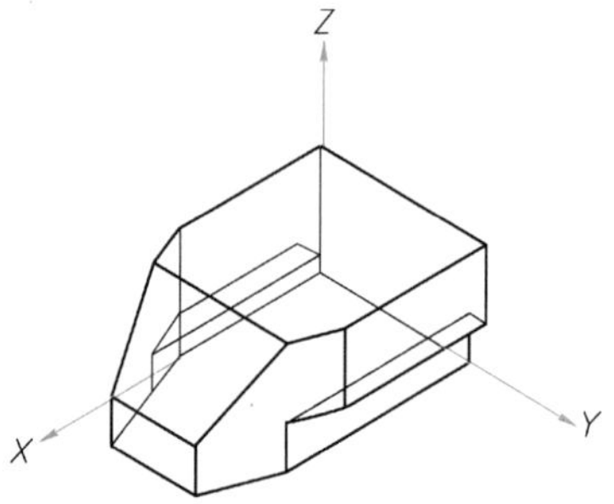
⑧ 擦去作图线、坐标轴并描深轮廓线，即得压块的正等轴测图	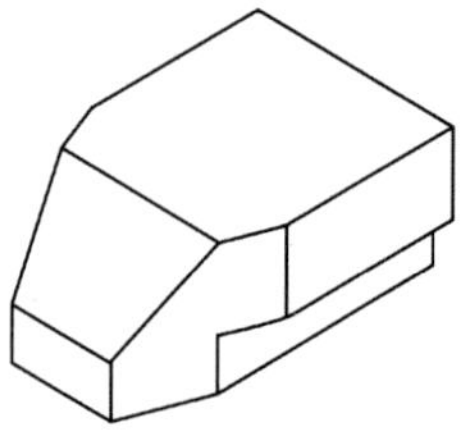

三、评价反馈

5 测一测

　　根据本学习任务所学内容,观察图 3 - 23 所示的切割体的三视图,制定出绘制其正等轴测图的步骤,填写下面表格,并规范画出正等轴测图。

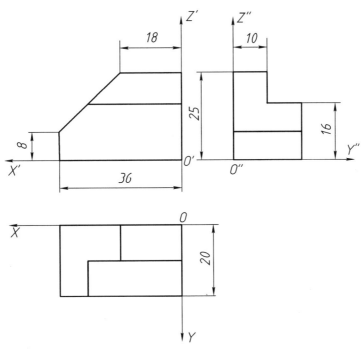

图 3 - 23　切割体三视图

绘制切割体正等轴测图的步骤	
步骤一	
步骤二	
步骤三	
步骤四	
步骤五	
步骤六	

6 议一议

　　(1) 通过本任务的学习,你能否做到以下几点:

1）运用看图的基本方法读物体三视图。

        能 □   不确定 □   不能 □

2）绘制简单形体的正等轴测图。

        能 □   不确定 □   不能 □

3）独立绘制中等复杂组合体的正等轴测图。

        能 □   不确定 □   不能 □

（2）工作页的完成情况：

1）能独立完成的任务：＿＿＿＿＿＿＿＿＿＿＿＿＿＿＿＿＿＿＿＿＿

＿＿＿＿＿＿＿＿＿＿＿＿＿＿＿＿＿＿＿＿＿＿＿＿＿＿＿＿＿＿＿＿＿

2）与他人合作完成的任务：＿＿＿＿＿＿＿＿＿＿＿＿＿＿＿＿＿＿＿

＿＿＿＿＿＿＿＿＿＿＿＿＿＿＿＿＿＿＿＿＿＿＿＿＿＿＿＿＿＿＿＿＿

3）在教师指导下完成的任务：＿＿＿＿＿＿＿＿＿＿＿＿＿＿＿＿＿＿

＿＿＿＿＿＿＿＿＿＿＿＿＿＿＿＿＿＿＿＿＿＿＿＿＿＿＿＿＿＿＿＿＿

（3）你对本次任务学习的建议：

签名＿＿＿＿＿＿   ＿＿年＿＿月＿＿日

学习任务 4 弯管视图表达方案的确定

学习目标

完成本学习任务后,应当能:

1. 正确绘画机件的向视图、局部视图及斜视图,并规范标注;
2. 分析机件的表面连接形式,正确绘制立体表面特殊交线;
3. 在教师指导下,分析弯管的结构形状,确定弯管视图最佳表达方案。

建议完成本学习任务用 10 学时。

内容结构

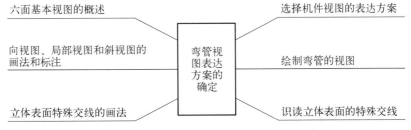

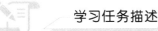
学习任务描述

图 4-1 为一个弯管零件的轴测图,请分析该机件的形状结构,然后选择适当的视图,确定该弯管零件完整、合理的表达方案。

许多零件常带有凸缘、孔、槽,弯曲或者倾斜部分,形状结构较为复杂。在基本视图的基础上,需借助向视图、局部视图和斜视图等其他视图,才能完整、清晰地表达出其形状结构。

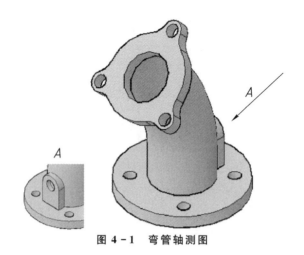

图 4 - 1 弯管轴测图

一、学习准备

1 当机件的形状结构比较复杂时,三视图的表达就难以清晰完整。那么为了能够清楚地表达出机件的形状,还有哪些视图表达方式?

机械图样中用正投影法绘制物体的图形叫做视图。国家标准中规定机件的外部结构和形状,即机件的可见部分的轮廓线用粗实线表示,不可见的部分用细虚线表示。当两种或两种以上图线重叠时,应按以下顺序优先画出所需的图线:可见轮廓线→不可见轮廓线→轴线、对称中心线→双点画线。

视图分为<u>基本视图</u>、<u>向视图</u>、<u>局部视图</u>和<u>斜视图</u>四种,分别如图 4 - 2、图 4 - 3、图 4 - 4 和图 4 - 5 所示。

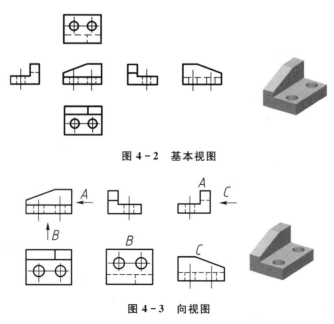

图 4 - 2 基本视图

图 4 - 3 向视图

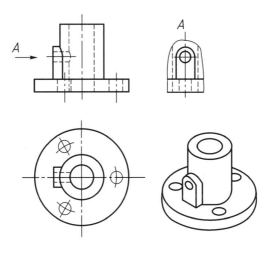

图 4-4　局部视图

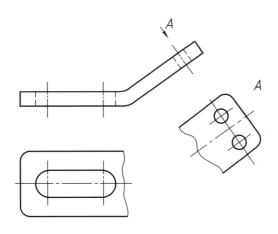

图 4-5　斜视图

小词典

基本视图:机件向基本投影面投射所得的视图。

向视图:可以自由配置的视图。

局部视图:将机件的某一部分向基本投影面投射所得到的视图。

斜视图:机件向不平行于任何基本投影面的平面投射所得的视图。

二、计划与实施

2 在绘制弯管的视图前,首先应对弯管进行形体分析,弄清其形状、结构特点以及表面之间的关系。思考:为表达清楚弯管形体特征,需增加哪些视图? 视图应该如何配置?

1. 弯管形体分析

如图 4-6 所示,应用形体分析法,弯管可分解为 _____、_____、_____ 和
_____四个简单形体,通过_____形式组合而成。

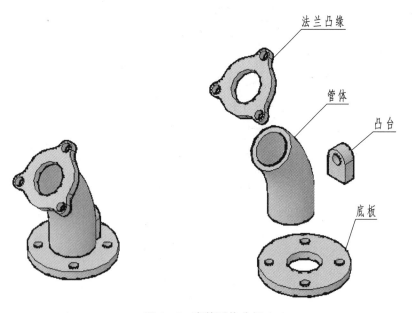

图 4-6　弯管形体分析

想一想:如图 4-7 所示,由弯管实物通过正投影法可得到弯管的三视图。请分析该三视图
是否已完整、清晰地表达出弯管的形状结构?

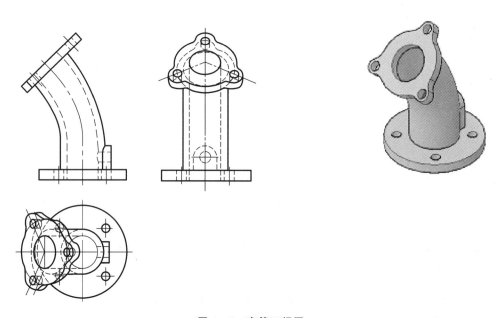

图 4-7　弯管三视图

> **小提示**
>
> 弯管的右侧设有凸台，由弯管轴测图（图 4-1）可知，凸台中间设有圆孔，该圆孔与弯管的管部相连通。

在弯管三视图中，由于法兰凸缘部分与三个基本投影面的位置关系为＿＿＿＿＿＿，所以弯管的三个视图均不能表达法兰凸缘部分的真实形状，在实际生产的工程图样上就无法标注出该部分的尺寸。同时弯管右侧设有凸台，该凸台部分在弯管＿＿＿＿＿＿图中被遮挡需用细虚线表达，不利于读图。综上所述，采用三视图不能完整、清晰地表达弯管的形状特征。

应采用什么方法解决这类问题呢？

为了表达弯管右侧凸台，在原有三视图投影的基础上，如果再增加三个投影面，即共有六个基本投影方向，构成一个正六面体的投影体系（基本投影面：国家标准规定，采用正六面体的六个面作为投影面，六个面称为基本投影面），如图 4-8a 所示。各投影面的展开方法如图 4-8b 所示。这样除可获得主视图、俯视图、左视图外，还有右视图、仰视图和后视图，即得到弯管的六个基本视图，如图 4-9 所示。请把三个视图的名称填写在图 4-9 的括号内。

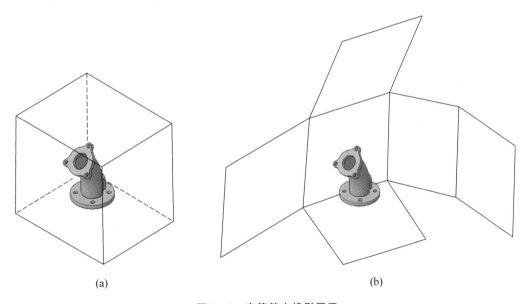

(a)　　　　　　　　　　　　　　　(b)

图 4-8　弯管基本投影展开

弯管的凸台在基本视图中的＿＿＿＿＿＿图可以清晰表达出其形状结构。

2. 基本视图

基本视图是以一个正六面体的六个面为基本投影面，将物体放在正六面体中，如图 4-10a 所示。由前、后、左、右、上、下六个方向分别向六个基本投影面投射，各投影面的展开方法如图 4-10b 所示。可获得机件六个基本视图，如图 4-10c 所示。

如图 4-11 所示，增加的三个基本视图的名称和投射方向为：

右视图——由右向左投射所得到的视图；

仰视图——由下向上投射所得到的视图；

后视图——由后向前投射所得到的视图。

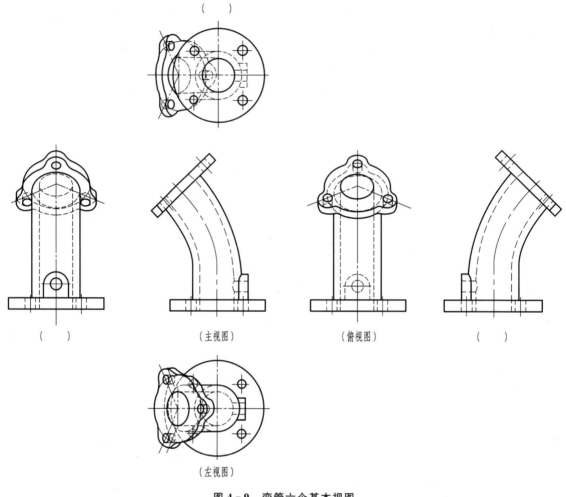

图 4-9　弯管六个基本视图

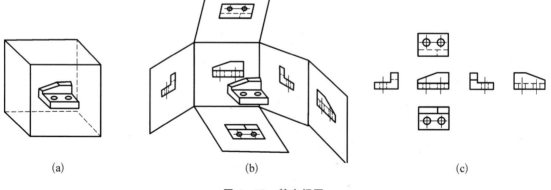

图 4-10　基本视图

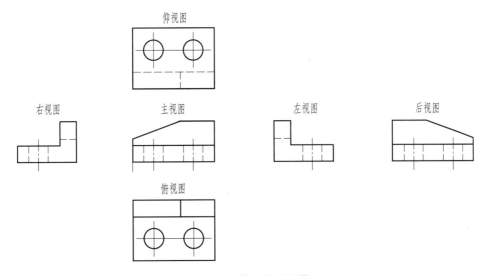

图 4-11 基本视图配置

六个基本视图之间,仍符合"长对正,高平齐,宽相等"的投影关系,如图 4-12 所示。

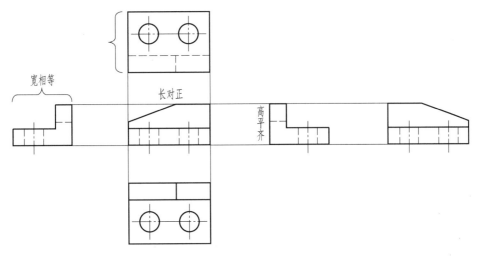

图 4-12 六个基本视图的投影关系

💡**小提示**

(1) 基本视图是以一个正六面体的六个面为基本投影面,将物体放在正六面体中,由前、后、左、右、上、下六个方向,分别向六个基本投影面投射得到的六个视图。

(2) 当基本视图按规定位置配置时,一律不标注视图的名称。

做一做:在六个基本视图中,符合"长对正"关系的视图是主视图、后视图、俯视图和仰视图;符合"高平齐"关系的视图是_____、_____、_____和_____;符合"宽相等"关系的视图是_____、_____、_____和_____。

3. 向视图

想一想: 请对比图 4-13 与图 4-9,简要说明两组视图在图形配置上有什么不同? 并且在图 4-13 的视图上对应写出它们的基本视图的名称。

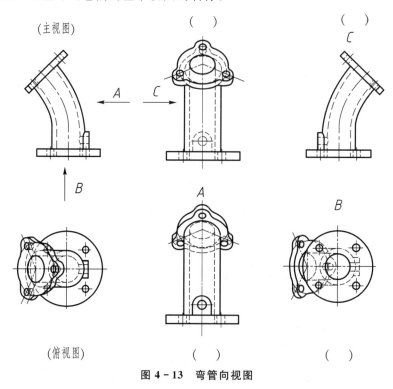

图 4-13 弯管向视图

在实际应用中由于图幅大小限制,往往不能将基本视图按规定位置配置,这时可按向视图来配置视图。如图 4-13 所示,弯管的基本视图不是按规定的位置配置,而是自由配置视图,并标注出投射方向和视图名称,就得到弯管的向视图,视图 A、B、C 为弯管的三个向视图。

向视图的标注:

采用向视图表达时,应在向视图的上方标注"×"(×为大写的拉丁字母),在相应视图的附近用箭头指明投射方向,并标注相同的字母,如图 4-14 所示。

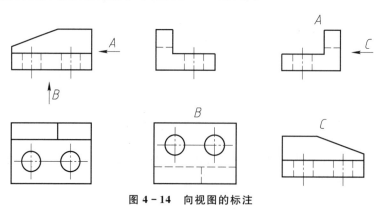

图 4-14 向视图的标注

做一做：请根据图 4-15 所示机件的三视图,按箭头所指的投射方向,补画其三个向视图,并进行标注(尺寸从三视图中量取)。

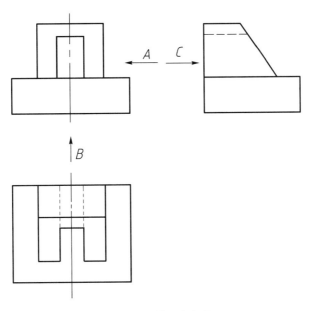

图 4-15 补画向视图

在图 4-13 弯管向视图中,右视图可以清楚反映管部凸台部分真实形状,但其余结构形状不需在右视图中反映。如果画出一个完整的右视图只为表达右侧凸台局部的形状,这样的视图表达显得有些重复。因此在右视图中是否可以只画出凸台部分,只表达清楚该部分形状?

3 由上述分析可知,采用基本视图表达弯管时,右视图能表达清楚管部凸台的结构形状。但有没有其他更为优化的视图表达方案能表达弯管凸台的局部形状呢?这种表达视图的方式是怎样的?应如何标注?

想一想：请对比图 4-16 与图 4-13(弯管向视图表达),简单说明凸台的两种表达方案有何差别,哪种方案更为优化,为什么(请说明简要的理由)。

采用局部视图表达弯管凸台局部形状。图 4-16 中的视图表达方案是画出_____和_____两个基本视图,而 A 向投影视图采用局部视图画法,即只画出_____在基本投影面上的投影而得到的视图。

由上述分析可知,当采用一到两个基本视图已经把机件的主要的结构形状表达清楚时,再采用局部视图表达出机件在基本视图中尚未表达清楚的局部形状,这样可以减少基本视图的数量,使视图表达简洁、重点突出,表达方案更为优化。

局部视图的配置和标注有两种形式:

(1) 按基本视图的配置形式配置,且中间没有其他图形隔开时,可省略标注;

(2) 按向视图的形式配置并标注。

83

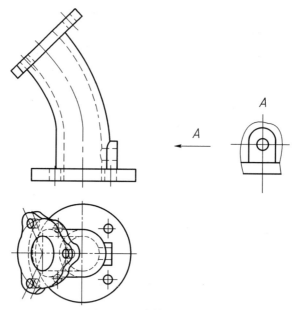

图 4-16　弯管局部视图

做一做：请写出图 4-17 机件的局部视图为哪种配置形式,哪一个局部视图的标注可省略。

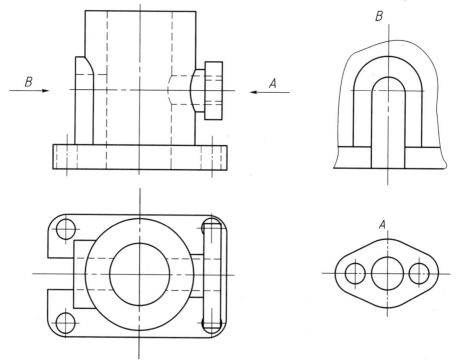

图 4-17　标注局部视图

局部视图 A 采用_____配置；

局部视图 B 采用_____配置；

可省略标注的是局部视图_____。

小提示

局部视图的断裂边界应以波浪线或双折线表示(如图 4-16 弯管凸台的局部视图)。当局部视图所表达的局部结构是完整的,且外轮廓又成封闭时,断裂边界线可省略不画(如图 4-17A 向局部视图)。

采用基本视图、向视图或局部视图表达弯管的结构形状时,弯管的凸台部分结构在主视图和右视图上可清晰表达,但弯管的法兰凸缘部分结构仍没有表达清楚。

4 由于弯管具有弯曲的管部结构,因此采用基本视图或局部视图表达时,法兰凸缘部分的投影仍不能反映其真实形状。那么采用哪一类的投影视图能够表达出机件弯曲或倾斜部分的真实结构形状呢?

想一想:根据图 4-18 判断,在弯管的六个基本视图中,法兰凸缘部分的投影是否表达出其真实形状、大小,为什么(请简要说明判断依据)。

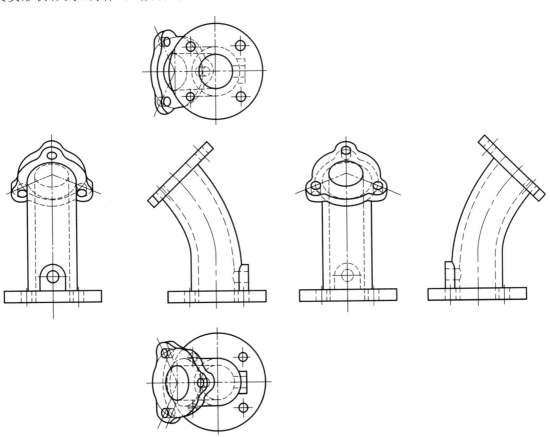

图 4-18　弯管的六个基本视图

💡 **小提示**

　　法兰凸缘部分相对<u>水平投影面（H 面）</u>和<u>侧立投影面（W 面）</u>均处于<u>倾斜</u>位置，由<u>正投影</u>的投影特性可知，当平面倾斜于投影面时其投影只能反映出类似性。

　　若机件具有弯曲或倾斜部分的结构，这时可选用一个辅助投影面，使该投影面与机件上倾斜部分的表面平行（图 4 - 19），然后将倾斜部分向该辅助投影面投射，就可得到反映该部分实形的视图，该视图称为斜视图，如图 4 - 20 所示。

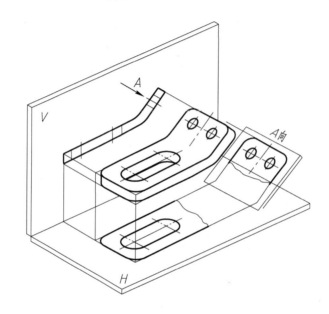

图 4 - 19　辅助投影面

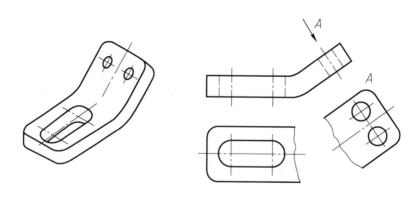

图 4 - 20　斜视图

　　在本任务弯管实例中可采用将弯管法兰凸缘部分投射到一个倾斜投影面上，如图 4 - 21 所示，获得表达该部分结构形状的弯管斜视图，其余部分不需画出，如图 4 - 22 视图所示。

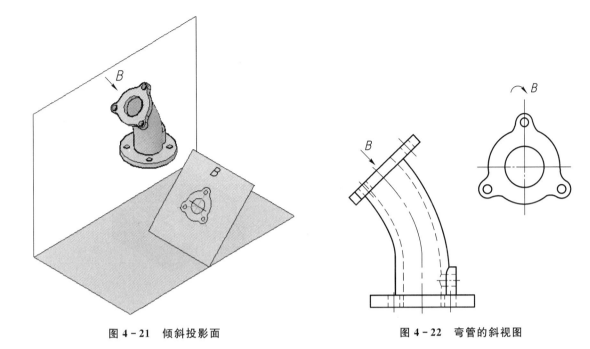

图 4 - 21 倾斜投影面   图 4 - 22 弯管的斜视图

💡 **小提示**

斜视图的断裂边界用波浪线或双折线绘制。当斜视图所表达的局部结构是完整的,且外轮廓又成封闭时,断裂边界线可省略不画(图 4 - 22 中 B 视图)。

斜视图的配置及标注:

斜视图通常按向视图的配置形式配置并标注,如图 4 - 23a 所示。必要时允许将斜视图旋转配置,如图 4 - 23b 所示,旋转配置时标注该视图名称的大写拉丁字母应靠近旋转符号的箭头端,也允许将旋转角度标注在字母之后。

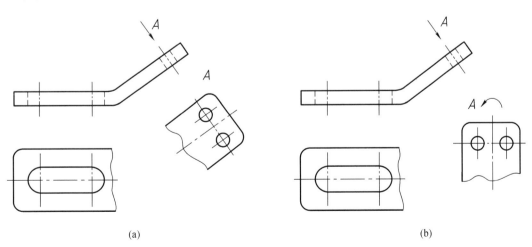

(a)   (b)

图 4 - 23 斜视图的标注及配置形式

做一做：请根据图 4 – 24 所示机件的轴测图和主视图,画出其左右斜板的斜视图(尺寸直接在图中量取,宽度尺寸从轴测图中量取)。

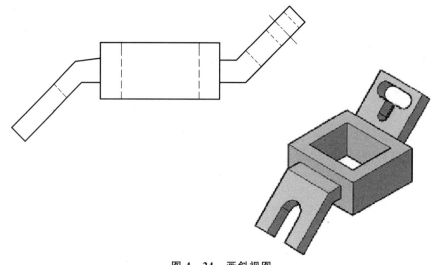

图 4 – 24　画斜视图

5 根据上述分析,选择合适的视图,确定弯管完整、清晰的视图表达方案。

拟定弯管视图表达方案,其中内容包括:主视图的选择、视图数量的确定、表达方法的选择。应在对机件进行形体分析的基础上选用视图,先确定＿＿＿＿＿图,然后再采用逐个增加的方法选择其他视图。每一个视图都应有其特定的表达意义,既要突出视图各自的表达重点,又要兼顾视图间相互配合、彼此互补的关系。最后筛选确定出一组"表达完整、图形清晰、利于看图"的表达方案。

1. 确定主视图

主视图是一组图形的核心,同时主视图的选择将直接影响到其他视图的选择。图 4 – 25a 中为拟定的弯管主视图,请在图 4 – 25b 弯管轴测图中用箭头标出该主视图的投射方向,并简要写出：选择该主视图的投射方向主要能表达出＿＿＿＿＿＿＿＿＿＿＿＿＿＿＿＿。

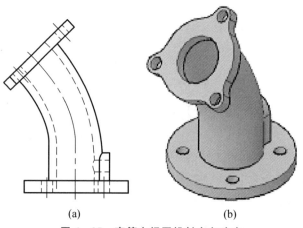

(a)　　　　　　　　　　(b)

图 4 – 25　弯管主视图投射方向确定

小提示

　　通常要求主视图应能较多地反映物体的形状和特征,特别是主要的形状和特征,而且主视图往往是表示零件信息最多的视图。

2. 其他视图的选择

主视图确定后,分析其他需要表达的形状要素,并确定相应选用的视图。

由前面的分析可知,弯管由四个简单形体通过叠加形式组合而成,主视图主要表达出＿＿＿＿整体的形状特征,因此其他部分结构形状可考虑选择＿＿＿＿＿个其他的视图来表达,具体如下:

　　(1)由前面分析可知,法兰凸缘部分采用＿＿＿＿来表达,如图 4-26 所示。

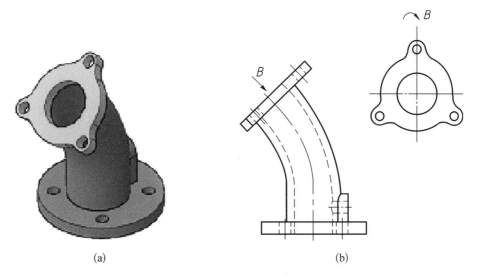

(a)　　　　　　　　　　(b)

图 4-26　表达法兰凸缘的视图

小提示

　　(1)根据平行投影法原理,选择机件的主要平面与投影面平行,以便使其投影获得实形。

　　(2)斜视图是否考虑旋转配置?为什么?

　　(2)弯管的底板采用＿＿＿＿来表达,如图 4-27 所示。

小提示

　　底板形状以及底板上通孔的形状和位置,在视图中必须表达清楚。

　　(3)在图 4-28 中弯管右侧的凸台部分采用＿＿＿＿来表达。

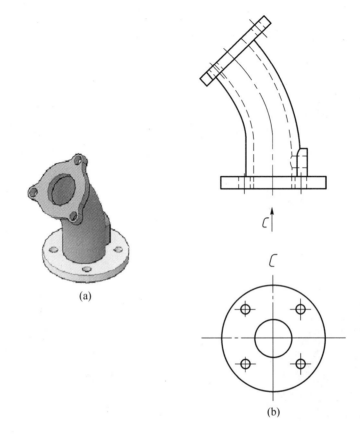

(a)

(b)

图 4-27　表达底板的视图

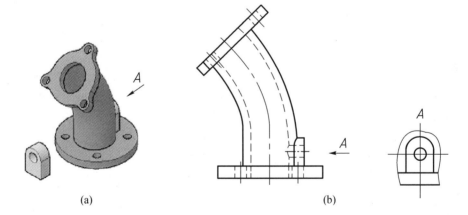

(a)

(b)

图 4-28　表达凸台的视图

💡小提示

　　当采用主视图、斜视图、C 向视图后,弯管还有哪些局部形状未表达清楚?

3. 弯管整体表达方案的确定

　　经过上述分析,需要采用四个视图来表达弯管的形状结构。主视图能够表达清楚弯管的整体形状结构以及中间弯曲管部的形状特征;法兰凸缘部分由斜视图表达清楚;右侧凸台采用了一个局部视图表达;为反映底板的形状及底板上四个通孔位置,采用一个向视图表达。由此最终确定弯管的视图表达方案,如图 4 - 29 所示。

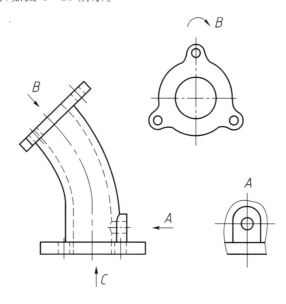

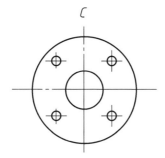

图 4 - 29　弯管的视图表达方案

📓**学习拓展**

　　由图 4 - 29 中弯管的主视图可见,弯管的管部与右侧凸台之间的表面连接产生交线,这类交线称为立体表面交线。

立体表面交线：

截交线——由平面截切立体所形成的表面交线。

相贯线——两立体相交,表面形成的交线。

图4-30所示为几种常见机件(平面体、圆柱、圆锥)的立体表面交线。

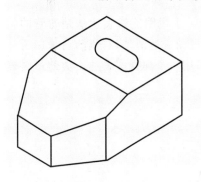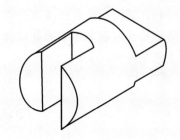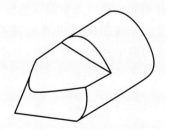

图4-30 立体表面交线示例

1. 截交线画法示例

（1）平面立体截交线的画法

图4-31所示为六棱柱被正垂面切割后产生截交线。已知斜切六棱柱的主视图和俯视图,请补画出其左视图(补画左视图截交线)。

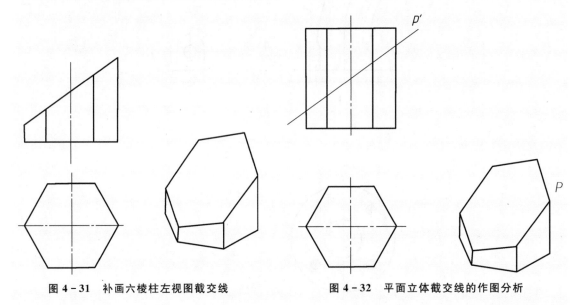

图4-31 补画六棱柱左视图截交线　　　　　**图4-32 平面立体截交线的作图分析**

作图分析：

六棱柱被正垂面切割,截切平面 P 与六棱柱的六条棱线都相交,所以截交线是一个六边形(图4-32),因此在主视图中截交线六边形各顶点为各棱线与 P 平面的投影 p' 的交点。由于 P 为正垂面,故截交线的正面投影积聚在 p' 上。在俯视图中由于六棱柱的六条棱线在俯视图上的投影具有积聚性,所以截交线的水平投影为已知(图4-32)。根据截交线的正面、水平面投影可作出侧面投影。

作图步骤：

1）求出特殊位置点。特殊位置点是指六棱柱各棱线与斜截面的交点，即最高、最低、最左、最右、最前、最后各点，各点的某些投影有时会重合。如图 4-33a 所示，六方体上 Ⅰ、Ⅱ、Ⅲ、Ⅳ、Ⅴ、Ⅵ 六个点是其截交线上最低（最左）、最前、最高（最右）、最后的极限位置点。根据六个点的水平投影 1、2、3、4、5、6 和正面投影 1′、2′、3′、4′、5′、6′可求出其侧面投影 1″、2″、3″、4″、5″、6″（在左视图上），如图 4-33b 所示。

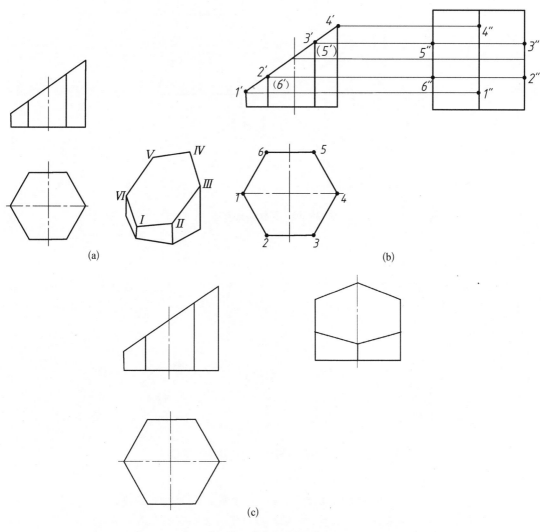

(a)　　　　(b)

(c)

图 4-33　平面立体截交线

2）依次连接各点侧面投影，擦去多余的棱边，描深，即得六棱柱截交线的左视图，如图 4-33c 所示。

（2）曲面立体的截交线

图 4-34 为圆柱体被平面截切后产生的截交线。

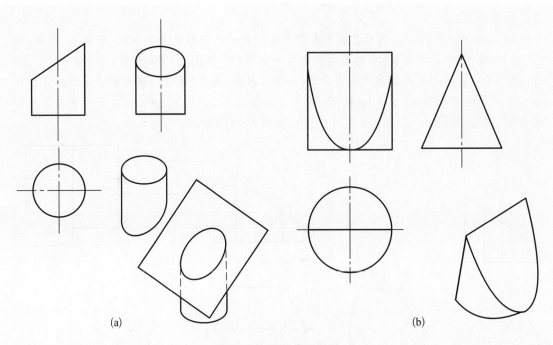

图 4 – 34　圆柱体截交线

2. 相贯线示例

(1) 不同相贯线的示例

两回转体相交,其表面产生相贯线。图 4 – 35 所示为不同的回转体相交形成的相贯线示例。

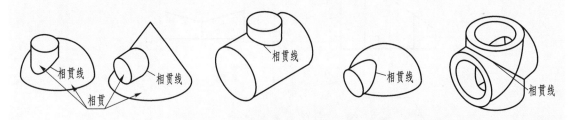

图 4 – 35　不同回转体相交形成的相贯线

(2) 相贯线的性质

1) 相贯线是两回转体表面上的共有线,也是两回转体表面的分界线;

2) 相贯线一般为封闭的空间曲线,特殊情况下可能是平面曲线或直线(图 4 – 36c)。

图 4 – 36 所示是两圆柱相交的相贯线示例。

(3) 相贯线的简化画法

在图 4 – 37 中,以小圆柱与大圆柱的正面轮廓线交点 $1'$、$2'$ 为圆心,取大圆柱半径 $D/2$ 画圆弧,两圆弧交与 o'。然后以 o' 为圆心,以大圆柱半径 $D/2$ 画圆弧,即得到连接两圆柱轮廓线交点 $1'$、$2'$ 的相贯线。

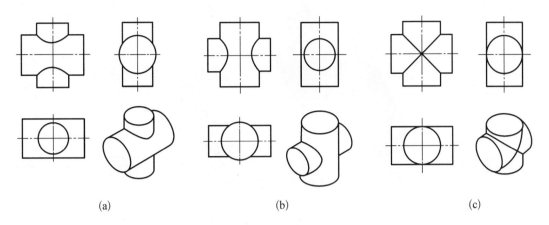

(a)　　　　　　　　(b)　　　　　　　　(c)

图 4 - 36　两圆柱相交的相贯线示例

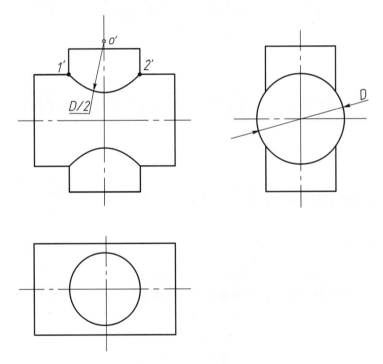

图 4 - 37　相贯线的简化画法

三、评价反馈

6　测一测

（1）根据本学习任务所学内容，分析图 4 - 38 所示的压紧杆零件，拟定该零件合理的表达方案，并填写下面表格。

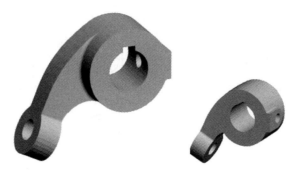

图 4 - 38 压紧杆零件

压紧杆表达方案

序号	选用视图	表达压紧杆哪一部分形体
1		
2		
3		
4		
5		
6		

（2）简要叙述选择该表达方案的依据。

7 议一议

（1）通过本学习任务的学习,你能否做到以下几点:

1）讲述向视图、局部视图及斜视图的形成及其应用场合。

　　　　　　　能 □　　　　不确定 □　　　　不能 □

2）根据机件的形状特征,合理、正确选用视图来表达机件。

　　　　　　　能 □　　　　不确定 □　　　　不能 □

3）独立绘制机件完整的视图,并正确标注。

　　　　　　　能 □　　　　不确定 □　　　　不能 □

（2）工作页完成情况

1）绘制弯管视图是否正确? 对视图的配置和标注是否正确?

_____

2）能否与组内其他成员进行沟通并共同完成学习任务?

_____

3）工作页的完成情况如何？

（3）你对本次任务学习的建议：

签名_____　　___年___月___日

学习任务 5　支承座剖视图的画法

学习目标

完成本学习任务后,应当能:

1. 运用剖视图种类的定义识别不同的剖视图;

2. 描述全剖视图、半剖视图和局部剖视图的画法和标注方法,正确识读全剖视图、半剖视图和局部剖视图;

3. 在教师的指导下,学会选择剖视图表达机件的结构形状。

建议完成本学习任务用 13 学时。

内容结构

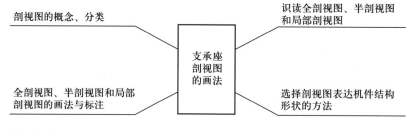

剖视图的概念、分类

识读全剖视图、半剖视图和局部剖视图

支承座剖视图的画法

全剖视图、半剖视图和局部剖视图的画法与标注

选择剖视图表达机件结构形状的方法

学习任务描述

图 5-1 为一个支承座的轴测图,请分析该机件的形状结构,选择适当的剖视图,表达支承座的结构形状。

许多机件常带有沉头螺钉孔、轴孔等内部结构,通常采用剖视图才能完整、清晰地表达出其形状结构。

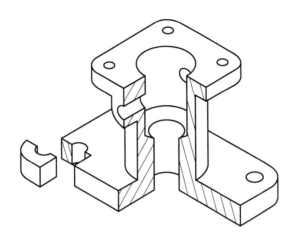

图 5 - 1　支承座轴测图

一、学习准备

1 视图主要用于表达机件的外部形状,不可见的内部结构只能用细虚线表示,不便于看图、画图和标注尺寸,那么有哪些表达方法能把机件的内部结构形状直接地表达出来?

想一想: 观察图 5 - 2 所示图形,分析图 5 - 2a 和图 5 - 2b 的异同点,哪组图更清晰地表达了机件的内部结构?

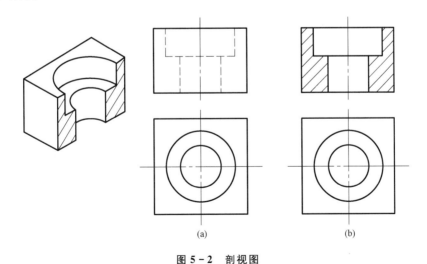

(a)　　　　　　　(b)

图 5 - 2　剖视图

通过比较图 5 - 2a、b,可以看出,主视图采用了剖视画法的那组图(图 5 - 2b),将机件上不可见的部分变成了_____见的,图中原有的细虚线变成了_____线,再加上剖面线的作用,使机件内部结构的表达既简单清晰,又有层次感,便于看图、画图和标注尺寸。

1. 剖视图的概念和术语(图 5 − 3)

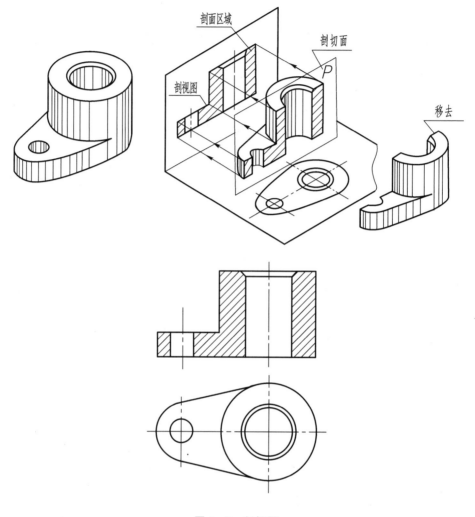

图 5 − 3 剖视图

 小词典

剖视图:假想用剖切面剖开机件,将处在观察者和剖切面之间的部分移去,而将其余部分向投影面投射所得的图形。

剖切面:剖切被表达物体的假想平面或曲面。

剖面区域:假想用剖切面剖开物体,剖切面与物体的接触部分。

剖视图中,剖面区域一般应画出特定的剖面符号,不同材料采用不同的剖面符号。画机械图样时应采用 GB/T 4457.5—1984 中规定的剖面符号,如表 5 − 1 所示。

在剖视图中,金属材料零件的剖面线的画法如图 5 − 4 所示:

表 5-1　不同材料的剖面符号(摘自 GB/T 4457.5—1984)

金属材料 (已有规定剖面 符号者除外)	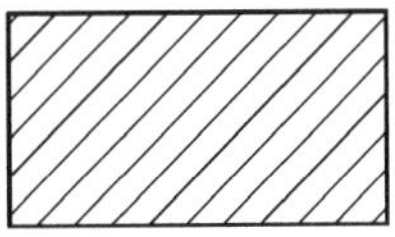	木质胶合板 (不分层数)	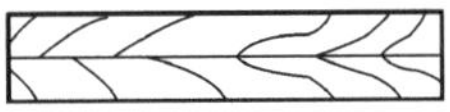
线圈绕组元件	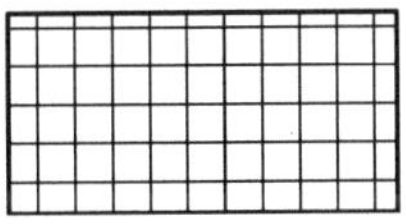	基础周围的泥土	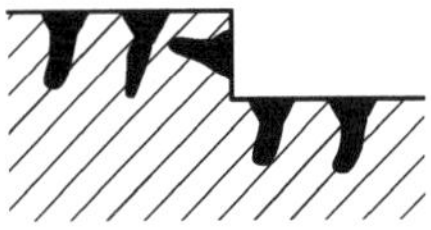
转子 电枢 变压器和 电抗器等的叠钢片	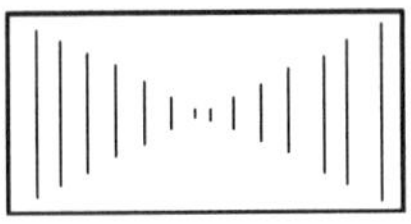	混凝土	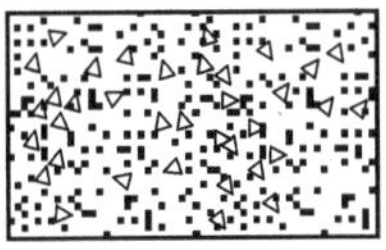
非金属材料 (已有规定剖面 符号者除外)	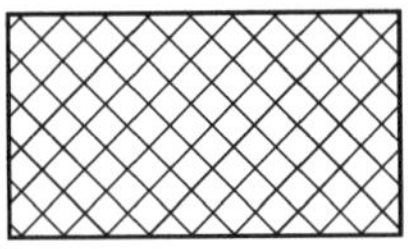	钢筋混凝土	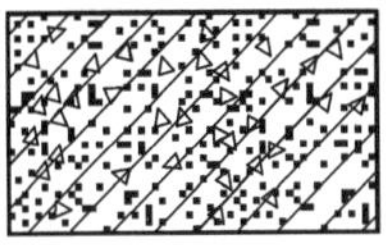
型砂、填砂、粉末冶金、 砂轮、陶瓷刀片、硬质 合金刀片等	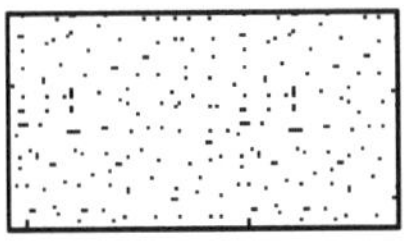	砖	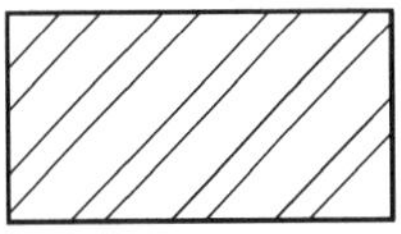
玻璃及供观察用 的其他透明材料	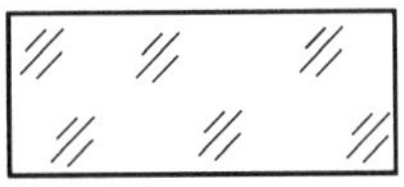	格网 (筛网、过滤网等)	
木材　纵断面	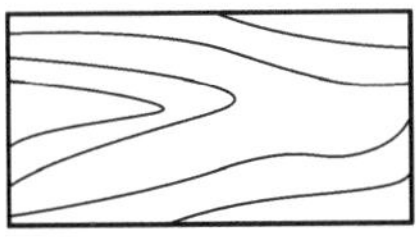	液体	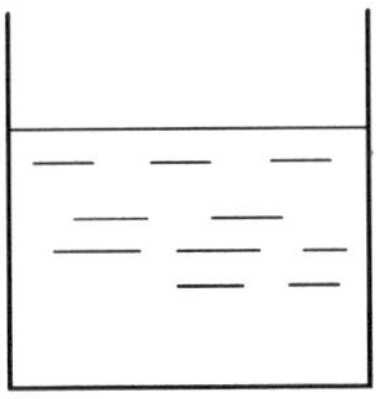
横断面	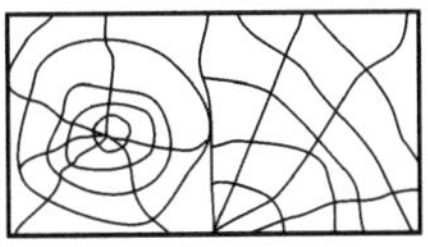		

（1）剖面线用细实线绘制，在同一金属零件的零件图中，剖视图的剖面线，应画成间隔相等、方向相同而且与水平方向成 45°的平行线，如图 5 - 4a 所示。

当图形中的主要轮廓线与水平方向成 45°时，该图形的剖面线应画成与水平方向成 30°或 60°的平行线，其倾斜的方向仍与其他图形的剖面线一致，如图 5 - 4b 所示。

（2）相互邻接的机件的剖面线，其倾斜方向应相反，或方向一致而间隔不等。同一装配图中的同一零件的剖面线应方向相同、间隔相等，如图 5 - 4c 所示。

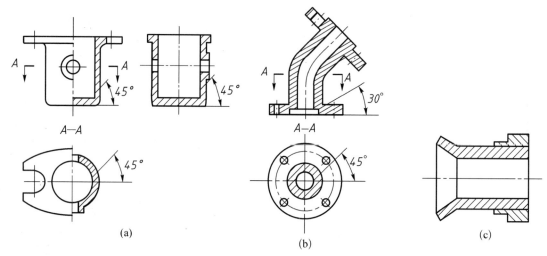

图 5 - 4　剖面线的画法

做一做：请填充图 5 - 5b 中剖面区域的剖面符号。

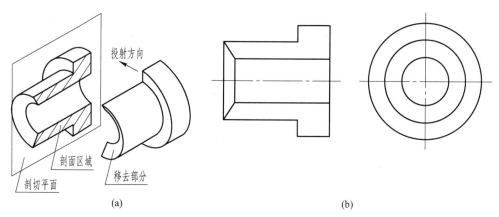

图 5 - 5　画剖面符号

2. 剖视图的种类

剖视图有三种：全剖视图、半剖视图和局部剖视图。

 小词典

全剖视图：用剖切面完全地剖开机件所得到的剖视图。

半剖视图：当机件具有对称平面时，向垂直于对称平面的投影面上投射所得的图形，可以对称中心线为界，一半画成剖视图，另一半画成视图，这种组合的图形称为半剖视图。

局部剖视图：用剖切面局部地剖开机件所得的剖视图。

做一做：请将图 5 - 6a、b、c 三组视图所对应的剖视图种类填写在表 5 - 2 中。

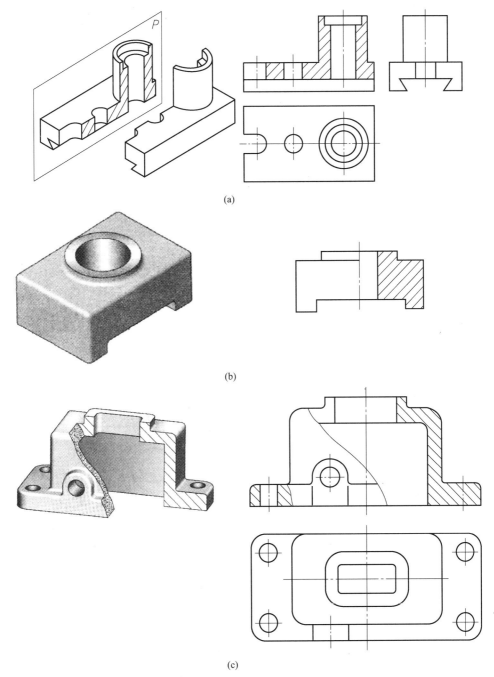

(a)

(b)

(c)

图 5 - 6　剖视图的种类

表 5 - 2　剖视图的种类

	(a)	(b)	(c)
剖视图的种类			

二、计划与实施

2　支承座的一组图形应同时把该机件各部分的结构和内外形状表达出来,那么该采用怎样的剖视图表达支承座的结构形状?

1．支承座形体分析

支承座的内部结构和外部形状有何特点?

图 5 - 7 所示,应用形体分析法分析可知,支承座可分解为 _____ 、_____ 、_____ 、_____ ,通过 _____ (叠加/切割/综合)和 _____ (叠加/切割/综合)组合而成。支承座左右 _____ (对称/不对称),前后 _____ (对称/不对称)。上底板、下底板各有四个孔。

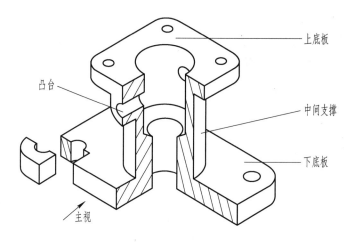

图 5 - 7　支承座轴测图

2．支承座的剖视画法

想一想:按图 5 - 7 支承座所示主视图投射方向,主视图、左视图都采用全剖视图反映支承座的内部形状,如图 5 - 8 所示,该表达方法能否最简单、清晰地把机件的内、外结构都表达出来?

图 5 - 8 中,支承座主视图采用全剖视图,清楚地把中间 _____ 表达出来,但前、后凸台及上、下底板的四个小孔没有表达清楚,因此需要用 _____ 线表示它们的结构形状。支承座左视图采用全剖视图,清楚地把中间两级孔和前、后凸台 _____ 表达出来,但凸台与中间支撑的交线需用细虚线画出。在俯视图中,支承座中间支撑部分被上底板遮挡住,需要用细虚线画出。

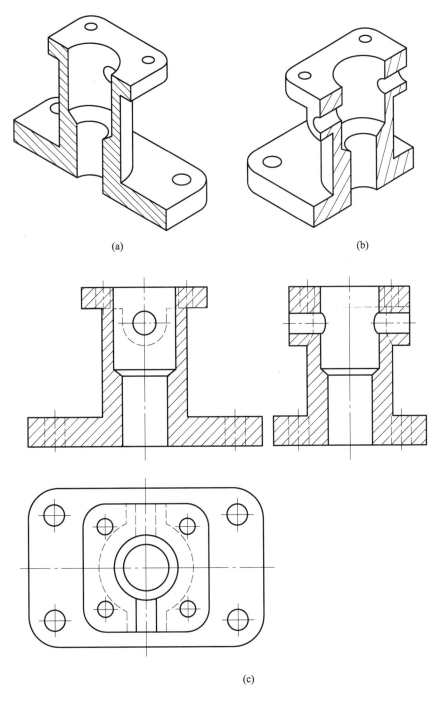

(a)   (b)

(c)

图 5-8   支承座全剖视图

（1）剖视图的画法

画剖视图时，首先应确定剖切面的位置；其次再画内外轮廓，将机件处于观察者和剖切面之间的部分移开，将其余部分向投影面投射；最后画剖面符号，如图 5-6a 所示。

（2）剖视图的标注方法

一般应在剖视图的上方用大写的拉丁字母标出剖视图的名称"×—×"。在相应的视图上用剖切符号表示剖切位置和投射方向（用箭头表示），并标注相同的字母，如图 5 - 9 所示。

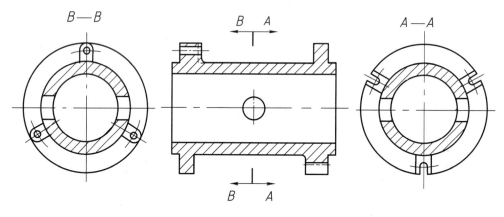

图 5 - 9　剖视图的标注

小词典

剖切线：指示剖切位置的线（用细点画线表示）。

剖切符号：用以指示剖切面的起讫和转折位置（用粗短画表示）及投射方向（用箭头表示）的符号。

小提示

一个剖切面通常称为单一剖切平面，当单一剖切平面通过物体的对称平面或基本对称平面，且剖视图按投影关系配置，中间又没有其他图形隔开时，可省略标注，如图 5 - 6a 所示。

全剖视图一般用于表达内部结构复杂的不对称机件和外形简单的对称机件。

学习拓展

常用的剖切面有以下三种：

（1）单一剖切平面；

（2）几个平行的剖切平面；

（3）几个相交的剖切平面（剖切面可以是投影面平行面或投影面垂直面）。

做一做：参照图 5 - 6a，将图 5 - 10a 中的主视图改画为全剖视图。

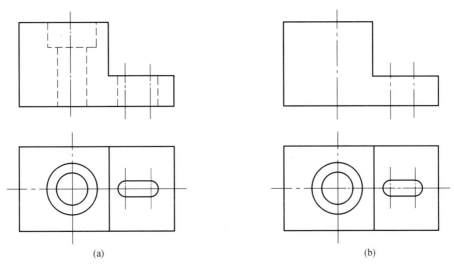

(a)　　　　　　　　　　　　　(b)

图 5 - 10　改画全剖视图

💡**小提示**

画剖视图时应注意:

(1) 剖视图是用剖切平面假想地将机件剖开,因此除了剖视图外,其他视图仍按完整视图画出。

(2) 在剖切面后方的所有可见部分都要用粗实线画出,不得遗漏,也不得多画。

(3) 在剖视图中,对于已经表示清楚的结构,其细虚线可以省略不画。但如果仍有表达不清楚的部位,其细虚线则不能省略,如图 5 - 11 所示。

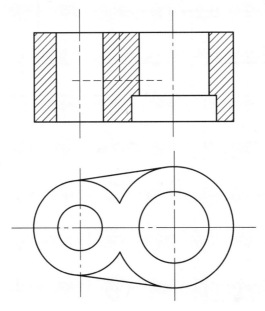

图 5 - 11　剖视图上的虚线

（3）半剖视图

想一想： 由于支承座是左、右和前、后对称，因此采用半剖视图的表达方法，即以对称中心线为界一半画成_____，另一半画成_____，这样既表达了支承座的_____结构，又保留了外部形状，如图 5 – 12 所示。

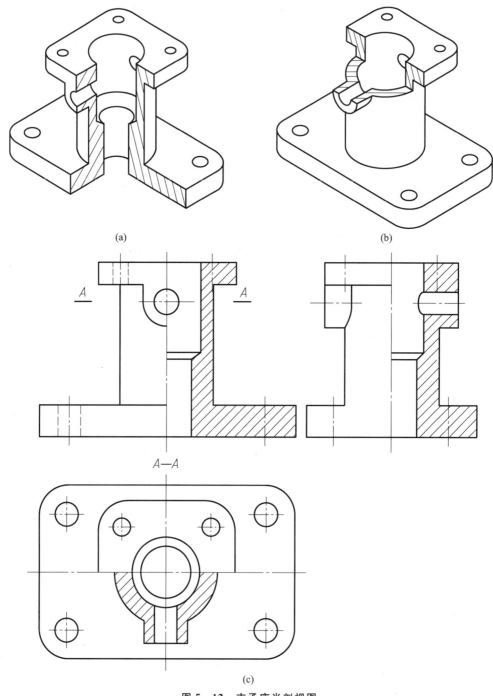

(a)

(b)

A—A

(c)

图 5 – 12　支承座半剖视图

半剖视图的画法：

1）半个视图与半个剖视图以细点画线为界。

2）半个视图中，一般不画细虚线。

做一做：参照图 5-12，将图 5-13a 中的主视图改画为半剖视图。

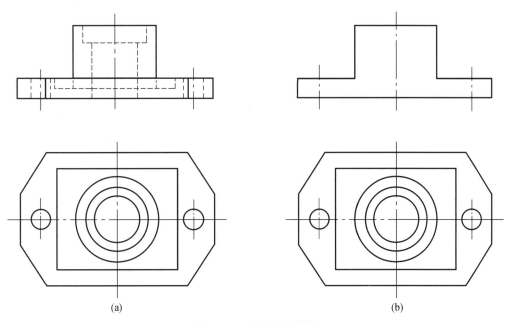

(a)　　　　　　　　　　　　　　　　(b)

图 5-13　改画半剖视图

💡 **小提示**

　　半剖视图既表达了机件的内部结构，又保留了机件的外部形状，常用它来表达内外形状都比较复杂的对称机件。

（4）局部剖视图

❓ **想一想**：如图 5-12 所示，支承座采用半剖视图，这样既表达了支承座的内部结构，又保留了外部形状，但支承座的内部结构中的上底板的_____和下底板的_____没有表达清楚。

　　为表达机件内部的局部形状和保留机件的局部外形，通常采用局部剖视图，如图 5-14 所示。

　　画局部剖视图时应注意以下几点：

　　1）局部剖视图与视图之间用波浪线或双折线分界，波浪线和双折线不应和图样上其他图线重合，如图 5-15 所示。

　　2）当被剖结构为回转体时，允许将该结构的轴

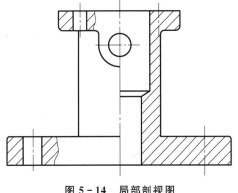

图 5-14　局部剖视图

线作为局部剖视与视图的分界线,如图 5 - 16 所示。

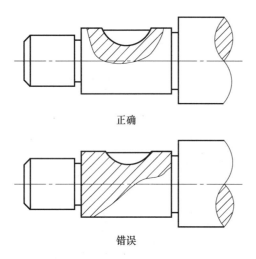

正确

错误

图 5 - 15　阶梯轴的局部剖视图

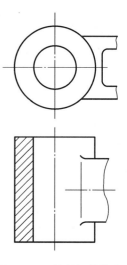

图 5 - 16　被剖切结构为
回转体的局部剖视图

3)波浪线或双折线不应超出视图的轮廓线或画在其他轮廓线的延长位置上,如图 5 - 17b、c
所示。

4)波浪线或双折线不可穿空(孔、槽等)而过,如图 5 - 17b 所示。

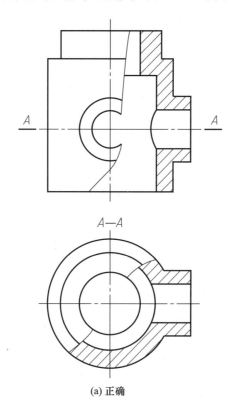

(a) 正确

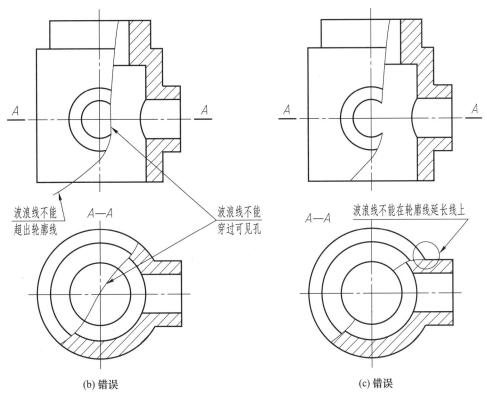

图 5-17　局部剖视图

做一做：参照图 5-14、图 5-15、图 5-16、图 5-17，在图 5-18 所示图形的适当位置作局部剖视。

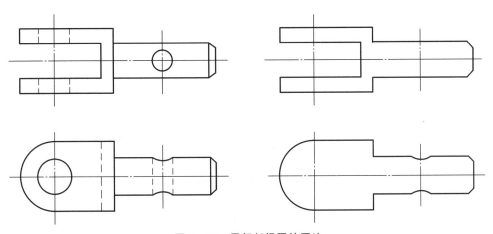

图 5-18　局部剖视图的画法

局部剖视图的标注：

1）一般应在局部剖视图的上方用大写的拉丁字母标出剖视图的名称"×—×"，在相应的视图上用剖切符号表示剖切位置和投射方向（用箭头表示），并标出相同的字母。当局部剖视图按投影关系配置，中间又没有其他视图隔开时，可省略箭头，如图 5-19 所示。

2）当单一剖切平面的剖切位置明确时,局部剖视图不必标注,如图5-19所示。

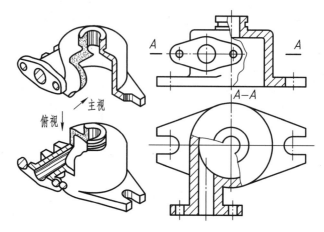

图5-19 局部剖视图的标注

 小提示

局部剖视图可同时表达机件的内外结构,且不受机件是否对称的限制,其剖切的位置和范围可根据需要而定,因此是一种比较灵活的表达方法。

（5）支承座的剖视图

经过上述分析,由于支承座左右对称、前后对称,支承座的主、俯、左视图均采用半剖视图以表达支承座大部分的内部形状和外部结构,上、下底板的通孔结构采用局部剖视图来表达,所以,正确的支承座的剖视图如图5-20所示。

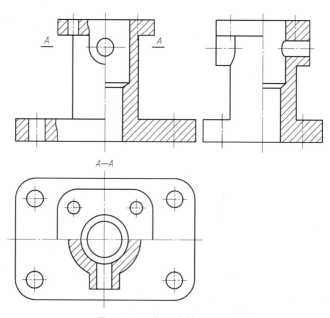

图5-20 支承座的剖视图

三、评价反馈

3 测一测

根据图 5-21a 所示三视图,选择正确的剖视图表达机件的结构形状,并画出剖视图(尺寸在三视图中量取)。

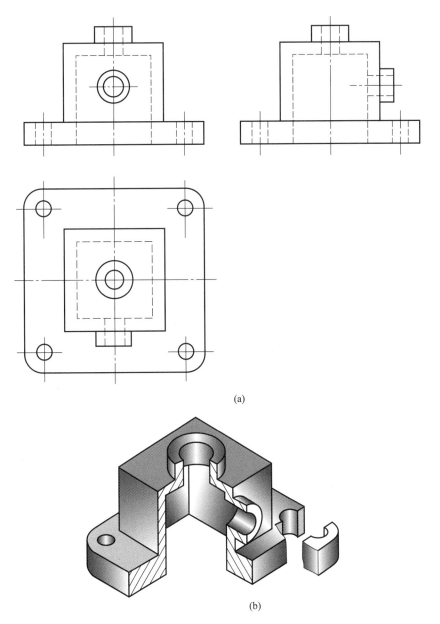

(a)

(b)

图 5-21 机件三视图及轴测图

4 议一议

（1）通过本学习任务的学习，你能否做到以下几点？

1）能准确叙述剖视图的概念与分类。

能 □　　　不确定 □　　　不能 □

2）能正确绘制全剖视图并标注。

能 □　　　不确定 □　　　不能 □

3）能正确绘制半剖视图并标注。

能 □　　　不确定 □　　　不能 □

4）能正确绘制局部剖视图并标注。

能 □　　　不确定 □　　　不能 □

（2）工作页的填写：

1）你能独立完成的任务：

_____

2）与他人合作完成的任务：

_____

3）在教师指导下完成的任务：

_____

（3）你对本次任务学习的建议：

签名_____　　___年___月___日

学习任务 6　初识从动齿轮轴零件图

学习目标

完成本学习任务后,应当能:

1. 叙述零件图的功用和内容;
2. 正确、合理地选择零件图的尺寸基准;
3. 查阅相关资料,识读零件图上极限与配合符号的含义;
4. 查阅相关资料,识读零件图上几何公差符号的含义;
5. 查阅相关资料,识读零件图上表面结构代号的含义;
6. 在教师指导下,正确绘制标准直齿圆柱齿轮及其啮合的图形。

建议完成本学习任务用 12 学时。

内容结构

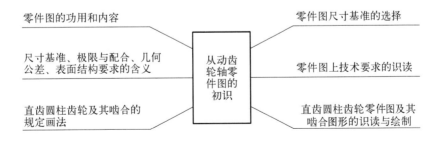

学习任务描述

制造和检验零件需要依据零件图,根据图 6-1 所示的从动齿轮轴零件图和图 6-2 所示的从动齿轮轴的轴测图，初步认识零件图的各部分内容。

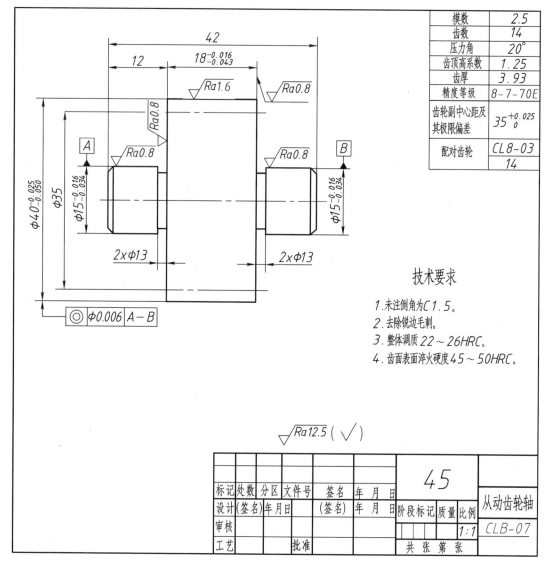

模数	2.5
齿数	14
压力角	20°
齿顶高系数	1.25
齿厚	3.93
精度等级	8-7-70E
齿轮副中心距及其极限偏差	$35_{0}^{+0.025}$
配对齿轮	CL8-03
	14

技术要求

1. 未注倒角为C1.5。
2. 去除锐边毛刺。
3. 整体调质22～26HRC。
4. 齿面表面淬火硬度45～50HRC。

图 6-1　从动齿轮轴零件图

图 6-2　从动齿轮轴的轴测图

零件是机器中最基本的组成单元，任何一台机器或一个部件都是由若干个零件按一定的装配关系和使用要求装配而成的,制造机器必须首先制造零件。零件图就是直接指导制造和检验零件的图样,是零件生产中的重要技术文件。

一、学习准备

1 零件图是直接指导制造和检验零件的图样,一张完整的零件图应包括哪些内容?

1. 零件图的内容

图 6-3 所示为齿轮油泵中从动齿轮轴的零件图,请在该零件图上找出零件图所包含的各项内容,并分析各项内容的作用。

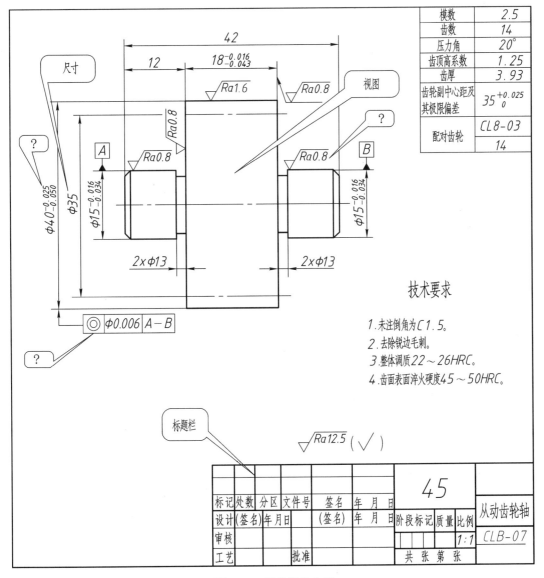

图 6-3 零件图的内容

想一想：在图6-3中：

（1）用什么方式来表达从动齿轮轴的结构形状？

（2）如何确定从动齿轮轴的大小？

（3）如何说明从动齿轮轴在制造和检验时要达到的精度、热处理要求等产品质量方面的技术指标？

（4）怎样在图样中说明其所表示的零件的名称、画图比例以及图样的责任者等？

做一做：（1）一组视图

一组能够正确、完整、清晰地表达零件各部分的结构和内外形状的视图。如图6-3中用_____个视图来表达从动齿轮轴的结构形状。

（2）完整的尺寸

正确、完整、清晰、合理地标注零件制造、检验时所需要的全部尺寸。如图6-3中的尺寸42、_____、_____、_____、_____、_____、_____。

（3）技术要求

用规定的代号、符号或文字说明零件在制造、检验和装配过程中应达到的各项技术要求，如表面结构、尺寸公差、几何公差、热处理等各项要求。如图6-3中的代号_____、符号_____、文字说明的4项技术要求等。

（4）标题栏

填写零件的名称、材料、数量、图号、比例以及图样的责任者签字等。如图6-3中零件名称是_____，材料选用_____等。

 小词典

零件图：表示单个零件结构、大小及技术要求的图样，又称零件工作图。

2. 零件图在机械工程中的功用

在机械产品的生产过程中，加工和制造各种不同形状的机器零件时，一般是先根据零件图对零件材料和数量的要求进行备料，然后按图样中零件的形状、尺寸、技术要求进行加工制造，同时还要根据图样上的全部技术要求，检验该加工零件是否达到规定的质量指标。

可见，零件图贯穿于产品制造全过程，是设计部门提交给生产部门的重要技术文件，它反映了设计者的意图，表达了对零件的要求，提供了制造所需的技术信息，是进行生产准备、加工制造和检验的主要依据。

二、计划与实施

2 零件的大小完全由零件图上的尺寸来确定，是加工和检验零件的重要依据，在零件图上如何合理选择尺寸基准，使得标注的尺寸既符合零件的设计要求，又便于制造和检验？

1. 基准

小词典

基准：零件在机器或部件中或在加工测量时用以确定其位置的一些点、线、面。

尺寸基准：标注尺寸的起点。

想一想： 观察图 6-4，在零件图中可以用来做基准的几何要素有哪些？

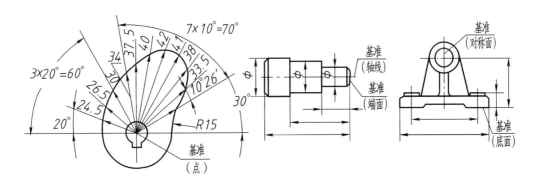

图 6-4　基准

零件图尺寸标注的合理性是指标注的尺寸既要符合零件的设计要求（使用性能要求），又要符合工艺要求（加工和检验要求）。

在生产实际中，根据尺寸基准的作用不同，可将尺寸基准分为设计基准和工艺基准。

小词典

设计基准：用以确定零件在部件或机器中位置的基准（为满足零件的设计性能要求）。

工艺基准：在零件加工过程中，为满足加工和测量要求而确定的基准（为满足零件的工艺要求）。

做一做： 在图 6-5 中，轴承座的底面 B 为安装面，轴承孔的中心根据 B 面来确定，因此 B 面是高度方向设计基准；_____（A/B/C/D）为长度方向设计基准；_____（A/B/C/D）为宽度方向设计基准。

在图 6-6a 中，阶梯轴轴向尺寸的设计基准为_____（E/F），径向尺寸的设计基准为_____（E/F）。在图 6-6b 中，阶梯轴在车床上加工时，车刀每次的最终车削位置，都以 F 面为基准来定位，所以 F 面为轴向尺寸的_____（设计/工艺）基准。由于加工时要求阶梯轴轴线 E 与车床主轴的轴线同轴，所以轴线 E 既是_____基准，也是_____基准。

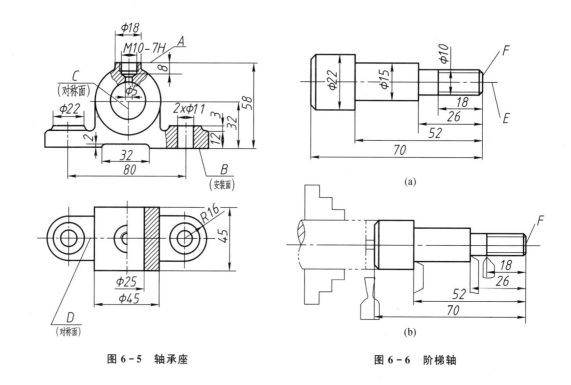

图6-5 轴承座

图6-6 阶梯轴

💡 **小提示**

标注尺寸应尽可能使设计基准与工艺基准一致,这样既能满足设计要求又便于加工和测量。

想一想:一般选择零件上的哪些线和面作为尺寸基准?

面基准通常选择零件的一些重要的加工面(如安装面、两零件的接触面、端面、轴肩面等)、零件的对称平面等作为基准。线基准一般选择主要回转体(如轴和孔)的轴线、对称中心线等作为基准。作为基准的表面,表面光滑程度要求较高。

2. 主要基准和辅助基准

想一想:观察图6-7,从动齿轮轴在齿轮油泵中与相关零件如何装配和定位?该图中轴向尺寸标注的起点有 A 面和 C 面,即都是轴向基准,其中哪一个基准在装配和定位中更重要呢?

在图6-7中,从动齿轮轴依据轴线 B 及齿轮的左端面 A 来确定该齿轮轴在机器中的位置,根据齿轮泵的工作原理,在轴向,齿轮的左端面 A 为主要基准,注出尺寸 $18^{-0.016}_{-0.043}$,以保证齿轮厚度的尺寸精度;轴的左端面 C 为辅助基准,注出总长 42。主要基准与辅助基准之间的联系尺寸为 12。

根据尺寸基准的重要性不同,可将尺寸基准分为主要基准和辅助基准。

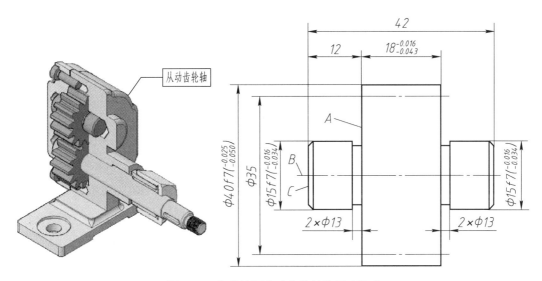

图 6-7　齿轮油泵从动齿轮轴的尺寸基准

 小词典

主要基准：用以确定零件在部件或机器中位置的主要尺寸的基准。

辅助基准：为方便加工和测量而附加的基准。

小提示

当一个方向上只有一个基准时，这个基准就是主要基准；若有几个基准时，除了其中一个基准是主要基准外，其余基准都是辅助基准。主要基准与辅助基准之间应有直接的联系尺寸。

想一想：尺寸基准的选择原则有哪些？

（1）尽可能使设计基准和工艺基准一致，以便减少加工误差，保证设计要求。

（2）两种基准不能一致时，一般将主要尺寸从设计基准出发标注，以满足设计要求，而将一般尺寸从工艺基准出发标注，以方便加工与测量。

3 零件图上仅有图形和尺寸并不能完全反映对零件的全面要求，还必须标注必要的技术要求以便控制零件质量。图 6-1 所示从动齿轮轴零件图上的技术要求包括哪些内容？对加工后该零件上各几何要素的尺寸、形状、位置的变动量范围，以及零件表面的质量控制等方面有什么要求？

在实际生产中，由于加工和测量总是不可避免地存在着误差，因此将所有相同规格的零件的几何尺寸做成与理想一样的状况是不可能实现的。人们通过大量的实践证明，设计者根据极限与配合标准,确定零件合理的配合要求和尺寸极限,把尺寸的加工误差控制在一定的范围内时,仍然能使零件达到互换的目的。

 小词典

互换性:一个零件可以替代另一个零件,并能满足同样要求的能力。

1. 尺寸极限与配合

(1)尺寸及其公差

想一想:图6-8所示的从动齿轮轴零件图中代号 $\phi15^{-0.016}_{-0.034}$ 表示什么含义?

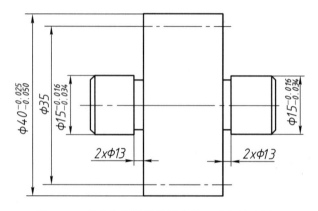

图6-8 从动齿轮轴零件图中的尺寸公差示例一

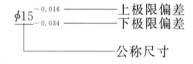

 小词典

公称尺寸:设计给定的尺寸。

极限尺寸:允许尺寸变化的两个极限值。其中较大的一个称为上极限尺寸,较小的一个称为下极限尺寸。

偏差:极限尺寸减其公称尺寸所得的代数差。偏差可以为正、为负或为零。

上极限偏差:上极限尺寸减其公称尺寸所得的代数差。即上极限尺寸=公称尺寸+上极限偏差。

下极限偏差:下极限尺寸减其公称尺寸的代数差。即下极限尺寸=公称尺寸+下极限偏差。

极限偏差:上极限偏差和下极限偏差。

尺寸公差(简称公差):指允许尺寸的变动量,是一个没有符号的绝对值。即,尺寸公差=上极限偏差-下极限偏差=上极限尺寸-下极限尺寸。

做一做：计算图 6-8 中尺寸 $\phi15^{-0.016}_{-0.034}$ 的尺寸公差、上极限尺寸、下极限尺寸。

$$尺寸公差=-0.016\ \text{mm}-(-0.034\ \text{mm})=0.018\ \text{mm}$$

$$上极限尺寸=15\ \text{mm}+(-0.016)\ \text{mm}=14.984\ \text{mm}$$

$$下极限尺寸=15\ \text{mm}+(-0.034\ \text{mm})=14.966\ \text{mm}$$

$\phi15^{-0.016}_{-0.034}$ 表示：实际加工尺寸允许在 $\phi14.966\sim\phi14.984$ 范围内变化。

💡小提示

公差用于限制尺寸误差，是尺寸精度的一种度量。公差越小，尺寸的精度越高；反之，公差越大，尺寸的精度越低。

做一做：$\phi40^{-0.025}_{-0.050}$ 表示公称尺寸为_____，上极限偏差为_____，下极限偏差为_____，上极限尺寸为_____，下极限尺寸为_____，公差为_____。

$\phi15\pm0.009$ 表示公称尺寸为_____，上极限偏差为_____，下极限偏差为_____，上极限尺寸为_____，下极限尺寸为_____，公差为_____。

（2）标准公差与基本偏差

1）公差带

想一想：可以采用图形来直观地表示 $\phi15^{-0.016}_{-0.034}$、$\phi15\pm0.009$、$\phi15^{+0.027}_{+0.009}$ 等代号中公称尺寸、极限偏差、公差的关系吗？

如图 6-9 所示，以零线表示公称尺寸，将代表上极限偏差和下极限偏差或上、下极限尺寸的两条直线所限定的一个区域称为公差带，从而画出公差带图。在公差带图中，上、下极限偏差之间的宽度（即图中由上、下极限偏差围成的方框）表示了公差带的大小，即公差值。可见该图能够形象地分别表示出 $\phi15\pm0.009$、$\phi15^{+0.027}_{+0.009}$、$\phi15^{\ 0}_{-0.018}$ 的公称尺寸、极限偏差、公差的关系，它直观地体现了公差的大小及公差带相对于零线的位置。

做一做：请根据图 6-9 所示公差带图填写：图中第二个公差带所表示的公称尺寸为_____，上极限偏差为_____，下极限偏差为_____，公差值为_____。

观察图 6-9 可知，公差带由"公差带的大小"和"公差带的位置"这两个要素组成。

2）标准公差和基本偏差

想一想：比较图 6-10 与图 6-9，公差带的大小、位置与标准公差、基本偏差有什么联系？

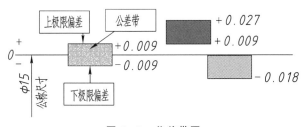

图 6-9　公差带图

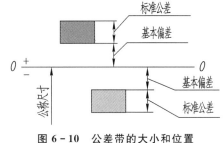

图 6-10　公差带的大小和位置

　　如图 6 - 10 所示,公差带的大小由标准公差确定,公差带的位置由基本偏差确定。

 小词典

　　标准公差(用代号 IT 表示):在极限与配合制中,是国家标准规定的确定公差带大小的任一公差。标准公差数值(摘自 GB/T 1800.3—1998)见附录中的附表 22。

　　基本偏差:在极限与配合制中,确定公差带相对零线位置的那个极限偏差。一般为靠近零线或位于零线的那个偏差。

　　标准公差的数值与公称尺寸和公差等级有关。其中公差等级确定尺寸精确程度,决定着加工的难易程度。公称尺寸在 500 mm 以内,国家标准将标准公差等级分成 IT01,IT0,IT1,…,IT18 共 20 级。"IT"表示标准公差,阿拉伯数字 01,0,…,18 表示公差等级。在同一尺寸段内,IT01 精度最高,IT18 精度最低,而相应的标准公差数值依次增大。其关系为:

$$
\begin{array}{c}
高 \xrightarrow{\quad 精度 \quad} 低 \\[4pt]
IT01 \quad IT0 \quad IT1 \quad \cdots \quad IT18 \\[4pt]
小 \xleftarrow{\quad\quad\quad} \underset{标准公差值}{\quad} \xrightarrow{\quad\quad\quad} 大
\end{array}
$$

　　做一做:查阅附录中的附表 22,公称尺寸为 15 mm,公差等级为 IT7 级时,标准公差数值为_____ mm。

　　想一想:通过查阅标准公差数值表可以确定公差带的大小,那么如何由基本偏差确定公差带的位置,从而确定孔或轴的极限偏差值?

　　图 6 - 11 所示为基本偏差系列示意图。国家标准对孔和轴的每一公称尺寸段各规定了 28 个基本偏差。基本偏差代号用拉丁字母表示,孔的基本偏差代号用大写字母表示,轴的基本偏差代号用小写字母表示。当公差带位于零线的上方时,基本偏差为下极限偏差;公差带位于零线的下方时,基本偏差为上极限偏差。

　　基本偏差系列示意图只表示公差带的位置,不表示公差带的大小,因此公差带只画出属于基本偏差的一端,另一端则是开口的,即公差带的另一端应由标准公差来限定。

　　想一想:观察图 6 - 11 基本偏差系列示意图,总结孔的基本偏差示意图和轴的基本偏差示意图各有什么规律。

　　① 基本偏差 H 的下极限偏差为 0,h 的上极限偏差为 0;

　　② 孔的基本偏差 A~H 在零线上方,下极限偏差≥0;轴的基本偏差 a~h 在零线下方,上极限偏差≤0。

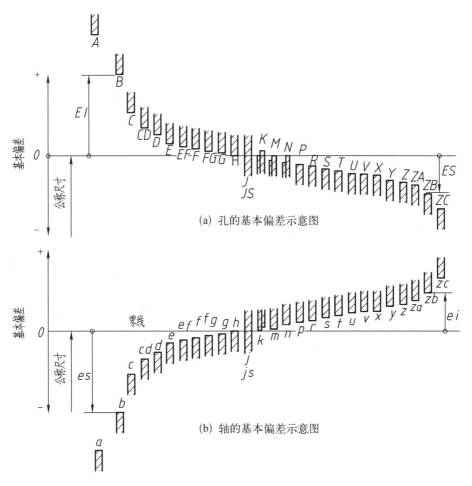

图 6-11 基本偏差系列示意图

想一想：如图 6-12 所示的从动齿轮轴零件图例中，代号 $\phi15f7$ 表示什么含义？

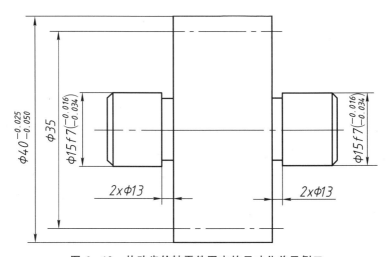

图 6-12 从动齿轮轴零件图中的尺寸公差示例二

$$\phi15f7$$

公差等级代号

轴的基本偏差代号

公称尺寸

公差带代号组成 $\begin{cases} \text{基本偏差代号,如 H、h、f、k 等} \\ \text{标准公差等级代号,如 8、7 等。} \end{cases}$

公差带代号 $\phi15f7$ 的含义:表示公称尺寸为 $\phi15$,基本偏差为 f,公差等级为 7 级的轴。

根据图 6-11 基本偏差系列示意图中基本偏差代号 f 所处的位置,可知其公差带上极限偏差在零线下方,上极限偏差<0。

💡 **小提示**

在生产实践中,轴、孔的基本偏差数值可利用附表 22、附表 23、附表 24 查得。

例如 $\phi15f7$,可由轴的极限偏差表(附表 23)查得:在公称尺寸>14~18 mm 行与 f7 列的交汇处找到"−16,−34",即轴的上极限偏差为−0.016 mm,再由附表 22 查得公称尺寸为 15 mm,公差等级为 IT7 时的标准公差数值为 0.018 mm,通过计算可得下极限偏差为−0.034 mm。

做一做:表述公差带代号 $\phi15H8$、$\phi40h7$ 的含义,并查表确定它们的极限偏差值。

(3)配合

❓ **想一想**:如图 6-13 所示的孔与轴,虽然设计时给定轴颈与轴孔的公称尺寸同为 $\phi15$,但由于轴、孔的实际尺寸不同,则装配后可能会出现哪些情况?

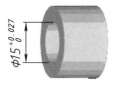
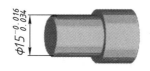
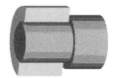

图 6-13　孔与轴的配合

🔧 **小词典**

配合:指公称尺寸相同、相互结合的孔和轴公差带之间的关系。

间隙:在孔与轴的配合中,孔的实际尺寸减去相配合的轴的实际尺寸,其值为正,则孔和轴之间具有间隙。

过盈:在孔与轴的配合中,孔的实际尺寸减去相配合的轴的实际尺寸,其值为负,则孔和轴之间具有过盈。

根据使用要求不同,孔与轴之间的配合有松有紧,因此国家标准将配合分为三类:

1) 间隙配合

具有间隙（包括最小间隙等于零）的配合,轴的实际尺寸总比孔的实际尺寸小,装配在一起后,轴和孔之间总是有间隙,如图 6 - 14 所示。

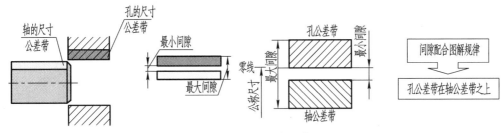

图 6 - 14　间隙配合示意图

 小提示

间隙配合主要用于孔、轴之间需产生相对运动的活动连接。

2) 过盈配合

过盈配合是具有过盈（包括最小过盈等于零）的配合,轴的实际尺寸总比孔的实际尺寸大,装配时需要一定的外力才能把轴压入孔中,如图 6 - 15 所示。

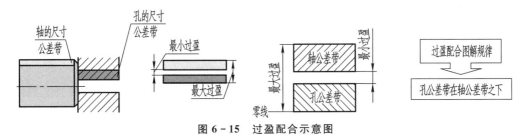

图 6 - 15　过盈配合示意图

 小提示

过盈配合主要用于孔、轴之间不允许产生相对运动的紧固连接。

3) 过渡配合

过渡配合是可能具有间隙或过盈的配合,轴的实际尺寸有时比孔的实际尺寸小,有时比孔的实际尺寸大,处于间隙配合和过盈配合之间的一种配合,如图 6 - 16 所示。

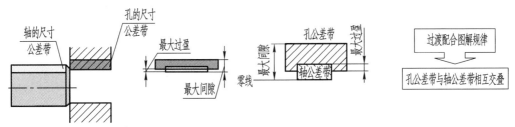

图 6 - 16　过渡配合示意图

127

小提示

过渡配合主要用于孔、轴之间的定位连接。

做一做：如图 6 - 17 所示，从动齿轮轴在泵体、泵盖的轴孔中可以旋转运动，则从动齿轮轴左、右两端的 φ15 轴颈与泵体、泵盖的轴孔之间应选用_____(间隙/过盈/过渡)配合。

（4）配合制

从前述三种配合的示意图可知，变更轴、孔公差带的相对位置，可以组成不同性质、不同松紧的配合。但为简化起见，无需将孔、轴公差带同时变动，只需固定一个，变更另一个，便可满足不同使用性能要求的配合，且获得良好的技术经济效益，这种配合制度称为配合制。国家标准规定了两种配合制：基孔制和基轴制。

1）基孔制配合

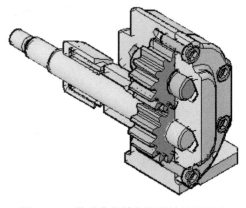

图 6 - 17　从动齿轮轴与泵盖轴孔的配合

小词典

基孔制：基本偏差为一定的孔的公差带，与不同基本偏差的轴的公差带形成各种配合的一种制度。

如图 6 - 18 所示，基孔制配合的孔称为基准孔，代号为 H，是配合的基准件，其公差带偏置在零线上侧。

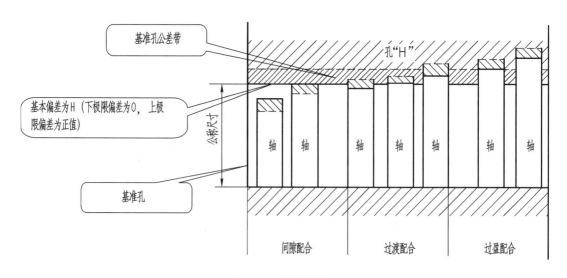

图 6 - 18　基孔制配合

2）基轴制配合

小词典

基轴制：基本偏差为一定的轴的公差带，与不同基本偏差的孔的公差带形成各种配合的一种制度。

如图 6-19 所示，基轴制配合的轴称为基准轴，代号为 h，其公差带偏置在零线下侧。

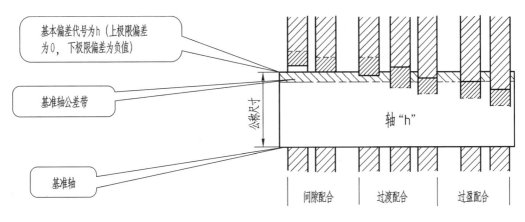

图 6-19　基轴制配合

小提示

一般情况下，优先采用基孔制。基孔制优先、常用配合和基轴制优先、常用配合等表均见本书附录。

3）配合代号

$$\text{配合代号} \begin{cases} \text{孔的公差带代号} \\ \text{轴的公差带代号} \end{cases} \quad \frac{H8}{f7} \quad \text{或} \quad H8/f7$$

做一做：如图 6-20 所示：

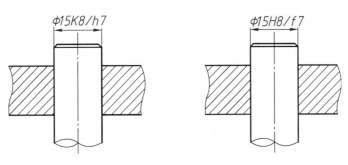

图 6-20　配合代号

配合代号 $\phi15K8/h7$ 由孔、轴公差带代号组合而成,表示公称尺寸为_____,_____(基孔制/基轴制),基本偏差为_____,公差等级为_____级的孔与公差等级为_____级的_____(基准轴/基准孔)的配合,孔与轴的配合属于_____(间隙/过盈/过渡)配合。

配合代号 $\phi15H8/f7$ 由孔、轴公差带代号组合而成,表示公称尺寸为_____,_____(基孔制/基轴制),基本偏差为_____,公差等级为_____级的轴与公差等级为_____级的_____(基准轴/基准孔)的配合,孔与轴的配合属于_____(间隙/过盈/过渡)配合。

(5)线性尺寸的未注公差(GB/T 1804—1992)

小词典

未注公差尺寸:是指在零件图上只标注公称尺寸而不标注极限偏差的尺寸。此类尺寸在车间一般加工条件下即可保证,主要用于较低精度的非配合尺寸。

做一做:图 6-1 所示的从动齿轮轴零件图中未注公差尺寸有 42、_____。

2.几何公差

想一想:在图 6-17 所示齿轮油泵中,如果从动齿轮轴加工后产生形状弯曲(图 6-21),或位置不正确产生了同轴度误差,将会导致什么问题?

如图 6-17 所示齿轮油泵,如果从动齿轮轴两端轴颈 $\phi15^{-0.016}_{-0.034}$ 加工后尺寸公差都合格,但产生形状弯曲,仍然有可能装不进泵盖、泵体的轴承孔中;或者从动齿轮轴两端的轴颈 $\phi15^{-0.016}_{-0.034}$ 加工后尺寸形状都符合要求,但位置不正确,产生了同轴度误差,同样也会影响从动齿轮轴不能正确装进泵盖、泵体的轴承孔中。

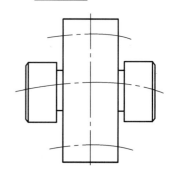

图 6-21 从动齿轮轴弯曲图

因此对精度要求高的零件,除了应保证尺寸精度外,还应控制其形状和位置的误差,以满足零件的使用和装配要求,保证互换性。

小词典

几何公差:几何公差指零件的实际形状和实际位置相对于理想形状和理想位置所允许的最大变动量。

(1)几何公差特征项目符号

国家标准中规定了 14 项几何公差,其特征项目名称与符号见表 6-1。

表 6-1 几何公差项目、符号

分类		项目	符号	基准要求
形状公差	形状	直线度	——	无
		平面度	▱	无

分类		项目	符号	基准要求
形状公差	形状	圆度	○	无
		圆柱度	⌭	无
形状或位置公差	轮廓	线轮廓度	⌒	有或无
		面轮廓度	⌓	有或无
位置公差	定向	平行度	//	有
		垂直度	⊥	有
		倾斜度	∠	有
	定位	同轴度	◎	有
		对称度	═	有
		位置度	⊕	有或无
	跳动	圆跳动	↗	有
		全跳动	↗↗	有

（2）几何公差代号

想一想：识读图 6-22 中的代号 "⌀ ◎ ⌀0.006 ∣ A-B ⌀"，解释从动齿轮轴在几何公差方面有什么要求。

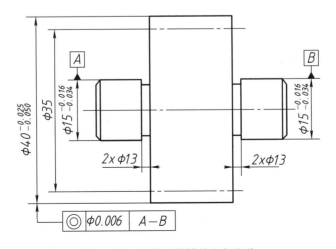

图 6-22　从动齿轮轴的几何公差

小词典

被测要素:指图样上给出形状和(或)位置公差要求的要素,只检测的对象。

基准要素:是指用来确定被测要素方向和(或)位置的要素。

在技术图样中,规定几何公差一般用代号形式标注。代号由框格表示,并用带箭头的指引线指向被测要素。如图6-23所示,几何公差框格分成两格或多格,从左到右(竖直排列时从下到上)依次填写特征项目符号、几何公差数值及有关符号,第三格以后填写基准符号及其他符号。

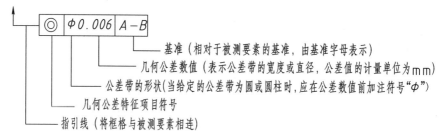

图6-23 几何公差代号

如图6-22中的 $\boxed{A}$、$\boxed{B}$ 为基准符号,它由基准字母、方格、一个涂黑的或空白的三角形和连线组成。

$\boxed{\odot\ |\ \phi 0.006\ |\ A-B}$ 表示 $\phi 40^{-0.025}_{-0.050}$ 齿顶圆的轴线对公共基准轴线 $A—B$ 的同轴度公差为 $\phi 0.006$ mm。

(3)几何公差的标注

1)被测要素的标注

① 当公差涉及要素的中心线、中心面或中心点时,箭头应位于相应尺寸线的延长线上,如图6-24a所示。

② 当公差涉及轮廓线或轮廓面时,箭头指向该要素的轮廓线或其延长线(应与尺寸线明显错开),如图6-24b所示。

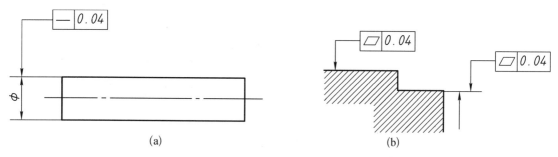

(a)　　　　　　　　　　　　　　　(b)

图6-24 被测要素

2)基准的标注

① 当基准是轮廓线或轮廓面时,基准三角形放置在要素的轮廓线或其延长线上(与尺寸线

明显错开），如图 6 - 25a 所示。

② 当基准是确定的轴线、中心平面或中心点时，基准三角形应放置在该尺寸线的延长线上，如图 6 - 25b 所示。

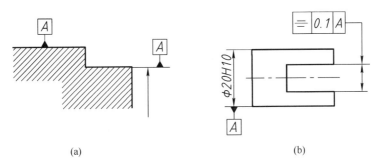

(a)　　　　　　　　　　　　　　　　(b)

图 6 - 25　基准

做一做：在图 6 - 1 中，几何公差共标注了＿＿＿＿＿＿处，◎ $\phi0.006$ $A-B$ 的被测要素是＿＿＿＿＿＿，公差项目是＿＿＿＿＿＿，公差值是＿＿＿＿＿＿，基准是＿＿＿＿＿＿。

3. 表面结构要求

想一想：在图 6 - 1 所示零件图中，从动齿轮轴 $\phi15$ 轴颈上标注的代号"$\sqrt{Ra0.8}$"表示什么含义？

$\sqrt{Ra0.8}$ 是零件表面结构代号。如图 6 - 26 所示，经过加工后的机器零件，其表面状态是比较复杂的。若将其截面放大来看，零件的表面总是凹凸不平的，是由一些微小间距和微小峰谷组成的。国家标准 GB/T 131—2006 中，定义表面结构是表面粗糙度、表面波纹度、表面缺陷、表面纹理和表面几何形状的总称。

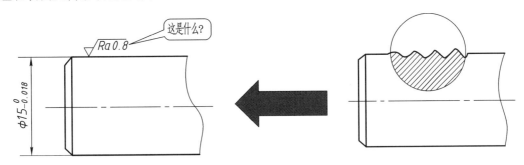

图 6 - 26　加工后的机器零件的表面状态

小词典

表面结构：是表面粗糙度、表面波纹度、表面缺陷、表面纹理和表面几何形状的总称。

表面波纹度：在机械加工过程中，由于机床、刀具和工件系统的振动，在工件表面所形成的间距比表面粗糙度大得多的表面不平度。

　　表面粗糙度、表面波纹度及表面几何形状误差总是同时存在于零件的表面轮廓上,如图 6-27 所示。对于零件表面结构的状况,可由三个参数组加以评定:轮廓参数、图形参数、支承率曲线参数。其中轮廓参数是我国机械制图中最常用的评定参数。这里只介绍轮廓参数中评定粗糙度轮廓的两个高度参数 Ra 和 Rz。

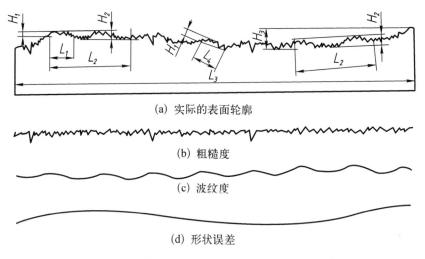

(a) 实际的表面轮廓

(b) 粗糙度

(c) 波纹度

(d) 形状误差

图 6-27　表面轮廓的构成

（1）评定表面结构要求常用的轮廓参数

1）轮廓算术平均偏差——Ra。

2）轮廓最大高度——Rz。

 小词典

　　轮廓算术平均偏差 Ra：如图 6-28 所示,指在一个取样长度内纵坐标 $Z(X)$ 绝对值的算术平均值。

　　轮廓最大高度 Rz：如图 6-28 所示,指在同一个取样长度内最大轮廓峰高和最大轮廓谷深之和。

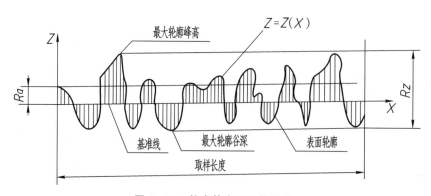

图 6-28　轮廓算术平均偏差 Ra

参数 Ra 被推荐优先选用,其数值见表 6-2。

表 6-2　轮廓算术平均偏差 Ra 的数值　　　　　μm

Ra	0.012	0.2	3.2	50
	0.025	0.4	6.3	100
	0.05	0.8	12.5	
	0.1	1.6	25	

Ra 值越大,精度越低。

💡 小提示

　　表面结构对零件耐磨损、抗疲劳、抗腐蚀以及零件间的配合性质都有很大的影响。不平程度越大,则零件表面性能越差;反之,表面性能越高,加工也随之困难。在保证使用要求的前提下,应选用较为经济的表面结构评定参数值。

（2）标注表面结构要求的图形符号及其含义（表 6-3）

表 6-3　标注表面结构要求的图形符号及其含义

符号		意义及说明
符号	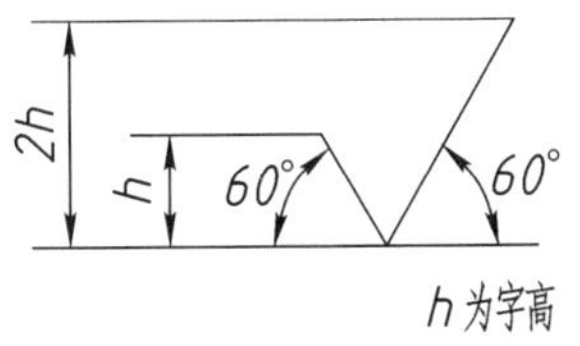 　h 为字高	基本符号,表示表面可用任何加工方法获得
		基本符号加一短画,表示表面是用去除材料的方法获得,又称加工符号
		基本符号加一小圆,表示表面是用不去除材料的方法获得,又称毛坯符号
	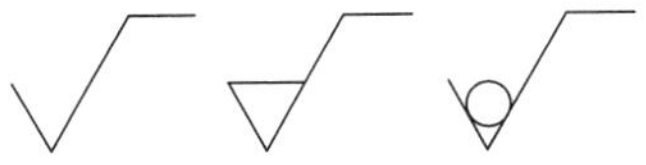	在上述符号的长边上均可加一横线,用于标注有关参数和说明

（3）常见表面结构代号及其含义

表面结构要求在图形中的注写位置如图 6-29 所示。

位置 a：注写表面结构的单一要求（单位为 μm）;

位置 b：注写第二个或多个表面结构要求;

位置 c：注写加工方法,如车、铣等;

135

位置 d：注写表面纹理和方向；

位置 e：注写加工余量（单位为 mm）。

如 $\sqrt{Ra0.8}$ 所示，表面结构要求符号中注写了具体参数代号及数值等要求后称为表面结构代号。常用表面结构代号及含义见表 6-4。

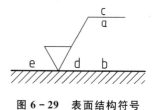

图 6-29　表面结构符号

表 6-4　常用表面结构代号及含义

代号	意义及说明
$\sqrt{Ra\ 3.2}$	用任何方法获得的表面，Ra 的上限值为 $3.2\ \mu m$
$\sqrt{Ra\ 3.2}$	用去除材料方法获得的表面，Ra 的上限值为 $3.2\ \mu m$
$\sqrt{Ra\ 3.2}$	用不去除材料方法获得的表面，Ra 的上限值为 $3.2\ \mu m$
$\sqrt{Ramax\ 3.2}$	用去除材料方法获得的表面，Ra 的最大值为 $3.2\ \mu m$

做一做：图 6-1 所示从动齿轮轴零件图中的表面结构代号 $\sqrt{Ra0.8}$ 表示的含义是 _____ _____，代号 $\sqrt{Ra6.3}$ 表示的含义是 _____。零件上表面结构要求最高的是 _____，共有 _____ 处。

（4）表面结构要求在图样中的标注方法

1）表面结构代号对每一表面一般只标注一次，并尽可能注在相应的尺寸及其公差的同一视图上。除非另有说明，所标注的表面结构代号是对完工零件表面的要求。

2）表面结构代号的注写和读取方向与尺寸的注写和读取方向一致。

3）表面结构代号可以直接标注在延长线上，或用带箭头的指引线引出标注（图 6-30）。

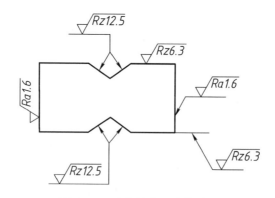

图 6-30　表面结构要求的注法

学习拓展

国家标准规定,表面结构要求还有以下几种标注方法:

(1) 在不致引起误解时,表面结构代号可以标注在给定的尺寸线上(图 6-31)。

(2) 表面结构要求可标注在几何公差框格的上方(图 6-32)。

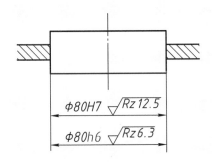

图 6-31　表面结构代号标注在尺寸线上

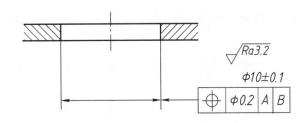

图 6-32　表面结构代号标注在几何公差框格的上方

(3) 表面结构代号可标注在轮廓线上,其符号应从材料外指向并接触表面。必要时,表面结构代号也可用带箭头或黑点的指引线引出标注(图 6-33)。

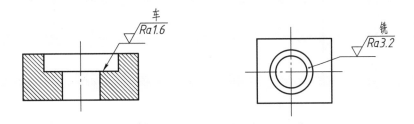

图 6-33　表面结构代号标注在轮廓线上

(4) 圆柱和棱柱表面的表面结构代号只标注一次,如果每个棱柱表面有不同的表面结构代号,则应分别单独标注(如图 6-34 所示)。

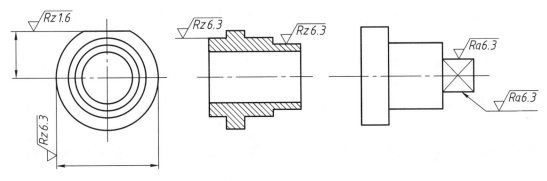

图 6-34　圆柱和棱柱表面结构代号的注法

(5) 如果在工件的多数(包括全部)表面有相同的表面结构要求,则其表面结构代号可统一标注在图样的标题栏附近。此时(除全部表面有相同要求的情况外),表面结构要求的符号后面应有:在圆括号内给出无任何其他标注的基本符号(图6-35a);在圆括号内给出不同的表面结构代号(图6-35b)。

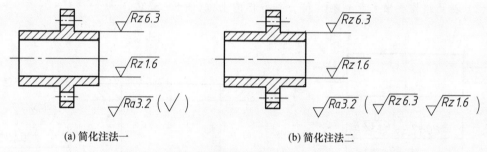

(a) 简化注法一　　　　　　　　　　　　(b) 简化注法二

图6-35　大多数表面有相同表面结构要求时的简化注法

(6) 当多个表面具有相同的表面结构要求或图纸空间有限时,可采用简化注法:用带字母的完整符号,以等式的形式,在图形或标题栏附近,对有相同表面结构代号的表面进行简化标注(图6-36);也可用等式形式给出对多个表面相同的表面结构代号(图6-37)。

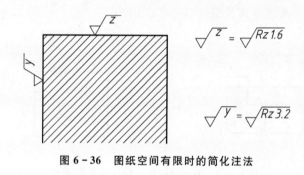

图6-36　图纸空间有限时的简化注法

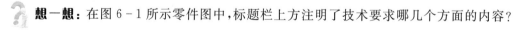

图6-37　多个表面有相同表面结构要求时的简化注法

4. 其他要求

从广义上讲,技术要求还包括理化性能方面的要求,如对材料、热处理和表面处理等方面的要求。

技术要求的内容凡有规定代号的需将代号直接标注在图上,无规定代号的则用简练的文字注写在标题栏附近。

想一想:在图6-1所示零件图中,标题栏上方注明了技术要求哪几个方面的内容?

4 齿轮是一种在机器中应用十分广泛的常用零件,国家制图标准对齿轮的图样画法有哪些特殊表示法?

1. 齿轮的作用

想一想： 图6－38所示零件a与零件b在结构上有何不同？

图6－38a所示齿轮轴是齿轮在轴上直接加工出来的，齿轮和轴连成一体。而一般的轴上面是没有齿轮零件的，齿轮通过连接方式安装在轴上，与轴是分开的，如图6－38b所示。

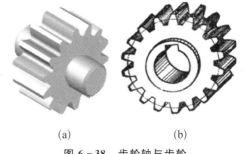

(a)　　　　　(b)

图6－38　齿轮轴与齿轮

想一想： 图6－17所示齿轮油泵为齿轮传动的应用实例，请分析齿轮在机器中的作用有哪些。

齿轮是机械传动中应用最广的一种传动件，它不仅可以用来传递动力，而且可以用来改变轴的转速和旋转方向。

常见的齿轮传动形式有：

（1）圆柱齿轮（圆柱齿轮的轮齿有直齿、斜齿、人字齿等）传动常用于两平行轴之间的传动（图6－39a）；

（2）锥齿轮传动常用于两相交轴之间的传动（图6－39b）；

（3）蜗轮蜗杆传动用于交错两轴之间的传动（图6－39c）。

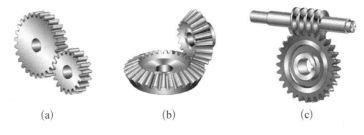

(a)　　　　　　　　(b)　　　　　　　　(c)

图6－39　常见的齿轮传动

本书主要学习直齿圆柱齿轮的基本参数和规定画法。

小提示

制图国家标准已将常用件上多次重复出现的结构要素（如齿轮轮齿）的几何参数标准化。

2. 直齿圆柱齿轮各几何要素的名称及代号

图6－40所示是一直齿圆柱齿轮，其各部分几何要素及代号如下：

（1）齿顶圆直径（d_a）：通过轮齿顶部的圆周直径。

（2）齿根圆直径（d_f）：通过轮齿根部的圆周直径。

（3）分度圆直径（d）：分度圆是一个约定的假想圆，齿轮的轮齿尺寸均以此圆直径为基准确定。标准齿轮在该圆上的齿厚（s）等于齿槽宽（e）。

（4）齿高（h）：分度圆把轮齿分成两部分。自分度圆到齿顶圆的距离，叫做齿顶高，用h_a表示；自分度圆到齿根圆的距离，叫做齿根高，用h_f表示。齿顶高与齿根高之和即全齿高，用h表示（$h=h_a+h_f$）。

（5）齿距（p）：分度圆上相邻两齿对应点之间的弧长。齿距由齿厚s和槽宽e组成。

3. 直齿圆柱齿轮的基本参数

（1）齿数（z）：一个齿轮的轮齿总数。

（2）模数（m）：如果齿轮有z个齿，则

$$分度圆周长 = \pi d = zp$$

则
$$d = pz/\pi$$

式中，π为无理数，为计算方便，取$m = p/\pi$为参数，则

$$d = mz$$

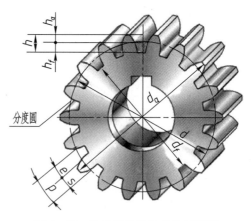

图6-40 直齿圆柱齿轮各几何要素

式中，m称为齿轮的模数（单位：mm），它是齿轮设计、制造的一个重要参数。模数越大，轮齿各部分尺寸也随之成比例增大，轮齿上所能承受的力也越大。

为了便于设计和加工，模数的数值已经标准化，其数值见表6-5。

表6-5 圆柱齿轮模数系列　　　　　　　　　　　　　　　　　mm

第一系列	1		1.25		1.5		2		2.5		3		4
第二系列		1.125		1.375		1.75		2.25		2.75		3.5	
第一系列		5		6			8		10		12		16
第二系列	4.5		5.5		(6.5)	7		9		11		14	
第一系列		20		25			32		40		50		
第二系列	18		22			28		36		45			

注：1. 优先选用第一系列模数，括号内尽可能不用。

2. 对斜齿轮是指法向模数。

（3）压力角（α）：齿廓曲线与分度圆的交点处的向径与齿廓在该点处的切线所夹的锐角。

💡 **小提示**

标准齿轮的压力角为20°。齿轮啮合时，一对齿轮的模数和压力角必须分别相等。

做一做：图6-1中，轮齿结构的齿数为_____，模数为_____，压力角为_____。

4. 直齿圆柱齿轮各几何要素的尺寸计算

标准直齿圆柱齿轮各几何要素尺寸的计算公式见表6-6。

表 6-6　直齿圆柱齿轮各几何要素的尺寸计算

名称	代号	计算公式	名称	代号	计算公式
分度圆直径	d	$d = mz$	全齿高	h	$h = h_a + h_f$
齿距	p	$p = \pi m$	齿顶圆直径	d_a	$d_a = m(z+2)$
齿顶高	h_a	$h_a = m$	齿根圆直径	d_f	$d_f = m(z-2.5)$
齿根高	h_f	$h_f = 1.25m$	中心矩	a	$a = \dfrac{1}{2}m(z_1 + z_2)$

💡 **小提示**

从表 6-6 中可知,确定了齿轮的模数和齿数后,齿轮的各部分尺寸可按表所列公式进行计算。

做一做：依据表 6-6,在图 6-1 中已给出模数、齿数的值,计算轮齿结构的齿顶圆直径为_____ mm,分度圆直径为_____ mm,齿根圆直径为_____ mm。

5. 直齿圆柱齿轮的规定画法

💡 **小提示**

为了简化作图,制图国家标准给出了常用结构要素(如齿轮轮齿)规定的简化画法。

（1）单个齿轮的规定画法

圆柱齿轮的轮齿结构是在圆柱体上加工出来的,因此圆柱齿轮的图形表达以圆柱体的表达形式为基础,一般用两个视图表示。轮齿部分按照制图国家标准的规定来绘制,其余部分结构按投影规律绘出其实形,如图 6-41 所示。

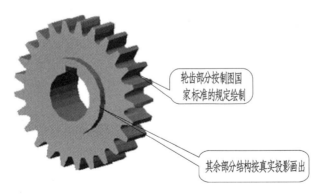

轮齿部分按制图国家标准的规定绘制

其余部分结构按真实投影画出

图 6-41　直齿圆柱齿轮的画法说明

圆柱齿轮轮齿的规定画法如图 6-42 所示：

1）齿顶圆和齿顶线用粗实线绘制。

2）分度圆和分度线用细点画线绘制。

3）齿根圆和齿根线用细实线绘制（也可省略不画）（图6-42a）。

4）剖视图中轮齿按不剖处理，齿根线画粗实线（图6-42b）。

5）用三条与齿线方向一致的细实线可表示斜齿或人字齿形状（图6-42c、d）。

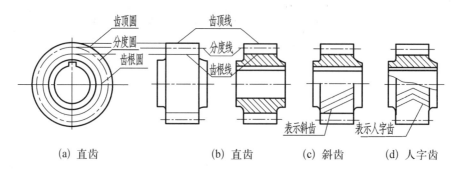

(a) 直齿　　　　　(b) 直齿　　　　(c) 斜齿　　　　(d) 人字齿

图6-42　圆柱齿轮的规定画法

想一想：要完整地表达齿轮轮齿结构，至少需要确定哪几个几何尺寸？

（2）两圆柱齿轮啮合的规定画法（图6-43）

小提示

两标准齿轮相互啮合时，分度圆处于相切的位置，此时分度圆又称节圆。

1）在垂直于齿轮轴线的投影面的视图中，啮合区的齿顶圆均用粗实线绘制，齿根圆用细实线绘制，也可省略不画，如图6-43b所示，其省略画法如图6-43d所示。

2）在平行于圆柱齿轮轴线的投影面的视图中，啮合区的齿顶线不需画出，分度圆相切处（节线）用粗实线绘制，其他处的节线仍用细点画线绘制，如图6-43c所示。

3）如图6-43a所示，在齿轮啮合的剖视图中，两轮节线重合，用细点画线绘制，齿根线用粗实线绘制。当剖切平面通过两啮合齿轮的轴线时，在啮合区内，将一个齿轮的轮齿视为可见，用粗实线绘制；另一个齿轮的轮齿被遮挡的部分用细虚线绘制（被遮挡的部分也可省略不画）。齿顶和齿根之间应有间隙，如图6-44所示。

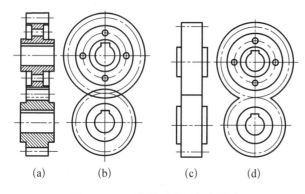

(a)　　(b)　　　(c)　　(d)

图6-43　两齿轮啮合的规定画法

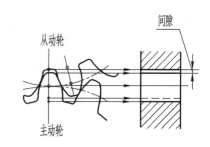

图6-44　两齿轮啮合区的投影

小提示

如图 6-1 所示,在带有齿轮结构的零件图中,除具有一般零件图的内容外,齿顶圆直径、分度圆直径及有关齿轮的基本尺寸要直接标注出,齿根圆直径一般由加工时刀具的尺寸决定,图上可以不注。图样的右上角列出一个参数表,注明模数、齿数、压力角、精度等级等。

三、评价反馈

5 测一测

(1) 解释下列代号的含义。

$\phi 40r6$：

$\phi 40k7$：

$\phi 40H7/g6$：

$\phi 40N8/h7$：

(2) 识读图 6-45 中的几何公差标注,填写表中各项内容。

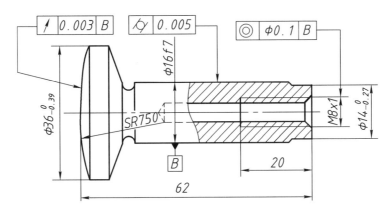

图 6-45

符 号	特征项目名称	被测要素	基准要素	公　差　值
↗				
⌭				
◎				

6 议一议

(1) 通过本学习任务的学习,你能否做到以下几点:

1) 叙述零件图的内容。

能 □　　　不确定 □　　　不能 □

2) 正确、合理地选择零件图的尺寸基准。

能 □　　　不确定 □　　　不能 □

3) 识读零件图上的技术要求。

能 □　　　不确定 □　　　不能 □

4) 识读标准直齿圆柱齿轮的画法。

能 □　　　不确定 □　　　不能 □

(2) 工作页的完成情况：

1) 能独立完成的任务：_____

_____

2) 与他人合作完成的任务：_____

_____

3) 在教师指导下完成的任务：_____

_____

(3) 你对本次任务学习的建议：

签名_____　　___年___月___日

学习任务 7 泵盖零件图的识读

学习目标

完成本学习任务后,应当能:

1. 描述采用几个相交的剖切平面剖切获得的全剖视图的画法和标注方法,并正确绘制和标注;

2. 叙述识读零件图的基本步骤;

3. 构想出泵盖的结构形状;

4. 运用所学知识,在教师的指导下,通过查阅资料,识读泵盖零件图的尺寸标注、技术要求。

建议完成本学习任务为 10 学时。

内容结构

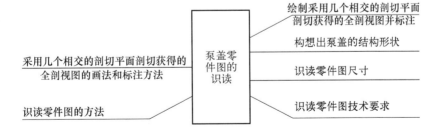

学习任务描述

轮盘类零件是实际生产中常见的零件之一。请根据图 7-1 所示泵盖零件图构想出泵盖的结构形状,识读泵盖零件图的尺寸和技术要求。

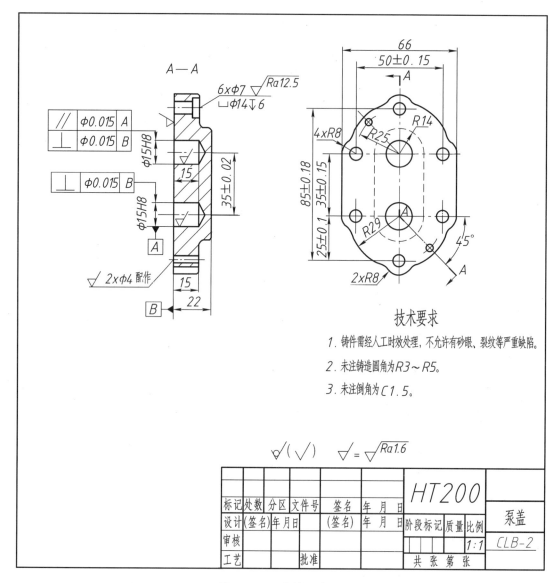

图 7 - 1　泵盖的零件图

　　泵盖属于轮盘类零件。轮盘类零件通常有手轮、带轮、花盘、法兰、端盖及压盖等。轮盘类零件的主体部分多由回转体组成,且轴向尺寸小于径向尺寸。这类零件在机器中主要起支承、轴向定位及密封作用。

一、学习准备

1　如何识读图 7 - 1 所示泵盖零件图所采用的剖视画法?

　　通常,轮盘类零件有各种均匀分布的孔等结构,如采用单一剖切平面进行剖切得到剖视图的画法很难把这些结构表达清楚。

观察图 7 - 2 所示泵盖的视图,共采用 _____ 个剖切面剖切机件,剖切面之间的关系是 _____ 的(平行/相交)。

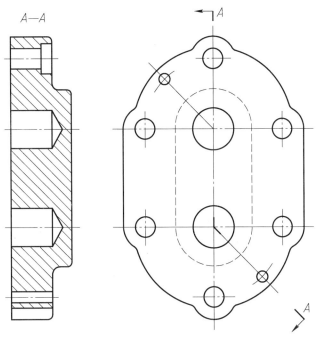

图 7 - 2　泵盖的视图

用两个相交的剖切平面剖切得到剖视图的画法是怎样的?

1. 采用几个相交的剖切平面剖切获得的剖视图画法

用几个相交的剖切平面剖切获得的剖视图应旋转到一个投影平面上。采用这种方法画剖视图时,先假想按剖切位置剖开机件,将剖切平面与观察者之间的部分移走,然后将剩下的被剖切平面剖开的结构及其有关部分旋转到与选定的投影面平行后再进行投射,如图 7 - 3 所示。

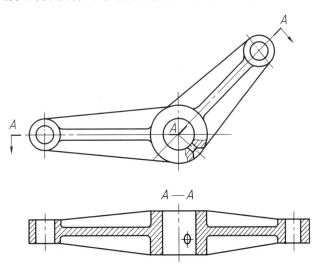

图 7 - 3　两个相交剖切平面剖切获得的全剖视图

在剖切平面后的其他结构，一般仍按原来位置投射，如图7-3所示的小孔。

 学习拓展

在机械图样中，为了表达机件与基本投影面倾斜部分的内部结构，一般采用不平行于任何基本投影面的剖切平面剖开机件，如图7-4所示。采用这种方法画剖视图，在不引起误解时，允许将图形旋转，标注形式如图7-4"B—B ⌒"所示。

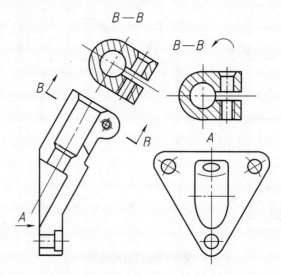

图7-4 单一剖切面为投影面的垂直面

2. 用几个相交的剖切平面剖切获得的剖视图的标注方法

（1）一般应在剖视图的上方用大写拉丁字母标出剖视图的名称"×—×"，并在相应的视图上用剖切符号表示剖切位置和投射方向（用箭头表示），并标注相同的字母，如图7-5a所示。

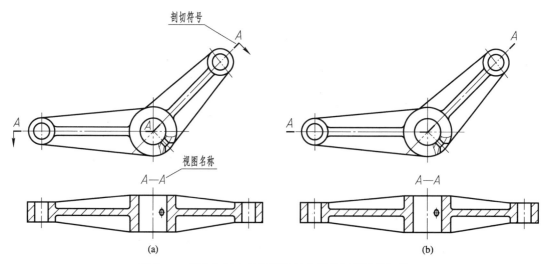

图7-5 用几个相交剖切面剖切获得的剖视图的标注

（2）转折处位置较小,难以注写又不致引起误解时,也可省注字母,如图 7 - 5b 所示。

（3）当剖视图按投影关系配置,中间又没有其他图形隔开时,可省略箭头,如图 7 - 5b 所示。

2 零件图是零件生产中的重要技术文件。在零件设计、制造、使用、维修及技术革新、技术交流等工作中,通常要先看懂零件图。看零件图有哪些步骤?

看零件图的步骤:

如表 7 - 1 所示,请根据左边的分析,填充右边的表格。

表 7 - 1　看零件图的步骤

分析	步骤
首先,需要对零件有个初步的认识,知道零件的名称、材料、绘图比例等一般情况	看标题栏
其次,想象零件的结构形状,分析零件的类别及其结构组成	
再次,明确零件各部位结构尺寸的大小	
最后,全面掌握零件的质量指标,弄清楚零件的尺寸精度的高低、表面结构的好坏、零件表面的相互位置要求等	

二、计划与实施

做一做:观察图 7 - 1 泵盖零件图的标题栏,填写表 7 - 2。

表 7 - 2　泵盖零件图标题栏的识读

零件名称	
材料	
绘图比例	

3 轮盘类零件的结构形状比较复杂,零件上常有凸台、凹坑、螺孔、销孔和肋板等结构,常用剖视的方法表达其内部结构。怎样构想泵盖的结构形状?

1. 泵盖的视图分析

泵盖零件共采用了_____个视图表达。

零件的视图分析,主要考虑两点,即主视图和其他视图。主视图是一组视图的核心,分析零件的视图应从主视图开始。

（1）分析泵盖零件的主视图

想一想:观察图 7 - 1 泵盖零件图,分析其主视图选择的依据。

如图 7 - 6 所示为齿轮油泵轴测图,图 7 - 7 所示为齿轮油泵轴测分解图。齿轮油泵是一种

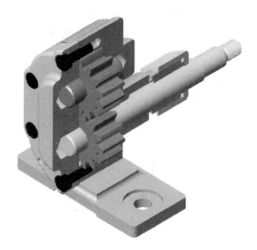

图 7 - 6　齿轮油泵轴测图

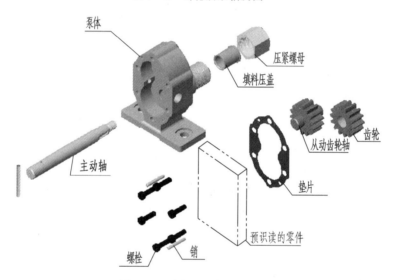

图 7 - 7　齿轮油泵轴测分解图

输油装置,其工作原理:当主动轴做旋转运动时,啮合的齿轮也开始转动。由于齿轮的啮合运动,在泵体空腔的一侧产生局部真空,形成低压区,油在大气压力的作用下经吸油口进入低压区。随着齿轮的转动,油不断沿转动方向被带至另一侧的出油口,油被挤出,完成输油工作。

　　图 7 - 8 所示泵盖的主视图清楚地表达了齿轮油泵工作时主动轴和从动齿轮轴的相对位置和相互关系以及两轴与端面的位置关系。由此可知:图 7 - 1 中泵盖主视图的选择符合工作位置原则,是采用 A—A 两个相交剖切平面剖切泵盖得到的全剖视图,将泵盖 6 个 $\phi7$ 的锪平孔和 2 个 $\phi4$ 的销孔的结构清楚地表达出来。从泵盖主视图

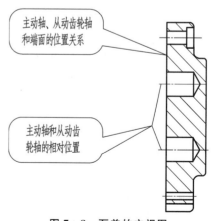

图 7 - 8　泵盖的主视图

还可以知道泵盖的厚度。

主视图的投射方向,符合零件在机器上的工作位置,这种选择主视图的原则称为工作位置原则。如图 7 - 9、图 7 - 10 所示主视图都反映了零件的工作位置,主视图的表达符合工作位置原则。

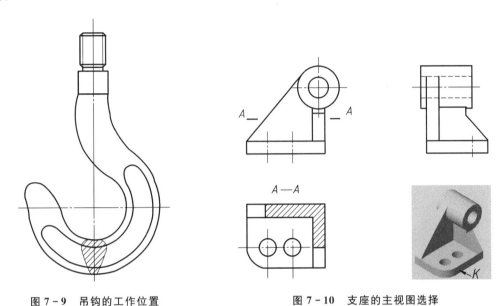

图 7 - 9　吊钩的工作位置　　　　　图 7 - 10　支座的主视图选择

想一想：仅仅分析泵盖的主视图能不能构想出泵盖的形状和结构?

一般情况下,仅仅分析零件的主视图不能构想出零件的结构形状,还必须分析其他视图。

(2) 分析泵盖的左视图

泵盖的左视图采用基本视图的画法,将泵盖的 6 个锪平孔、2 个销孔的分布情况及泵盖的外部形状清楚地表达出来,同时反映了泵盖的总宽尺寸和总高尺寸。

如图 7 - 11 所示底座三视图,主视图采用全剖视图,表达了零件的主要结构,左视图采用半剖视图,表达了立板上的孔和底板下部燕尾槽的形状和相对位置,底板和凸台的形状、位置,可由俯视图表达。

在选择视图表达零件结构时,仅有一个主视图不能把零件的形状和结构表达完全,还必须采用其他视图。选择其他视图时应注意以下几点:

① 所选择的每个视图都应具有明确的表达重点和独立存在的意义,各个视图所表达的内容相互配合、相互补充,避免不必要的重复。

② 选择视图时,应优先选择基本视图,在基本视图上作剖视图,并按投影关系配置。

③ 视图数量的多少与零件的复杂程度有关,在完整、清晰地表达零件形状结构的前提下,应使视图数量最少。

2. 泵盖的结构形状

通过以上视图分析可知,泵盖由平板形状的基本体切割六个沉头螺钉孔、两个销孔和两个轴孔而成。泵盖零件的结构形状如图 7 - 12 所示。

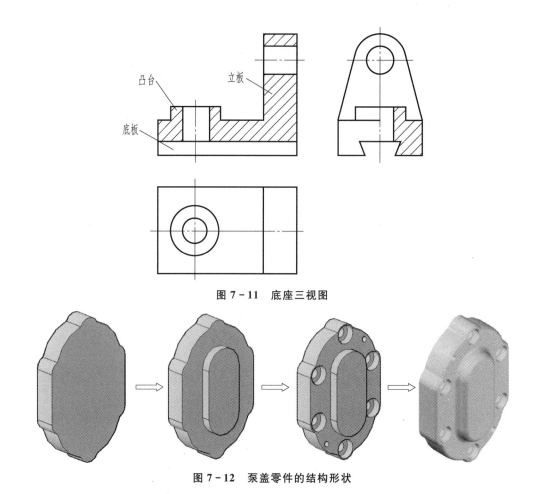

图 7 - 11　底座三视图

图 7 - 12　泵盖零件的结构形状

4 由视图可以想象零件的结构形状,要进一步了解零件各部位结构的大小必须看尺寸标注。怎样看懂泵盖零件图的尺寸呢?

从下面几个方面识读泵盖零件图的尺寸。

1. 总体尺寸

泵盖零件的总高尺寸是_____,总长尺寸是_____,总宽尺寸是_____。从泵盖的总体尺寸可以想象出泵盖的总体形状大小。

2. 尺寸基准

观察图 7 - 6、图 7 - 7,分析图 7 - 1,可以看出:泵盖的大端面与泵体的端面相接触,所以表面结构要求比较高,是长度方向的尺寸基准,由此标注出了 15、22 等尺寸。

泵盖结构前后对称,故选择_____为宽度方向的尺寸基准,由此标注出了 50±0.15、66 等尺寸。

图 7 - 13 所示为齿轮油泵主动轴轴测图。主动轴是主要的零件,一端与齿轮相配合,另一端与带轮相配合,因此,主动轴有同轴度的要求,泵盖与其配合的轴孔也比较重要,技术要求比较高,其轴线是高度方向的尺寸基准,由此标注出了 35±0.15、25±0.1 等尺寸。

3. 主要尺寸

如图 7-6、图 7-7 以及图 7-1 所示,为保证齿轮油泵正
常工作,两齿轮应很好的啮合,要求保证主动轴、从动齿轮轴
支承轴颈和泵盖轴孔的合理配合,以及保证两齿轮轴的中心
距离,因此在泵盖零件图中直接标注出了泵盖需要保证的两
个主要尺寸是_____(装配尺寸),_____。

图 7-13　齿轮油泵主动轴轴测图

为使泵盖能够顺利地安装在泵体上,对沉头螺钉孔间的
距离在尺寸精度上有一定的要求。因此泵盖需要保证 50 ± 0.15、_____、_____、_____四个定
位尺寸,在泵盖零件图中直接标注出来。

主要尺寸(设计、测量、装配尺寸等)直接影响零件在机器中的工作性能和位置关系,因此一
定要直接标注出来。如图 7-14 所示的轴承座的尺寸标注,轴承孔的中心高度 H 和安装孔的距
离 L 都是主要尺寸,必须直接标注出来,如图 7-14a 所示。而图 7-14b 所示的主要尺寸需要计
算才能得到,这样会造成误差积累,是不合理的尺寸标注。

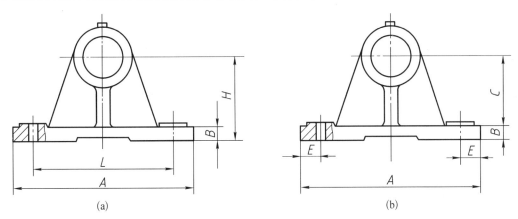

(a)　　　　　　　　　　　　　　(b)

图 7-14　轴承座的尺寸标注

4. 其他尺寸

沉头孔 $\dfrac{6\times\phi7}{\phi14\downarrow6}$ 表示有 6 个直径是 $\phi7$ 的通孔,沉孔 $\phi14$ 深 6 mm,分布在泵盖边缘。

5　全面掌握质量指标,弄清楚零件的尺寸精度的高低,表面结构的好坏、零件表面的相互位置
要求等,需要看技术要求。看泵盖零件的技术要求,全面掌握泵盖零件的质量要求。

对零件图中的各项技术要求,如尺寸公差、几何公差、表面结构以及热处理等进行分析,力求
对零件有一个正确全面的了解。

泵盖零件的主要加工表面包括两轴孔内表面和泵盖大端面。

轴孔的质量要求包括尺寸极限与配合、表面结构和几何公差。

1. 尺寸极限与配合

孔 $\phi15H8$,公差带代号是_____,标准公差等级是_____。

做一做:查孔的极限偏差表,可知孔 $\phi15H8$ 的上极限偏差是_____,下极限偏差是_____,
公差是_____,上极限尺寸是_____,下极限尺寸是_____。

想一想：观察图 7-1 泵盖零件图，分析轴孔 $\phi15H8$ 的标注方法。

为了满足现代专业化大批量生产的需要，必须要保证零件在尺寸方面具有互换性。有关尺寸精度在机械图样上的注写形式，国家标准《产品几何技术规范极限与配合》第一部分：公差、偏差和配合的基础(GB/T 1800.1—2009)作了明确的规定，如表 7-3、表 7-4 所示。

(1) 在零件图上线性尺寸的公差应按下列三种形式标注

① 当采用公差带代号标注线性尺寸的公差时，公差带的代号应注在公称尺寸的右边，见表 7-3a。此标注形式适用于大批量生产、采用专用量具检验的零件。

② 当采用极限偏差标注线性尺寸的公差时，上极限偏差应注在公称尺寸的右上方；下极限偏差应与公称尺寸注在同一底线上。上下极限偏差的数字的字号应比公称尺寸的数字的字号小一号，见表 7-3b。此种标注形式适用于单件、小批量生产的零件。

③ 当同时标注公差带代号和相应的极限偏差时，后者应加圆括号，见表 7-3c。此种标注形式适用于产品转产频繁、生产批量不定的零件。

(2) 在装配图上的配合注法

在装配图中标注线性尺寸的配合代号时，必须在公称尺寸的右边用分数形式标注，分子位置标注孔的公差带代号，分母位置标注轴的公差带代号(见表 7-4)。

表 7-3　尺寸公差与配合注法(零件图)

标注方法 基准制		(a) 标注公差带代号	(b) 标注极限偏差	(c) 标注公差带代号和极限偏差
基孔制	孔	$\phi65H7$	$\phi65^{+0.03}_{0}$	$\phi65H7(^{+0.03}_{0})$
基孔制	轴	$\phi65k6$	$\phi65^{+0.021}_{+0.002}$	$\phi65k6(^{+0.021}_{+0.002})$
基轴制	孔	$\phi40K8$	$\phi40^{+0.012}_{-0.027}$	$\phi40K8(^{+0.012}_{-0.027})$

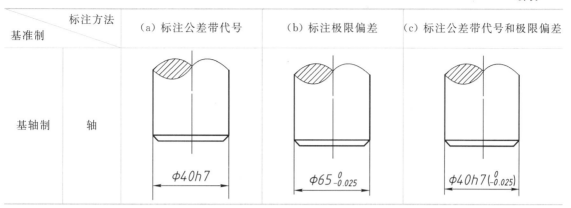

基准制	标注方法	（a）标注公差带代号	（b）标注极限偏差	（c）标注公差带代号和极限偏差
基轴制	轴	$\phi40h7$	$\phi65^{\ 0}_{-0.025}$	$\phi40h7(^{\ 0}_{-0.025})$

表 7 - 4　尺寸公差与配合注法（装配图）

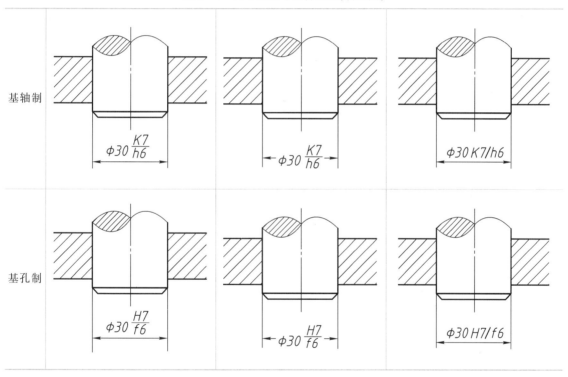

基轴制	$\phi30\dfrac{K7}{h6}$	$\phi30\dfrac{K7}{h6}$	$\phi30K7/h6$
基孔制	$\phi30\dfrac{H7}{f6}$	$\phi30\dfrac{H7}{f6}$	$\phi30H7/f6$

💡 小提示

（1）当上极限偏差或下极限偏差为"零"时，用数字"0"标出，并与下极限偏差或上极限偏差的小数点前的个位数对齐，如 $\phi65^{+0.03}_{\ 0}$。

（2）当公差带相对于公称尺寸对称配置，即上下极限偏差的绝对值相同时，偏差数字可以只注写一次，并且应在偏差数字与公称尺寸之间注出符号"±"，且两者数字高度相同，如 85 ± 0.18。

做一做：(1) 在图 7 - 15 中正确标注主动轴支承轴颈与泵盖轴孔的配合代号,轴的公差带代号是 $\phi15f7$,孔的公差带代号是 $\phi15H8$。

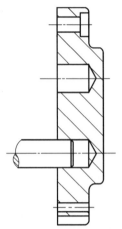

图 7 - 15　齿轮轴支承轴颈与泵盖轴孔的装配图

(2) 主动轴支承轴颈与泵盖轴孔的配合是_____(基孔制/基轴制),其中 H8 孔为基准孔的公差代号;f7 为_____。

 小提示

基准制的选择:

(1) 一般情况优先采用基孔制。对于应用广泛的中小直径尺寸的孔,通常采用定值刀具(如钻头、扩刀、拉刀、铰刀等)加工和定值量具(如塞规、心轴等)检验,采用基孔制可以减少价格较高的定值刀具、量具的品种规格和数量。

(2) 一些特殊情况可以采用基轴制:直接用冷拉钢材做轴,不再加工;或同一公称尺寸的各个部分需要装上不同的配合的零件;与标准件配合(如与滚动轴承外圈配合)的孔等。为满足配合的特殊需要,允许采用任一孔、轴公差组成配合。

2. 表面结构

为保证齿轮油泵正常工作,保证齿轮轴可以在泵盖轴孔内自由转动,对轴孔内表面的表面结构有较高的要求,为 $Ra1.6$。

为保证齿轮油泵的密封,防止油外漏,对泵盖大端面的表面结构提出了较高的要求,为 $Ra0.8$。

3. 几何公差

为保证齿轮油泵正常工作,两齿轮轴必须正确安装,才能使轴上两齿轮正确啮合。因此,对轴孔提出了如下几何公差的要求:

| // | Ø0.015 | A | 表示 $\phi15H8$ 轴孔中心线相对于基准线 A(另一个 $\phi15H8$ 轴孔中心线)的平行度公差是 0.015 mm。

| ⊥ | Ø0.015 | B | 表示_____。

4. 其他技术要求

泵盖的材料为 HT200,铸件需经人工时效处理,不允许有砂眼、裂纹等严重缺陷。

未注铸造圆角为 _____。

未注倒角为 _____。

通过以上分析可知,轮盘类零件一般选用一两个基本视图,主视图按加工位置画出,将其轴线水平放置并作剖视。对结合面(工作面)的有关尺寸精度、表面结构和几何公差有比较严格的要求。

三、评价反馈

6 测一测

拟定识读图 7-16 法兰盘零件图的步骤并填表 7-5。

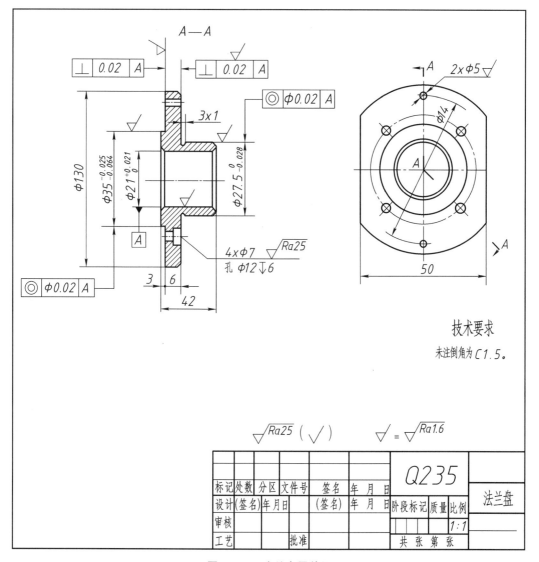

图 7-16 法兰盘零件图

表 7 – 5

步骤一	看标题栏，了解零件的名称、材料、绘图比例和用途等
步骤二	
步骤三	
步骤四	

7 议一议

（1）通过本学习任务的学习，你能否做到以下几点：

1）基本掌握全剖视图的画法、半剖视图的画法及剖视图标注方法。

能 □　　　　不确定 □　　　　不能 □

2）叙述表面结构、尺寸公差和几何公差的标注方法。

能 □　　　　不确定 □　　　　不能 □

3）构想出泵盖的结构形状。

能 □　　　　不确定 □　　　　不能 □

4）识读泵盖零件图的尺寸标注。

能 □　　　　不确定 □　　　　不能 □

5）识读泵盖零件图的技术要求。

能 □　　　　不确定 □　　　　不能 □

（2）工作页的填写：

1）能独立完成的任务：＿＿＿＿＿＿＿＿＿＿＿＿＿＿＿＿＿＿＿＿＿＿＿＿

＿＿＿＿＿＿＿＿＿＿＿＿＿＿＿＿＿＿＿＿＿＿＿＿＿＿＿＿＿＿＿＿＿＿＿

2）与他人合作完成的任务：＿＿＿＿＿＿＿＿＿＿＿＿＿＿＿＿＿＿＿＿＿＿

＿＿＿＿＿＿＿＿＿＿＿＿＿＿＿＿＿＿＿＿＿＿＿＿＿＿＿＿＿＿＿＿＿＿＿

3）在教师指导下完成的任务：＿＿＿＿＿＿＿＿＿＿＿＿＿＿＿＿＿＿＿＿＿

＿＿＿＿＿＿＿＿＿＿＿＿＿＿＿＿＿＿＿＿＿＿＿＿＿＿＿＿＿＿＿＿＿＿＿

（3）你对本次任务学习的建议：

签名：＿＿＿＿＿＿　　＿＿＿年＿＿月＿＿日

学习任务 8　支架零件图的识读

学习目标

完成本学习任务后,应当能:

1. 描述用几个平行的剖切平面剖切获得的全剖视图的画法,并绘制用几个平行的剖切平面剖切获得的全剖视图;
2. 描述零件上常见孔的尺寸标注方法,构想出不同类型孔的形状;
3. 描述常用图形的简化画法,并识读采用简化画法的图例;
4. 构想出支架的结构形状;
5. 运用所学知识,在教师的指导下,通过查阅资料,识读支架零件图的技术要求、尺寸标注。

建议完成本学习任务用 10 学时。

内容结构

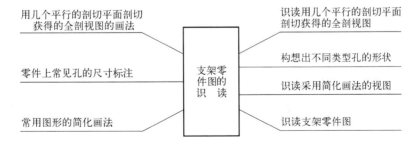

学习任务描述

叉架类零件是实际生产中常见的零件之一。请根据图 8-1 所示支架零件图构想出支架的结构形状,识读支架零件图的尺寸和技术要求。

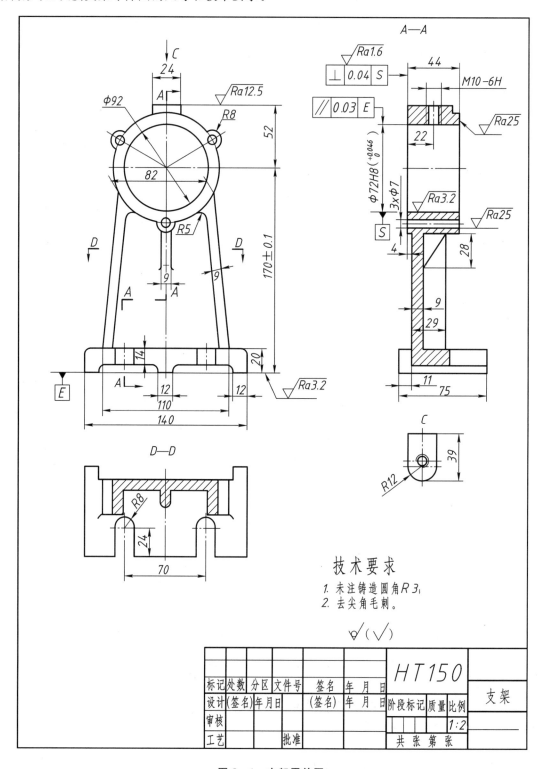

图 8-1　支架零件图

支架属于叉架类零件。拨叉、摇臂、拉杆、连杆、支架等都属于叉架类零件。叉架类零件形状复杂且不规则,在机器中主要起操纵、调节、连接或支承等作用。

一、学习准备

1　支架是实际生产中常见的零件之一,图 8 - 1 所示支架零件由底板、支承板和圆筒等几部分组成。支架的左视图采用的是哪种剖视的方法?其画法和标注方法是什么?

如图 8 - 2 所示,支架的左视图采用两个平行的剖切平面剖切所得到的全剖视图。

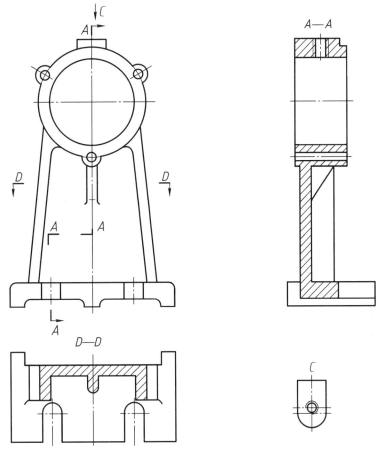

图 8 - 2　支架的视图

用几个平行的剖切平面剖切获得的全剖视图的画法

图 8 - 3 所示为用两个平行的剖切平面剖切所获得的全剖视图。

采用这种方法画剖视图时,在图形内不应出现不完整的要素,仅当两个要素在图形上具有公共对称中心线或轴线时可以各画一半,此时应以对称中心线或轴线为界,如图 8 - 4 所示。

161

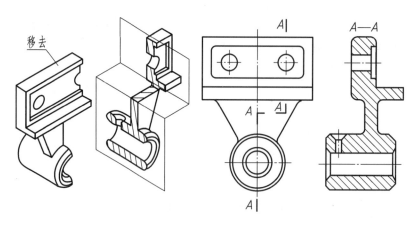

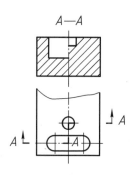

图 8-3　几个平行的剖切平面剖切机件的图例

图 8-4　具有公共对称中心线的剖视图

💡 **小提示**

用几个平行的剖切平面剖切获得的剖视图的标注方法：

（1）剖切面转折和起讫处要画剖切符号并加注相同字母，剖视图上方注明相同的大写拉丁字母"×—×"，必要时要用箭头表明投射方向，如图 8-4 所示。

（2）当剖视图按投影关系配置，且中间没有图形隔开时，可省略箭头，如图 8-3 所示。

（3）当转折处位置有限，且不会引起误解时，允许省略标注字母，如图 8-4 中的小圆孔处。

做一做：参照图 8-3，将图 8-5 中的主视图改画为用两个平行的剖切平面剖切的全剖视图。

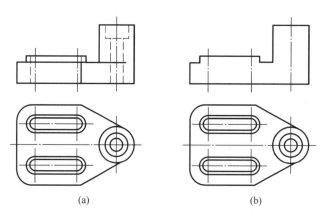

(a)   (b)

图 8-5　改画为用两个平行的剖切平面剖切获得的全剖视图

当机件的内部结构排列在几个相互平行的平面上时，可以用几个相互平行的剖切平面剖切。

当机件内部结构复杂，用单一剖切平面、几个平行的剖切平面或几个相交的剖切平面剖切获得的剖视图不能清楚地表达机件的内部结构时，常采用组合的剖切平面剖切。

162

组合的剖切平面：用几个平行的、相交的剖切平面或柱面组合起来剖切机件。图 8-6 为用组合的剖切平面剖开机件的图例。

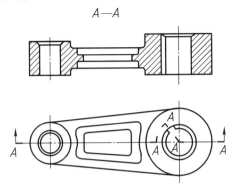

图 8-6　用平面、柱面、相交平面组合剖切机件

二、计划与实施

做一做：观察图 8-1 支架零件图的标题栏，填写表 8-1。

表 8-1　支架零件图标题栏的识读

零件名称	
材　　料	
绘图比例	

2　叉架类零件的结构形状比较复杂，且加工位置多变。请识读图 8-1 所示支架零件图。

1. 支架零件的结构特点

分析机架零件的结构特点，它一般由哪几部分组成？请填写图 8-7 所示支架主视图中的空格。

2. 支架的视图分析

支架零件共采用了_____个视图表达。

（1）主视图

主视图是一组图形的核心，分析支架零件的视图应先从主视图开始。

如图 8-7 所示，由支架的主视图可以看出上部____、____，中部支承板、肋板和下部____的主要结构形状和它们之间的相对位置关系。这种表达方法符合工作位置原则和形状特征原则。

主视图按形状特征原则选择：主视图的投射方向应符合最能表达零件各部分的形状特征的要求。

如图 8-8 所示支座 K 向较其他方向更清楚地显示了支座的形状特征和支座四个组成部分（圆筒、连接板、底板、支承肋）相互位置关系，因此确定 K 向为主视图的投射方向。

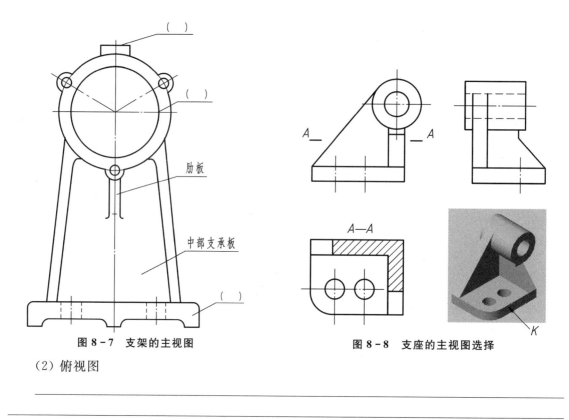

图 8-7　支架的主视图

图 8-8　支座的主视图选择

（2）俯视图

_____

_____

（3）左视图

_____

_____

_____

（4）其他视图

_____

_____

💡 **小提示**

　　零件的视图分析主要分析：零件采用了几个视图表达，各视图所采用的画法，以及表达了零件的哪些结构。

💡 **小提示**

　　图 8-8 左视图中三角形肋板的画法是国家标准中规定的技术图样中肋板的规定画法：

　　机件的肋、轮辐及薄壁等如按纵向剖切，这些结构都不画剖面符号，而用粗实线将它们与其邻接部分分开，如图 8-9a 所示。当零件回转体上均匀分布的肋、轮辐、孔等结构不处于剖切平面上时，可将这些结构旋转到剖切平面上画出，如图 8-9b 所示。

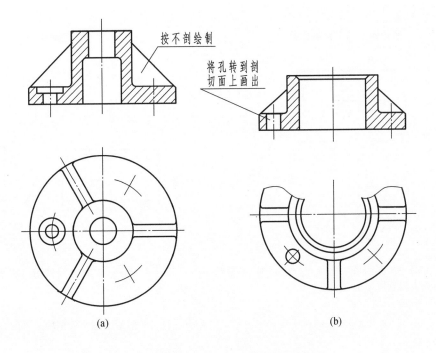

图 8 - 9　零件回转体上均布结构的简化画法

为了画图和读图的方便,制图国家标准中规定了技术图样中的简化画法,常用的图例见表 8 - 2。

表 8 - 2　图样的规定画法和简化画法示例

对称机件的视图画法	相同要素的画法
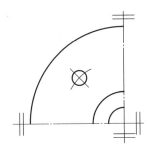	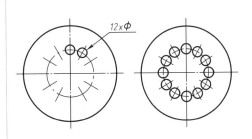
在不致引起误解时,对于对称机件的视图可只画一半或四分之一,并在对称中心线的两端画出两条与其垂直的平行细实线	若干相同结构要素(孔、螺孔、沉孔等)成规律分布时,可以仅画一个或几个,其余用细点画线或"——●——"表示其中心位置,同时在零件图中注明孔的总数

回转体上的平面的画法

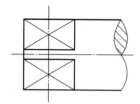

当回转体上的平面在图形中不能充分表达时,可用两条相交的细实线表示这些平面

局部视图的简化画法

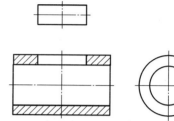

零件上对称结构的局部视图可按图示方法简化绘制

较小结构的画法

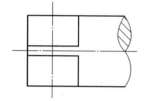

当零件上较小结构及斜度等已在一个图形中表达清楚时,其他图形应当简化或省略

倾斜角度不大的结构要素的画法

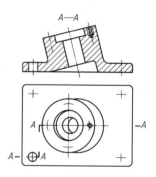

与投影面倾斜角度小于或等于 30° 的圆或圆弧,其投影可用圆或圆弧代替

圆角的画法

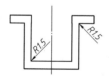

除确属需要表示的某些结构圆角外,其他圆角在零件图中均可不画,但必须注明尺寸,或在技术要求中加以说明

网状结构的画法

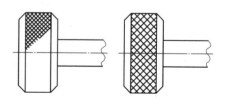

滚花、槽沟等网状结构一般在轮廓线附近应用粗实线完全或局部地表示出来

较长机件的断开画法

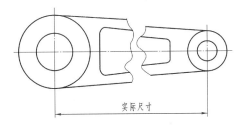

较长的机件(轴、杆、型材、连杆等)沿长度方向的形状一致或按一定规律变化时,可断开后缩短绘制

3. 支架的结构形状

通过以上视图分析可知,支架是由带安装槽的底板、支承板和圆筒叠加而成的。支架零件的整体结构形状如图 8 – 10 所示。

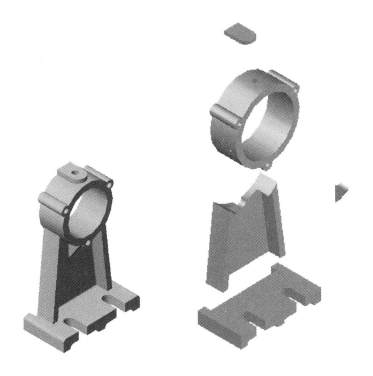

图 8 – 10　支架的轴测图及其分解图

3 由视图可以想象零件的结构形状,要进一步了解零件各部位结构的大小必须看尺寸标注,请识读图 8 - 1 所示支架零件图的尺寸。

从下面几个方向识读支架零件图的尺寸。

1. 请分析支架零件三个方向上的总体尺寸

_____

_____

2. 请找出支架零件三个方向上的尺寸基准

支架结构左右对称,故选择_____为长度方向的尺寸基准,由此标注出了底板上安装槽的定位尺寸 70,以及 9、24、12、110、140、82 等尺寸。

宽度方向的尺寸基准为圆筒后端面,由此标出了支承板定位尺寸 4、圆筒的定形尺寸 44 等。

支架的底面是装配基准面、工作基准面,也是主要的加工基准面。因此选底面为高度方向的尺寸基准,由此标注出了 20、170±0.1 等尺寸。

3. 主要尺寸

为保证支架的工作性能,支架的中心高尺寸 170±0.1 是一个主要尺寸。另外,圆筒的孔径_____是配合尺寸,是支架的另一个主要尺寸。这两个主要尺寸应在支架零件图中直接标注出。

4. 其他尺寸

想一想:观察图 8 - 1 支架零件图,分析顶部凸台上的螺孔的标注方法。

光孔、锪孔、沉孔和螺孔是零件上常见的结构,它们的尺寸标注分为普通注法和旁注法(简化注法)。零件上常见孔的标注方法见表 8 - 3。

表 8 - 3 零件上常见孔的标注方法

类型		旁注法(简化注法)	普通注法
光孔	一般孔	4×Φ4↓10 4×Φ4↓10	4×Φ4 10
	精加工孔	4×Φ4H7↓10 孔↓12 4×Φ4H7↓10 孔↓12	4×Φ4H7 10 12
	锥销孔	锥销孔Φ4 配作 锥销孔Φ4 配作	

类型		旁注法（简化注法）	普通注法
螺孔	通孔	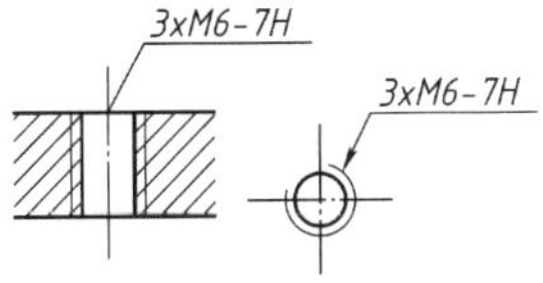 　3xM6-7H　3xM6-7H	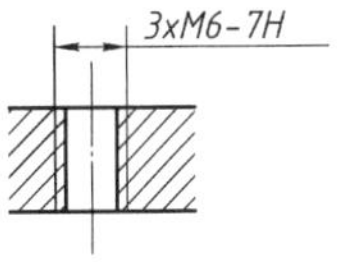 3xM6-7H
	不通孔	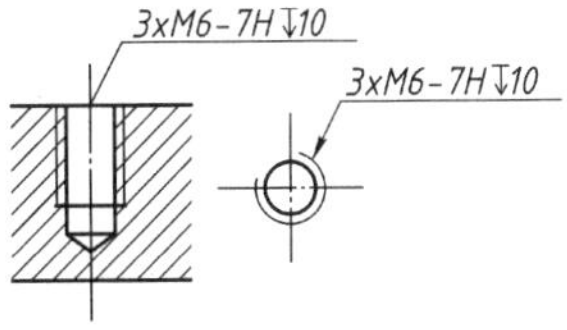 　3xM6-7H↓10　3xM6-7H↓10	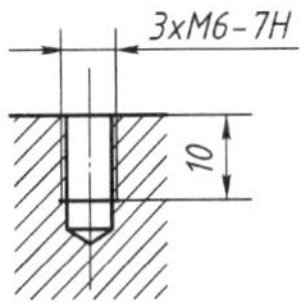 3xM6-7H　10
		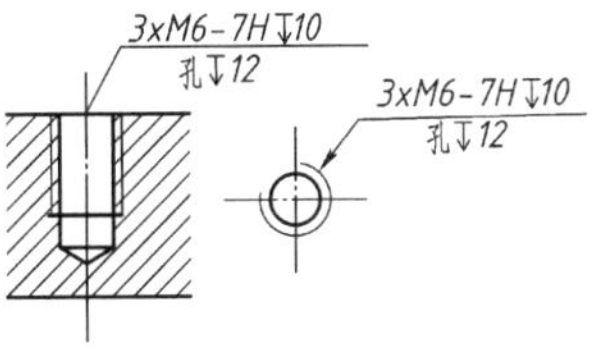 　3xM6-7H↓10 孔↓12　3xM6-7H↓10 孔↓12	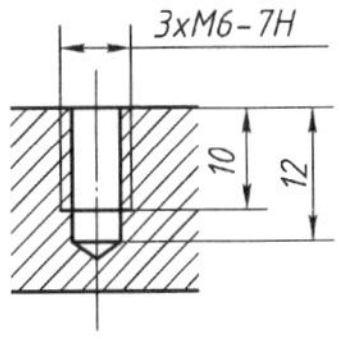 3xM6-7H　10　12
沉孔	锥形沉孔	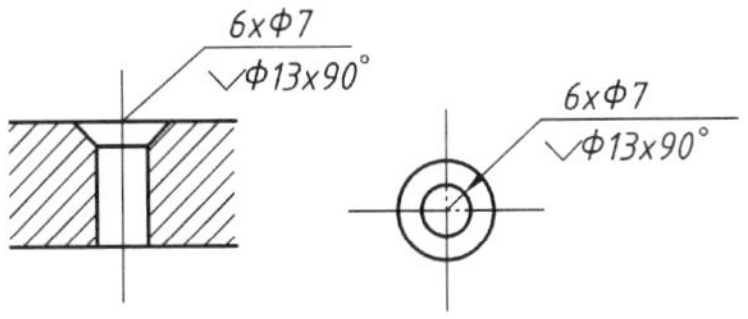 　6xΦ7 ⌵Φ13x90°　6xΦ7 ⌵Φ13x90°	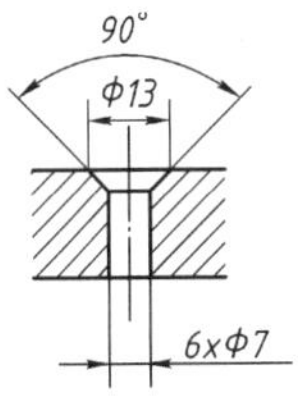 90° Φ13　6xΦ7
	柱形沉孔	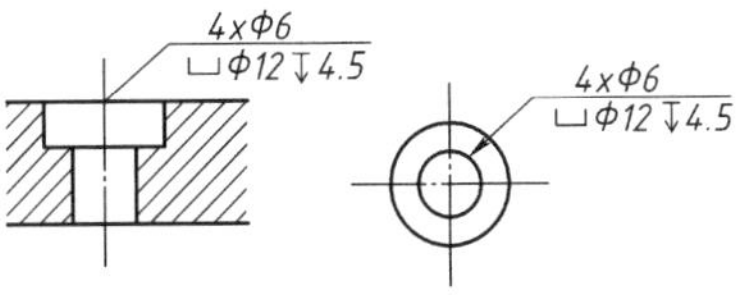 　4xΦ6 ⌴Φ12↓4.5　4xΦ6 ⌴Φ12↓4.5	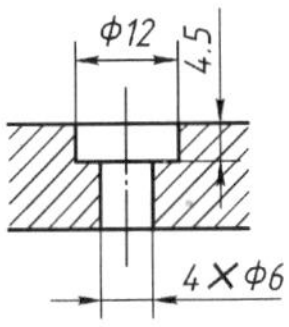 Φ12　4.5　4×Φ6
	锪平孔	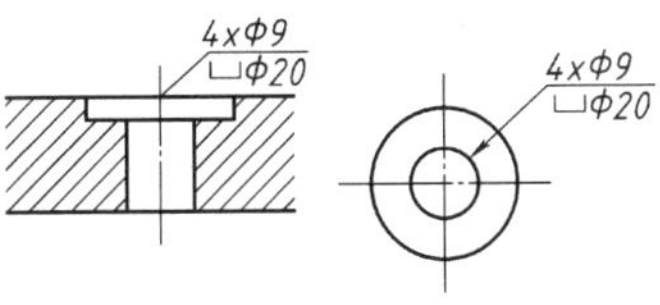 　4xΦ9 ⌴Φ20　4xΦ9 ⌴Φ20	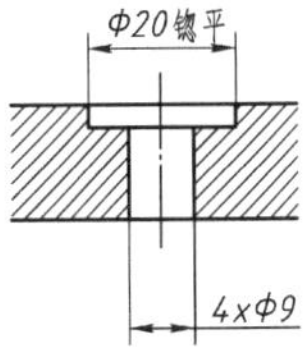 Φ20锪平　4xΦ9

4　全面掌握质量指标，弄清楚零件的尺寸精度的高低、表面结构的好坏、零件表面的相互位置要求等，需要看技术要求。看支架零件的技术要求，全面掌握支架零件的质量要求。

对零件图中的各项技术要求，如尺寸公差、几何公差、表面结构以及热处理等逐个进行分析，力求对零件有一个正确全面的了解。

支架零件的主要加工表面包括上部圆筒的内表面、圆筒的后端面和底板的底面。

1. 圆筒内表面的精度和表面结构要求

圆筒内表面的精度和表面结构要求包括：尺寸极限与配合、表面结构和几何公差。

（1）圆筒内表面的尺寸极限与配合分析

参照学习任务 7 中泵盖零件尺寸极限与配合的分析，分析圆筒内表面的尺寸极限与配合：

_____

_____

 想一想： 观察图 8-1 支架零件图，分析 140、110、70 等尺寸为什么没有标注公差。

零件上各部位的尺寸、形状、相对位置等的精度要求取决于其使用功能要求。在实际使用中，零件上某些部位在使用功能上无特殊要求时可给出一般公差。所谓一般公差是指机床设备一般加工能力可保证的公差。采用一般公差时在图样上不单独注出公差。

做一做： 请指出图 8-1 所示支架零件图中还有哪些尺寸采用的是一般公差。

（2）分析圆筒内表面的表面结构

_____

零件各部位轮廓算术平均偏差应根据其尺寸公差的要求选择相应的数值。尺寸公差等级、表面结构参数及加工方法的对应关系见表 8-4。

表 8-4　尺寸公差等级、表面结构参数及加工方法的对应关系

表面特征	尺寸公差等级	表面粗糙度（Ra）	加工方法	适用范围
粗加工面	IT13～IT11	50～12.5	粗车、粗铣、粗刨、粗镗、钻	非结合的加工面，如：倒角、钻孔、轴端面、键槽的非工作表面、垫圈的接触面等
半精加工面	IT10、IT9	6.3～3.2	车、镗、刨、铣、铰、磨	和其他零件连接的表面，如外壳、端面和扳手及手轮的外圆；要求有定心及配合特性的固定支承面，如键和键槽的工作面
精加工面	IT8～IT6	0.4～1.6	车、镗、拉、铣、磨、滚压	要求保证定心及配合特性的表面，如锥形销和圆柱销的表面
光整加工面	IT5 以上	0.2 以上	超级加工	工作时承受较大反复应力的重要零件表面，精密仪器及附件的摩擦面、工作表面
毛坯面			铸、锻、轧制等，经表面清理	不需要进行加工的表面

（3）分析圆筒内表面的几何公差 // | 0.03 | E

_____

_____

2. 分析圆筒后端面的精度和表面结构要求

_____

_____

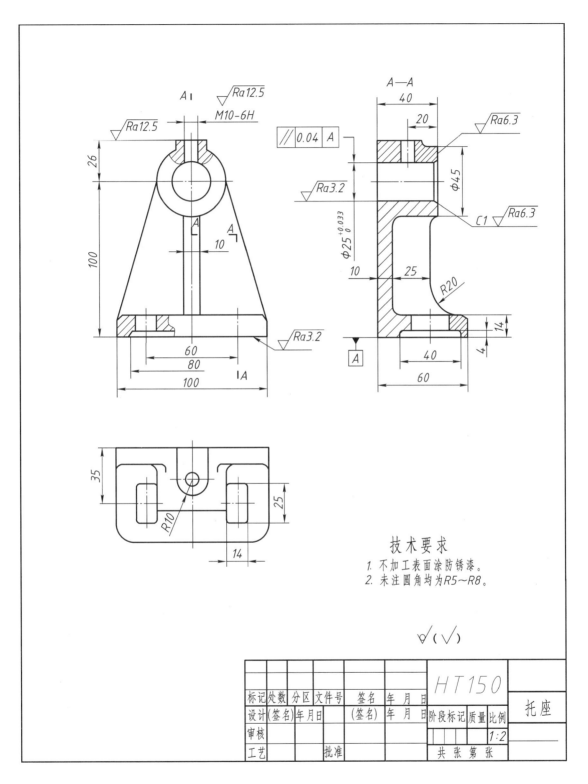

图 8-11   托座零件图

3. 分析底板底面的精度和表面结构要求

_____

_____

_____

4. 其他技术要求

_____

_____

_____

    通过以上分析可知,叉架类零件的基本视图一般不少于两个,而且还应根据具体表达的需要增加其他视图。主视图一般按工作位置和结构形状来确定。左视图常用剖视图,以表示内外结构和相互关系。尺寸基准一般选择安装基面或对称中心面。

三、评价反馈

5 测一测

拟定识读图 8-11 托座零件图的步骤,并填写表 8-5。

表 8-5

步骤一	看标题栏,了解零件的名称、材料、绘图比例和用途等
步骤二	
步骤三	
步骤四	

6 议一议

(1)通过本学习任务的学习,你能否做到以下几点:

1)基本掌握几个平行的剖切平面剖切机件获得的全剖视图的画法及其标注方法。

        能 □   不确定 □   不能 □

2)正确识读零件图上常见孔的尺寸标注。

        能 □   不确定 □   不能 □

3)正确识读常用图形的简化画法。

        能 □   不确定 □   不能 □

4)构想出支架的结构形状。

        能 □   不确定 □   不能 □

5)识读支架零件图的尺寸标注。

        能 □   不确定 □   不能 □

6)识读支架零件图的技术要求。

能 □　　　　不确定 □　　　　不能 □

（2）工作页的填写：

1）能独立完成的任务：_____

_____

2）与他人合作完成的任务：_____

_____

3）在教师指导下完成的任务：_____

_____

（3）你对本次任务学习的建议：

签名：_____　　　____年____月____日

学习任务 9 泵体零件图的识读

学习目标

完成本学习任务后,应当能:

1. 描述局部剖视图的画法,并绘制局部剖视图;
2. 描述零件上常见工艺结构的画法,识读常见工艺结构的图例;
3. 识读螺纹的规定画法与标注,借助手册查出标准螺纹的参数;
4. 构想出泵体的结构形状,并识读泵体零件图的尺寸标注;
5. 通过小组合作及查阅资料,识读泵体零件图的技术要求。

建议完成本学习任务用 10 学时。

内容结构

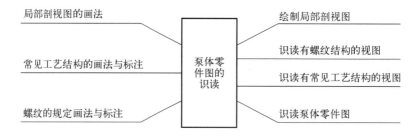

学习任务描述

箱体类零件是实际生产中常见的零件之一。请根据图 9-1 所示泵体零件图构想出泵体的结构形状,识读泵体零件图的尺寸和技术要求。

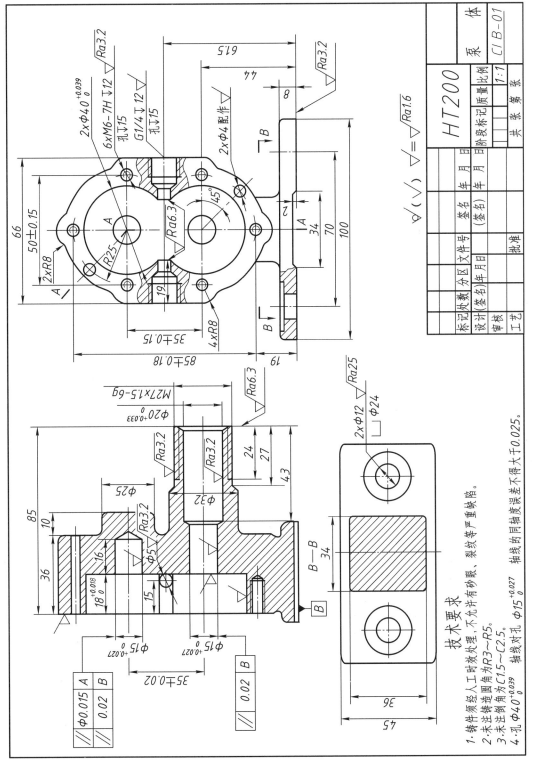

图 9 - 1　泵体零件图

技 术 要 求

1. 铸件须经人工时效处理, 不允许有砂眼、裂纹等严重缺陷。
2. 未注铸造圆角为R3~R5。
3. 未注倒角为C1.5~C2.5。
4. 孔 $\phi 40^{+0.039}_{0}$ 轴线对孔 $\phi 15^{+0.027}_{0}$ 轴线的同轴度误差不得大于0.025。

泵	体
	C1 B-01

泵体属于箱体类零件。箱体类零件通常有阀体、泵体、箱体、机座等。箱体类零件为空心壳体,是机器和部件的主体零件,用来容纳支承和固定其他零件。

一、学习准备

1 由图 9-2 所示齿轮油泵局部轴测分解图可知:齿轮油泵主动轴的位置是通过压紧螺母与泵体间的螺纹连接来确定的。那么螺纹是怎样形成的? 螺纹的基本要素及其种类有哪些? 螺纹结构的规定画法是什么? 怎样对螺纹进行标记?

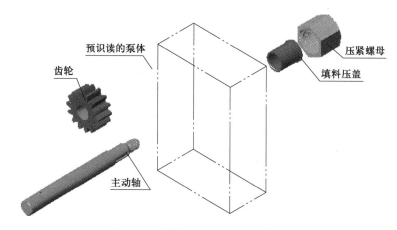

预识读的泵体
齿轮
压紧螺母
填料压盖
主动轴

图 9-2 齿轮油泵局部轴测分解图

1. 螺纹的形成

螺纹是根据螺旋线原理加工而成的。如图 9-3 所示为车削螺纹的示意图,车床的卡盘带动工件绕轴线等速旋转,刀具则沿轴线方向作等速移动即可车出螺纹。在圆柱(或圆锥)外表面上制出的螺纹称为外螺纹,在圆柱(或圆锥)内表面上制出的螺纹称为内螺纹。

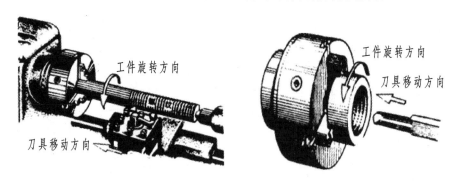

工件旋转方向
工件旋转方向
刀具移动方向
刀具移动方向

图 9-3 车削螺纹

想一想:任意一个外螺纹和任意一个内螺纹就可以配合吗?

内螺纹和外螺纹配合时两者的五要素必须相同。

2. 螺纹的基本要素

螺纹的基本要素包括：牙型、直径、螺距（或导程）、线数和旋向。

（1）牙型

牙型是指在通过螺纹轴线剖开的断面图上螺纹的轮廓形状。常用的牙型有三角形、梯形和锯齿形等。

（2）螺纹直径

螺纹直径分为大径、小径和中径（图 9-4）。

1）大径：与外螺纹牙顶或内螺纹牙底相切的假想圆柱面的直径。除管螺纹外，通常所说的螺纹公称直径是指螺纹的大径尺寸。

牙顶：螺纹凸起部分的顶端。牙底：螺纹沟槽的底部。

2）小径：与外螺纹牙底或内螺纹牙顶相切的假想圆柱面的直径。

3）中径：中径是一个假想圆柱的直径，该圆柱的母线通过牙型上的沟槽和凸起宽度相等的地方，此假想圆柱称为中径圆柱。

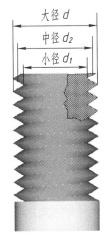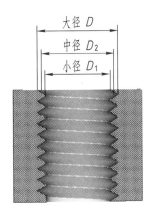

图 9-4　螺纹的直径

（3）螺纹的导程与螺距（图 9-5）

1）导程：导程是同一螺旋线上的相邻两牙在中径线上对应两点间的轴向距离。

2）螺距：螺距是相邻两牙在中径线上对应两点间的轴向距离。

（4）螺纹的线数（图 9-5）

螺纹的线数是指形成螺纹时的螺旋线的条数。螺纹有单线和多线之分。

单线螺纹是指沿一条螺旋线形成的旋纹，多线螺纹是指沿两条或两条以上螺旋线所形成的螺纹。

（5）螺纹的旋向（图 9-6）

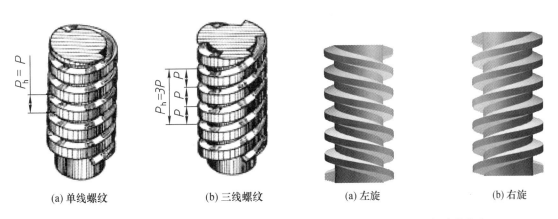

(a) 单线螺纹　　　　(b) 三线螺纹　　　　(a) 左旋　　　　(b) 右旋

图 9-5　螺纹的导程与螺距　　　　图 9-6　螺纹的旋向

螺纹按旋进方向不同，可分为右旋螺纹和左旋螺纹。

1）右旋螺纹：按顺时针方向旋进的螺纹，其螺旋线左低右高。

2）左旋螺纹：按逆时针方向旋进的螺纹，其螺旋线右低左高。

 小提示

牙型、大径和螺距均符合标准的螺纹称为标准螺纹。

3. 螺纹的种类

螺纹按其用途可分为三类：

（1）紧固螺纹，如普通螺纹；

（2）传动螺纹，如梯形螺纹；

（3）管螺纹，如60°密封管螺纹。

 想一想：观察图9-1泵体主视图，分析螺纹的画法。

4. 螺纹的规定画法

螺纹在零件图、装配图中多次重复出现，为了提高画图效率，国家标准《机械制图 螺纹及螺纹紧固件表示法》(GB/T 4459.1—1995)中规定了螺纹的特殊表示法：

（1）螺纹牙顶圆的投影用粗实线表示，牙底圆的投影用细实线表示，螺杆的倒角或倒圆部分也应画出。在垂直于螺纹轴线的投影面的视图中，表示牙底圆的细实线只画约3/4圈（空出约1/4圈的位置不作规定），此时螺杆或螺孔上的倒角投影不应画出，如图9-7所示。

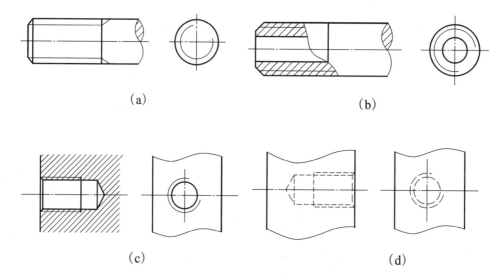

（a）   （b）

（c）   （d）

图9-7 螺纹画法

（2）有效螺纹的终止界线（简称螺纹终止线）用粗实线表示，外螺纹终止线的画法如图9-7a、b所示，内螺纹终止线的画法如图9-7c所示。

（3）螺尾部分一般不必画出，当需要表示螺尾时该部分用与轴线成30°的细实线画出，如图9-7a所示。

（4）不可见螺纹的所有图线用细虚线绘制，如图 9 - 7d 所示。

（5）无论是外螺纹或内螺纹在剖视图或剖面图中的剖面线都应画到粗实线。

（6）绘制不穿通的螺孔时一般应将钻孔深度与螺纹部分的深度分别画出，如图 9 - 7c 所示。

（7）当需要表示螺纹牙型时可按图 9 - 8 的形式绘制。

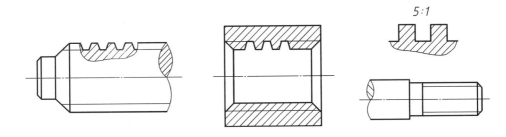

图 9 - 8　螺纹牙型表示法

（8）以剖视图表示内外螺纹的连接时，其旋合部分应按外螺纹的画法绘制，其余部分仍按各自的画法绘制，如图 9 - 9 所示。

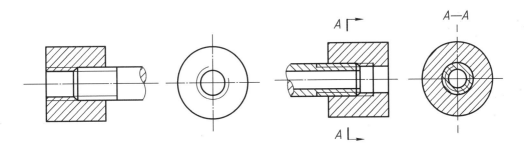

图 9 - 9　螺纹连接的画法

5. 螺栓连接的画法

齿轮油泵中主动轴的位置是通过泵体与压紧螺母相配合控制的。在机器设备中常用的螺纹紧固件有螺栓、螺柱（也称双头螺柱）、螺钉、螺母和垫圈等。它们的结构形状和尺寸可从附表二、三、四、五、六中查出。在画装配图时为了提高画图速度，通常采用比例画法。现介绍螺栓连接的比例画法，如图 9 - 10 所示。

（1）螺栓公称长度 L 应按下式估算：

$$L = \delta_1 + \delta_2 + b + H + a$$

式中：δ_1，δ_2——被连接零件的厚度；$a = (0.3 \sim 0.4)d$，d 为螺栓的公称直径；$b = 0.15d$；$H = 0.8d$。

用上式算出的 L 值应圆整，使其符合标准规定的长度系列。

（2）图 9 - 10 中其他尺寸与 d 的比例关系为：

$d_0 = 1.1d$；$R = 1.5d$；$d_1 = 0.85d$；$L_0 = (1.5 \sim 2)d$；$D = 2d$；$D_1 = 2.2d$；$R_1 = d$；$h = 0.7d$；s，r 由作图得出。

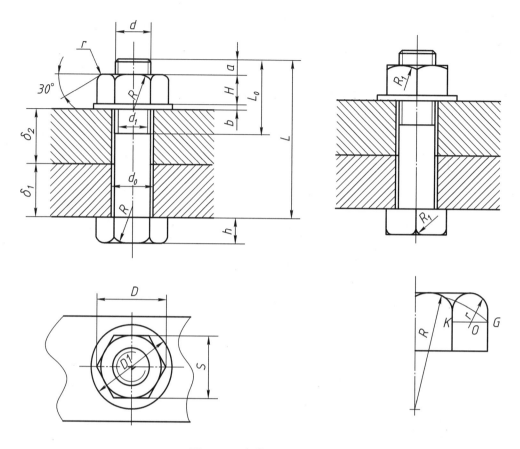

图 9 - 10　螺栓连接的画法

💡 **小提示**

　　(1) 在装配图中当剖切平面通过螺杆的轴线时,螺柱、螺栓、螺钉、螺母及垫圈按未剖切绘制。

　　(2) 螺纹紧固件的工艺结构可省略不画。

　　(3) 被连接零件的接触面只画一条线,当两个零件不接触时画两条线。

　　(4) 剖视图中两个相邻零件的剖面线必须以不同方向或以不同间隔画出。同一个零件的不同剖面区域剖面线画法一致。

　　(5) 根据装配工艺的合理性,被连接零件的光孔比螺纹大径大些,一般为 $1.1d$。

　　螺栓连接适用于连接不太厚的两个零件和需要经常拆卸的场合。螺栓穿过两个零件的光孔,再套上垫圈、拧紧螺母。垫圈可以防止损伤零件表面、增加支承面积、使零件受力均匀。

　　螺纹紧固件的种类很多,其连接形式可归为螺栓连接、螺柱连接和螺钉连接三种。螺柱连接和螺钉连接的画法如图 9 - 11、图 9 - 12 所示。

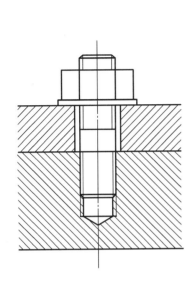

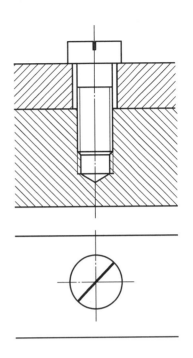

图 9-11 双头螺柱连接的画法   图 9-12 螺钉连接的画法

想一想：观察图 9-1 泵体零件图，分析螺纹 M27×1.5-6 g 的标记方法。

螺纹是零件上的常见结构，为了方便生产和使用，国家标准已将它们的结构、规格及技术要求都标准化了，以特定的标注代号、标记表示结构要素的规格和对精度方面的要求。

（1）普通螺纹的标记

普通螺纹的标记由三部分组成：螺纹代号（包括特征代号、公称直径、螺距和旋向）、公差带代号和旋合长度代号，各部分用横线隔开。

标记格式：特征代号　公称直径×螺距　旋向-公差带代号-旋合长度代号

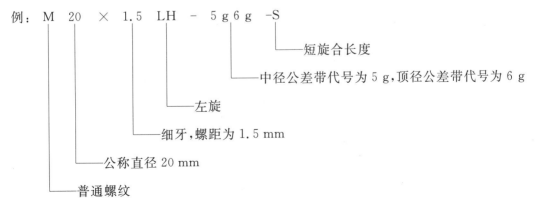

例：M 20 × 1.5 LH - 5g6g -S

— 短旋合长度

— 中径公差带代号为 5 g，顶径公差带代号为 6 g

— 左旋

— 细牙，螺距为 1.5 mm

— 公称直径 20 mm

— 普通螺纹

螺纹的特征代号见表 9-1。

表 9 - 1　螺纹特征代号表

螺 纹 类 别		特 征 代 号
普通螺纹		M
小 螺 纹		S
梯形螺纹		Tr
锯齿形螺纹		B
60°圆锥管螺纹		NPT
55°非密封管螺纹		G
55°密封管螺纹	圆锥外螺纹	R1 或 R2
	圆锥内螺纹	R_C
	圆柱内螺纹	R_P

做一做：请识读标记 M27×1.5 - 6 g 和 G1/4。

M27×1.5 - 6 g 表示 _____。

G1/4 表示 _____。

💡 **小提示**

在螺纹标记中：粗牙螺纹不注螺距，右旋不注旋向，中径和顶径公差带代号相同时只注一次，旋合长度分三组：长(L)、短(S)、中等(N)，中等旋合长度可省略不注。

(2) 常用螺纹及螺纹副的标注示例

常用螺纹及螺纹副的标注示例见表 9 - 2。

表 9 - 2　常用螺纹及螺纹副的标注示例

标注内容	图样标注示例	说明
公称直径以 mm 为单位的螺纹标记	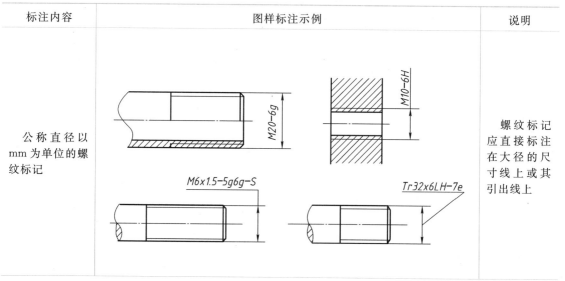	螺纹标记应直接标注在大径的尺寸线上或其引出线上

标注内容	图样标注示例	说明
管螺纹的标记	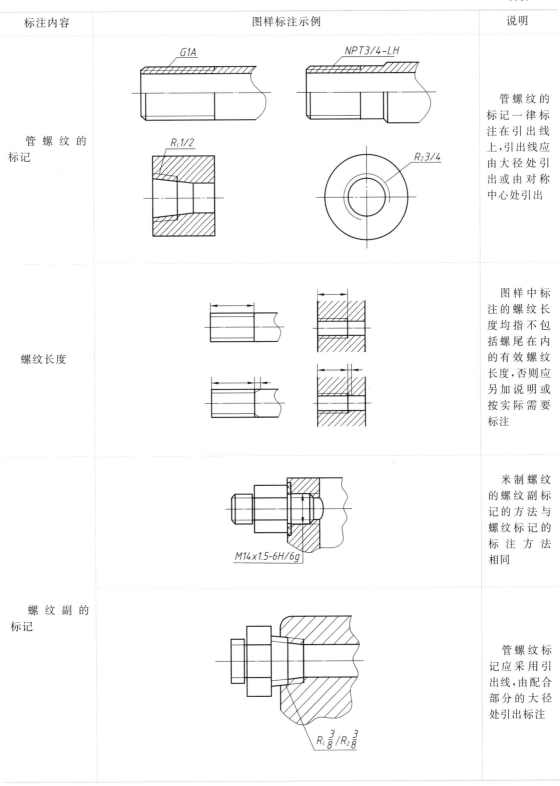	管螺纹的标记一律标注在引出线上,引出线应由大径处引出或由对称中心处引出
螺纹长度		图样中标注的螺纹长度均指不包括螺尾在内的有效螺纹长度,否则应另加说明或按实际需要标注
螺纹副的标记		米制螺纹的螺纹副标记的方法与螺纹标记的标注方法相同 管螺纹标记应采用引出线,由配合部分的大径处引出标注

二、计划与实施

做一做：识读图 9 - 1 泵体零件图的标题栏，填写表 9 - 3。

表 9 - 3　看泵体零件图的标题栏

零件名称	
材料	
绘图比例	

2　箱体类零件的结构形状比较复杂，零件上常有轴孔、结合面、螺孔、销孔、凸台、凹坑等结构。图 9 - 1 所示泵体零件图采用了哪些剖视方法表达它的内、外部结构？请识读泵体零件的视图，构想泵体的结构形状。

1. 泵体零件的视图表达

想一想：识读图 9 - 1 泵体的零件图，分析泵体零件的各个视图分别采用了什么表达方法？

_____

2. 分析泵体的视图

表达泵体零件共采用了_____个视图。

（1）主视图

主视图是一组视图的核心，分析泵体零件的视图应先从主视图开始。

想一想：观察图 9 - 1 泵体零件图，分析其主视图选择的依据。

如图 9 - 13 所示，泵体是由上部空腔壳体、支承部分和底板三部分组成的。主视图的选择符

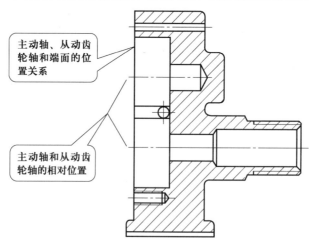

主动轴、从动齿轮轴和端面的位置关系

主动轴和从动齿轮轴的相对位置

图 9 - 13　泵体的主视图

合工作位置原则,表达清楚了主动轴和从动齿轮轴的相对位置关系和两轴孔与端面的相互位置关系,同时将泵盖六个 M6 的螺纹孔和两个 φ6 的销孔的内部结构清楚地表达出来。

仅仅分析泵体的主视图还不能构想出泵体的整体形状和结构,因此还需要分析其他视图。

（2）左视图

（3）其他视图

3. 泵体的结构形状

通过以上视图分析可知,由上部空腔壳体、支承部分和底板三部分叠加而成的泵体零件的结构形状如图 9－14 所示。

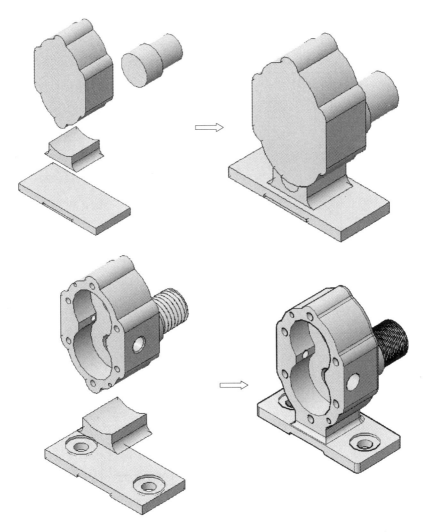

图 9－14 泵体轴测图

4. 泵体零件的工艺结构

想一想：观察图 9 - 15 泵体底板轴测图,分析底板下表面凹槽和锪平孔的结构形状。

零件的形状结构除了满足其功能要求外,还应符合制造和加工工艺方面的要求。泵体零件毛坯为铸件,为避免加工困难或产生废品,在设计零件、绘制泵体零件图时应考虑铸造工艺结构。

铸造工艺结构包括:壁厚、圆角、起模斜度、凸台和凹坑等,具体见表 9 - 4。

图 9 - 15　泵体底板轴测图

表 9 - 4　铸造工艺结构

结构名称	不合理结构	合理结构	说明
铸件壁厚			铸件的壁厚应尽量均匀,以避免产生气孔、缩孔和裂纹
起模斜度			铸件应沿起模方向有一定的起模斜度,以便顺利地从砂型中取出木模
铸造圆角			铸件表面相交处做成铸造圆角,以避免铸件尖角处产生裂纹和缩孔
箱座零件底面上的凹槽			箱座零件底面的凹槽合理地减少了接触面积,可使箱座零件的底面在装配时接触良好
铸件上的凸台和凹坑			在零件的接触部位设置凸台或凹坑以减少加工面积,保证接触面的接触良好

如图 9 - 15 所示,泵体零件底板下表面的凹槽减少了接触面积,可使泵体零件的底面在装配时接触良好。

底板上的锪平孔减少了加工面积,保证底板与压紧件的良好接触。

泵体零件表面相交处做成铸造圆角,以避免铸件尖角处产生裂纹和缩孔。

3 由视图可以想象零件的结构形状,要进一步了解零件各部位结构的大小必须看尺寸标注。怎样看懂泵体零件图的尺寸呢?

从下面几个方面识读泵体零件图的尺寸。

1. 分析泵体零件的总体尺寸

泵体零件的总高尺寸是_____,总长尺寸是_____,总宽尺寸是_____。

2. 尺寸基准

观察图 9 - 16 齿轮油泵轴测图,分析图 9 - 1 泵体零件图,可以看出:泵体的端面是与泵盖的大端面相接触的,所以表面质量要求比较高,是长度方向的尺寸基准,由此标注出了 36、85、18、15 等尺寸。

泵体的结构前后对称,故选择_____为宽度方向的尺寸基准,由此标注出了 50±0.15、34、70、100 等尺寸。

泵体底板的下表面是装配基准面、工作基准面,也是主要的加工基准面。所以选底面为高度方向的尺寸基准,由此标注出了 8、44、61.5 等尺寸。

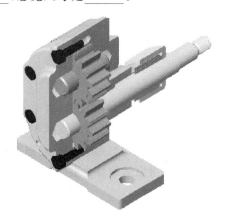

图 9 - 16　齿轮油泵轴测图

3. 主要尺寸

小提示

如图 9 - 5、图 9 - 16 以及图 9 - 1 所示,为保证齿轮油泵正常工作,两齿轮应很好地啮合,所以要求保证主动轴、从动齿轮轴的支承轴颈和泵体轴孔的合理配合;泵体空腔内壁与齿轮齿顶圆的合理配合;两齿轮轴的中心距离。

小提示

为使泵盖能够顺利地安装在泵体上,对螺纹孔间的距离在尺寸精度上有一定的要求,因此,需要保证的三个定位尺寸(装配尺寸)在泵体零件图中直接标注出来。

4. 其他尺寸

4 看泵体零件的技术要求,弄清楚零件的尺寸精度的高低,表面结构的好坏,零件表面的相互位置要求等,全面掌握泵体零件的精度和表面结构要求。

对零件图中的各项技术要求,如尺寸公差、几何公差、表面结构以及热处理等进行分析,力求对零件有一个正确全面的了解。

泵体零件的主要加工表面包括轴孔、空腔、大端面及底板下表面。

1. 请分析泵体零件主要尺寸的极限与配合

_____

_____

_____

_____

_____

齿轮油泵工作时,主动轴、从动齿轮轴在泵体的轴孔中自由转动;齿轮在泵体空腔内自由转动,则从动齿轮轴、主动轴的支承轴颈与泵体轴孔之间。齿轮齿顶圆与泵体空腔的配合应选用_____(过渡配合\过盈配合\间隙配合)。

2. 请分析泵体零件主要加工表面的表面结构

_____

_____

做一做:为保证齿轮油泵工作时油在泵体空腔内的流动顺畅,泵体空腔内表面的表面结构是_____。

泵体主动轴轴孔中,孔径为 $\phi15^{+0.027}_{0}$ 是主要的支承孔,孔径为 $\phi20^{+0.033}_{0}$ 是非主要的支承孔,因此 $\phi15^{+0.027}_{0}$ 孔内表面的表面结构较高为_____。

3. 几何公差

想一想:看图 9-1 泵体零件图,分析图中哪些结构有几何公差要求。

_____

_____

_____

做一做:

| // | ∅0.015 | A | 表示_____ 。

| // | 0.02 | B | 表示_____ 。

4. 其他技术要求

_____

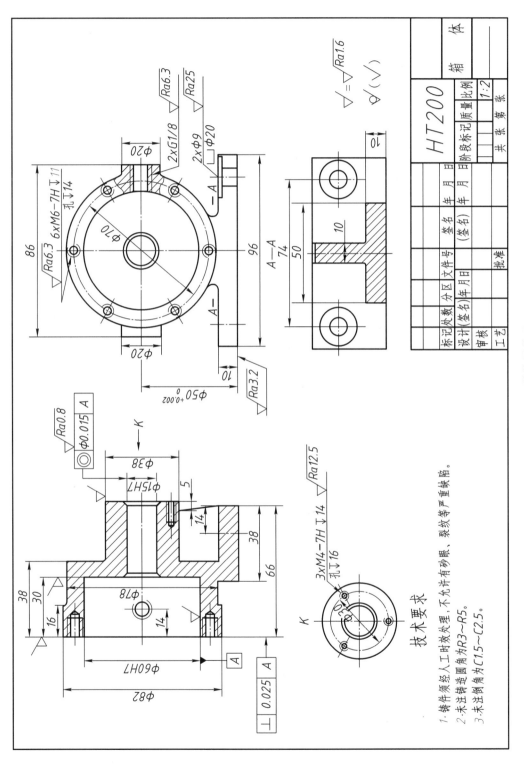

图 9−17　箱体零件图

_____

_____

_____

　　通过以上分析可知,箱体零件的形状结构比较复杂,选择主视图一般综合考虑加工位置和结构形状的原则。通常要用多个基本视图,再加其他辅助视图,才能清楚、完整地表达箱体零件。

三、评价反馈

5 测一测

拟定识读图 9-17 箱体零件图的步骤并实施,填写表 9-5。

表 9-5

步骤一	看标题栏,了解零件的名称、材料、绘图比例和用途等
步骤二	
步骤三	
步骤四	

6 议一议

(1)通过本学习任务的学习,你能否做到以下几点:

1)基本掌握局部剖视图的画法及其标注方法。

能 □　　　　不确定 □　　　　不能 □

2)识读零件上常见工艺结构的图例。

能 □　　　　不确定 □　　　　不能 □

3)识读螺纹的规定画法和标注形式。

能 □　　　　不确定 □　　　　不能 □

4)构想出泵体的结构形状。

能 □　　　　不确定 □　　　　不能 □

5)识读泵体零件图的尺寸标注。

能 □　　　　不确定 □　　　　不能 □

6)识读泵体零件图的技术要求。

能 □　　　　不确定 □　　　　不能 □

(2)工作页的填写:

1)能独立完成的任务:_____

2)与他人合作完成的任务:_____

3）在教师指导下完成的任务：_____

（3）你对本次任务学习的建议：

签名：_____　　____年___月___日

学习任务 10　主动轴零件图的绘制

学习目标

完成本学习任务后,应当能:

1. 叙述断面图、局部放大图的画法及其标注方法;
2. 查阅相关资料,识读键、销、轴承的型式、标准及标记;
3. 识读轴套类零件的机械加工工艺结构;
4. 合理选择视图表达轴类零件的结构形状;
5. 在教师指导下,合理标注轴类零件的尺寸;
6. 查阅相关资料,识读轴类零件的技术要求;
7. 在教师指导下,绘制出齿轮油泵主动轴的零件图。

建议完成本学习任务用 12 学时。

内容结构

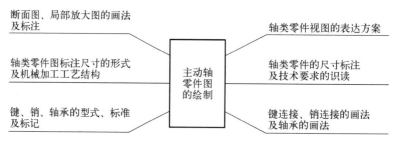

学习任务描述

轴类零件是一种在实际生产中常见的零件。请根据图 10 - 1 所示齿轮油泵主动轴零件的轴测图和图 10－2 所示齿轮油泵轴测装配图,合理选择主动轴零件的表达方案,绘制该主动轴的零件图。

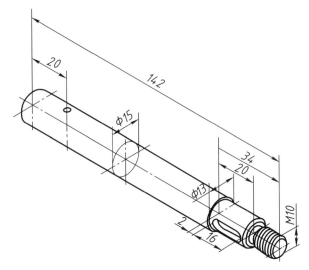

图 10－1　主动轴零件的轴测图

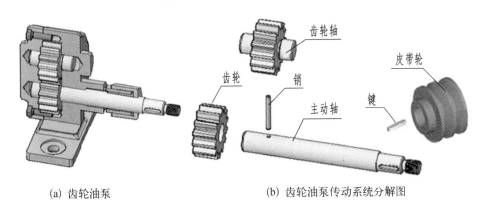

(a) 齿轮油泵　　　　　　　　(b) 齿轮油泵传动系统分解图

图 10－2　齿轮油泵轴测装配图

轴套类零件包括轴、杆、轴套、衬套等。轴是用来支承和传递动力的,轴套一般装在轴上或机体的孔中,用于定位、支承、导向和保护传动零件。

一、学习准备

1　主动轴是齿轮油泵中的主要零件之一,它在齿轮油泵中是怎样与相关零件连接的? 国家制图标准对连接件规定了哪些特殊表示法?

观察图 10－2,请找出与主动轴连接的相关零件,并分析主动轴在齿轮油泵中的作用。

图 10－2 中外界动力带动带轮转动,主动轴的右端通过_____将带轮与轴连接,带动主动轴转动;而主动轴的左端通过_____与齿轮连接,从而使主动轴带动齿轮转动,再经过齿轮的啮合带动从动齿轮轴转动,进行工作,通过两齿轮的啮合传动将油从进口吸入,从出口排出。

1. 键连接

（1）键的功用

图 10-3 中将键嵌入轴上的键槽内,再把带轮装在轴上,当轴转动时通过键连接使带轮与轴一起转动,达到传递动力的目的。可见,键主要用来连接轴和轴上的传动件(如齿轮、带轮等),并通过它来传递转矩。

（2）常用键及其标记

常用键有普通平键、半圆键和钩头楔键(图 10-4)等,普通平键分为 A 型、B 型、C 型三种(图 10-4a)。常用键的型式和标记见表 10-1。

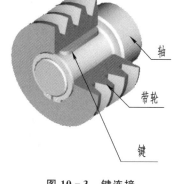

图 10-3　键连接

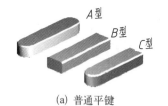

(a) 普通平键

(b) 半圆键

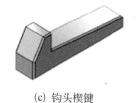

(c) 钩头楔键

图 10-4　常用的键

表 10-1　键的型式、标准、画法及标记

名称	图例	标记示例
普通型平键 (GB/T 1096—2003)		$b = 18$ mm, $h = 11$ mm, $L = 100$ mm 的普通型　平键(A 型): GB/T 1096　键　$18 \times 11 \times 100$
		$b = 18$ mm, $h = 11$ mm, $L = 100$ mm 的普通型　平键(B 型): GB/T 1096　键　B18 $\times 11 \times 100$
半圆键 (GB/T 1099.1—2003)		$b = 6$ mm, $h = 10$ mm, $D = 25$ mm 的半圆键: GB/T 1099.1　键　$6 \times 10 \times 25$
钩头楔键 (GB/T 1565—2003)		$b = 18$ mm, $h = 11$ mm, $L = 100$ mm 的钩头楔键: GB/T 1565　键　18×100

做一做：在图 10-3 中轴与带轮的连接采用的是哪一种键？＿＿＿＿＿＿＿＿（普通平键 A型、B 型、C 型/半圆键/钩头楔键）

想一想：在图 10-2 中主动轴与带轮采用的是普通平键（A 型）进行连接，那么如何确定主动轴上键槽的尺寸呢？

（3）常用键连接的画法

键是标准件，键的尺寸已标准化，所以键和键槽的尺寸可根据轴径和键的型式从有关国家标准中查得。

1）普通平键连接的画法（图 10-5）

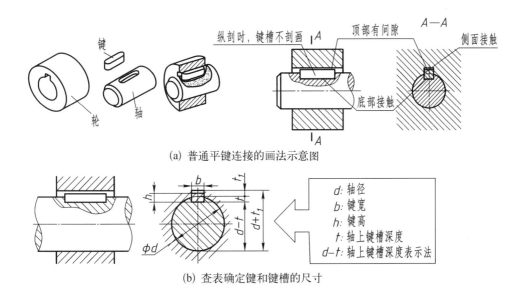

(a) 普通平键连接的画法示意图

(b) 查表确定键和键槽的尺寸

图 10-5　普通平键连接的画法

由图 10-1 可知，主动轴上开有键槽部分的轴段直径 d 为 13 mm，参考图 10-5b 从附表 17 中可查到键和键槽的主要尺寸分别为：$b=5$ mm，$h=5$ mm，$t=3$ mm，则 $d-t=10$ mm，根据键与键槽配合的松紧程度选择尺寸公差为：$5_{-0.030}^{0}$，$3.0_{0}^{+0.1}$，$10.0_{0}^{+0.1}$。键的长度 L 为 10～56 mm，图 10-1 中取 L 为 16 mm。

小提示

如图 10-5a 所示，绘制键连接时注意：

（1）键的两侧面是工作面，键侧面与轴、轮毂上的键槽侧面接触无间隙。

（2）键的底面与轴接触无间隙，键的顶面与轮毂上的键槽之间有间隙。

（3）当剖切平面通过键的纵向对称面时，键按不剖绘制；当垂直于轴线横向剖切时，键应绘出剖面线。

（4）键的倒角和倒圆可省略不画。

2) 半圆键连接画法(图 10 - 6a)和钩头楔键连接画法(图 10 - 6b)

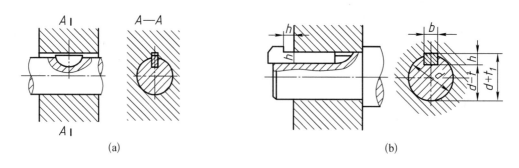

(a)　　　　　　　　　　　　(b)

图 10 - 6　半圆键连接画法和钩头楔键连接画法

2. 断面图

想一想:参考图 10 - 5,根据上述确定的主动轴上键槽的尺寸,怎样用视图表达出图 10 - 1 中轴上键槽的结构?

(1)断面图的形成

在图 10 - 7 所示主视图中已将键槽的形状和位置、键槽的宽度和长度都表达清楚了,但是键槽的深度却没有反映出来。图 10 - 7a 中在键槽处用垂直于轴线的切平面将主动轴切断,投射得出图 10 - 7b 和图 10 - 7c。

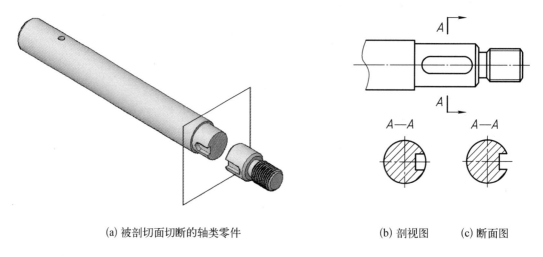

(a) 被剖切面切断的轴类零件　　　　　　(b) 剖视图　　(c) 断面图

图 10 - 7　采用视图表达键槽的深度

做一做:比较图 10 - 7b 与图 10 - 7c 有什么不同:_____

虽然图 10 - 7b 与图 10 - 7c 都表明了键槽的深度,但是图 10 - 7b 的剖视图重复地表达了不需要再表达的结构;图 10 - 7c 则仅仅只画出了断面的形状,重点突出,简洁明了地表示了键槽的深度和宽度,同时也便于标注尺寸。

在图 10 - 7c 中假想用剖切面将机件的某处切断,仅画出该剖切面与机件接触部分的图形,则此图称为断面图,简称断面。

196

做一做：请比较断面图与剖视图的区别：

断面图：仅画出机件被_____图形。

剖视图：除画_____图形外,还必须画出_____。

小提示

　　断面图通常用来表示物体上某一局部的断面形状,如零件上的肋板、轮辐,轴上的键槽和孔等。

　　(2)断面图的分类、画法及标注

想一想：在图10-7中断面图与视图之间的相互位置应如何配置?

　　根据断面图配置位置的不同,国家标准将断面图分为移出断面图和重合断面图两种。

　　1)移出断面图

　　如图10-7、图10-8所示,画在视图轮廓之外的断面称为移出断面图。

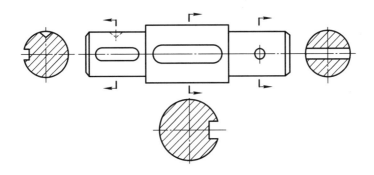

图 10-8　移出断面画法(一)

　　① 移出断面图的画法

　　移出断面图的轮廓线规定用粗实线绘制,并尽量配置在剖切符号的延长线上,也可画在其他适当位置,如图10-8所示。

小提示

　　绘制断面图要注意以下几点:

　　(1)当剖切平面通过回转面形成的圆孔或凹坑的轴线时,这些结构按剖视图绘制,如图10-8、图10-9所示。

　　(2)当剖切平面通过非圆孔,若按断面图绘制会导致出现完全分离的两个断面时,则这些结构应按剖视图绘制,如图10-10所示。

　　(3)由两个或多个相交的剖切平面剖切得到的移出断面,中间一般应断开,如图10-11所示。

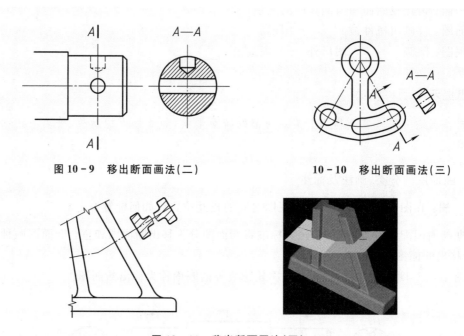

图 10-9 移出断面画法(二)　　　　　　10-10 移出断面画法(三)

图 10-11 移出断面画法(四)

② 移出断面图的标注

移出断面一般用剖切符号表示剖切的起止位置,用箭头表示投射方向,并标注上大写拉丁字母,在断面图的上方用同样的字母标出相应的名称"×—×"。

Ⅰ.配置在剖切符号的延长线上的不对称移出断面可省略名称(字母),若对称可不标注,如图 10-12b、c。

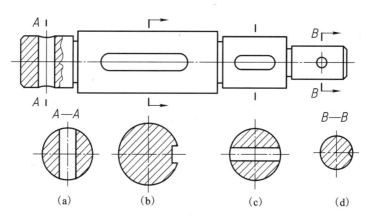

(a)　　　　　(b)　　　　　(c)　　　　　(d)

图 10-12 移出断面图的标注

Ⅱ.不配置在剖切符号的延长线上的对称移出断面可省略箭头,如图 10-12a。

Ⅲ.其余情况必须全部标注,如图 10-12d。

2)重合断面图——画在视图轮廓之内的断面图

小提示

只有在断面形状简单且不影响图形清晰的情况下,才采用重合断面图。

① 重合断面图的画法

重合断面图的轮廓线用细实线绘制。当视图中的轮廓线与重合断面的图形重叠时,视图中的轮廓线仍应连续画出,不可间断,如图 10－13 所示。

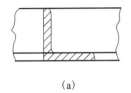
(a)
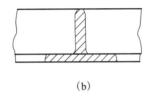
(b)
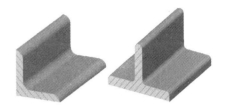

图 10－13 断面图的画法及标注

② 重合断面图的标注

Ⅰ. 不对称的重合断面可省略标注,如图 10－13a 所示。

Ⅱ. 对称的重合断面图及配置在视图中断处的对称的移出断面图不必标注,如图 10－13b 所示。

做一做:图 10－14 中采用的是_____(移出/重合)断面图。根据前述查表所确定的图 10－1 中的主动轴上键槽的尺寸,参考图 10－5 在图 10－14 中完成键槽尺寸的标注。

3. 销连接

(1) 销的功用

在图 10－15 所示齿轮油泵中通过销将齿轮与主动轴连接、定位。销在机器中主要用于零件之间的连接、定位或防松。

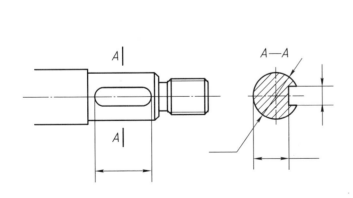

图 10－14 主动轴上键槽尺寸的标注

图 10－15 销连接

常见的有圆柱销、圆锥销和开口销等。销是标准件,在使用和绘图时可根据有关标准选用和绘制。

（2）销的型式、画法及标记(表 10 - 2)

表 10 - 2　常见销的型式、标准、画法及标记

名称	图例	标记示例
圆柱销 (GB/T 119.1—2000)	≈15°　c　c　l　d	公称直径 $d = 5$ mm，公差为 m6，公称长度 $l = 18$ mm，材料为钢、不经淬火、不经表面处理的圆柱销： 销　GB/T 119.1　5m6×18
圆锥销 (GB/T 117—2000)	1:50　r_2　d　r_1　a　l　a	公称直径 $d = 10$ mm，公称长度 $l = 60$ mm，材料为 35 钢，热处理硬度为 28～38 HRC，表面氧化处理的 A 型圆锥销： 销 GB/T 117　10×60
开口销 (GB/T 91—2000)	b　l　a　c　d	公称直径为 5 mm，公称长度 $l = 50$ mm，材料为 Q215 或 Q235、不经表面处理的开口销： 销　GB/T 91　5×50

（3）销连接的画法(图 10 - 16)

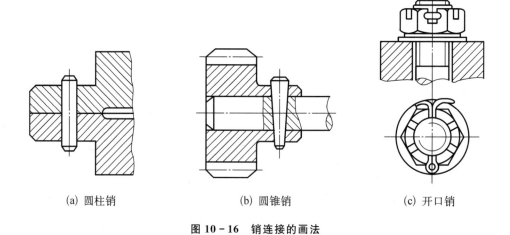

(a) 圆柱销　　　　(b) 圆锥销　　　　(c) 开口销

图 10 - 16　销连接的画法

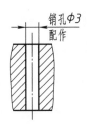

小提示

　　用销连接(或定位)的两个零件,它们的销孔一般是在装配时同时加工的,以保证相互位置的准确性。因此在零件图上标注销孔尺寸时应注明"配作"字样,如图 10-17 所示。

图 10-17　销孔的尺寸标注

二、计划与实施

2　在绘制主动轴零件图时需选用一组视图合理地表达主动轴各部分的结构和内外形状。请分析主动轴零件的视图表达方案。

1. 分析主动轴的结构

想一想:图 10-1 所示的主动轴零件在结构上有哪些特点?

　　从图 10-1 中可知,主动轴的主体结构是由 $\phi15$、$\phi13$ 等直径不同的回转体组成的,构成阶梯状。主动轴上的局部结构包括:左端有与轴线相交成 90°的圆柱销孔 $\phi3$,轴的中间有轴肩、平键键槽,右端有螺纹 M10 等,如图 10-18 所示。

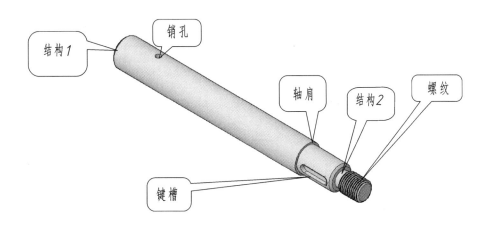

图 10-18　主动轴的结构

想一想:图 10-18 中,主动轴上的结构 1 和结构 2 是什么? 这些结构有什么作用?

　　从零件制造、加工、测量、装配等方面考虑,倒角(图 10-18 中的结构 1)和倒圆、退刀槽(图 10-18中的结构 2)以及砂轮越程槽是金属切削加工工艺对轴类零件结构的要求。

　　(1) 倒角和倒圆(图 10-19)

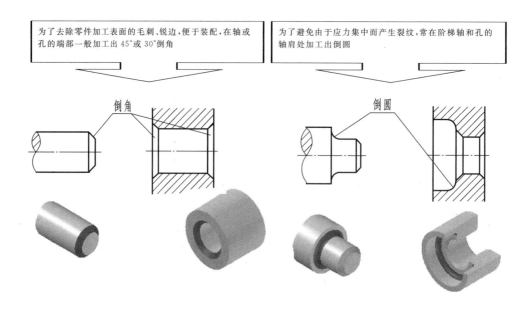

为了去除零件加工表面的毛刺、锐边，便于装配，在轴或孔的端部一般加工出 45°或 30°倒角

为了避免由于应力集中而产生裂纹，常在阶梯轴和孔的轴肩处加工出倒圆

倒角

倒圆

图 10-19　倒角和倒圆

（2）退刀槽和砂轮越程槽（图 10-20）

在切削加工中（主要是车制螺纹或磨削），为了便于退出刀具或使砂轮可稍微越过加工面，常在被加工面的轴肩处预先加工出退刀槽或砂轮越程槽

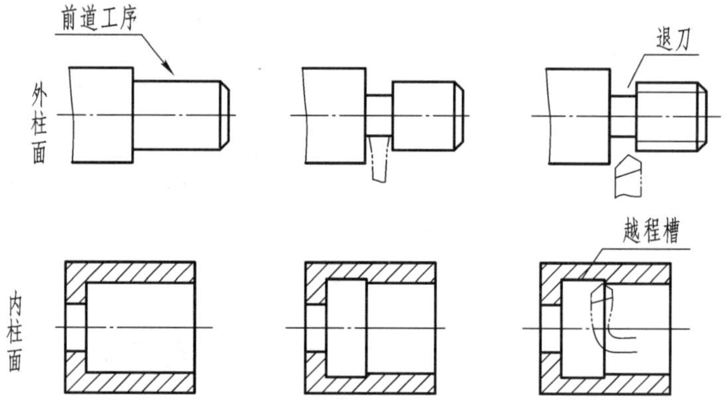

前道工序

退刀

外柱面

越程槽

内柱面

图 10-20　退刀槽和砂轮越程槽

💡小提示

　　倒角尺寸与倒圆半径尺寸可查阅 GB 6403.4—2008。退刀槽的尺寸与砂轮越程槽的尺寸可查阅 GB 6403.5—2008。零件上常见的倒角、退刀槽的尺寸注法如表 10-3 所示。

表 10-3 零件上常见结构——倒角、退刀槽的尺寸注法

结构名称	尺寸标注方法	说　明
倒角	C2　　　C2　　30°　2 （上排） C2　　C2　　30° 2 （下排）	一般 45°倒角按"C 宽度"注出。30°或 60°倒角应分别注出宽度和角度
退刀槽	2×φ8　　2×1　　2×1	一般按"槽宽×槽深"或"槽宽×直径"注出

　　主动轴零件属于轴套类零件,这类零件通常由几段不同直径的同轴回转体组成,大多数轴的长度大于它们的直径,如图 10-21 所示。

图 10-21　轴套类零件

2. 主动轴结构的视图表达

（1）选择主动轴的主视图

在图 10-22 中轴类零件的主要加工方法是车削和磨削。

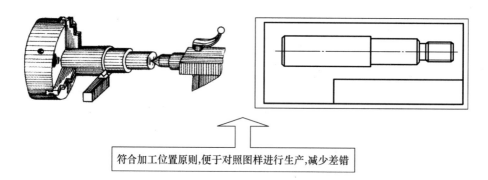

符合加工位置原则,便于对照图样进行生产,减少差错

图 10-22　主动轴按加工位置原则选择主视图

想一想:如果主视图所表示的零件位置与加工位置一致,则对生产工人有什么好处?

小词典

加工位置原则:主视图所表示的零件位置与零件的主要加工位置一致。

根据加工位置原则,主动轴零件的主视图应使其轴线水平放置,以便于加工看图。

想一想:图 10-23 中主视图按轴线水平放置,比较 A、B 两个投射方向哪一个作为主视图投射方向更合适。

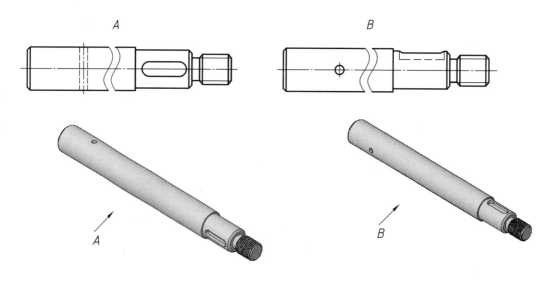

图 10-23　主动轴按形状特征原则选择主视图

在图 10-23 中,虽然 A、B 向视图都能表达主动轴上各阶梯长度和各种结构的轴向位置,但是 A 向视图更能反映键槽的形状特征,所以选择 A 向作为主视图的投射方向。综合考虑零件的加工位置原则和形状特征原则,选择主动轴的主视图如图 10-23 中 A 向视图所示。

小词典

选择主视图的步骤和原则：

1）选择主视图的投射方向：按照"形状特征原则"确定主视图投射方向。

2）选择主视图在图样上安放的位置：主视图投射方向确定后，还需确定主视图的安放位置。一般可按下列原则考虑：

① 工作位置原则：即按零件在机器中工作时的位置选择主视图，以便于画图和读图。

② 加工位置原则：即按零件在机床上进行加工时主要加工工序的位置，或加工前在毛坯划线时的位置选择主视图，以便于工人对照图样进行生产。

（2）选择其他视图表达主动轴的局部结构

想一想： 图10-23中所选择的主动轴主视图是否已将零件的内外结构形状都表达清楚了？还有哪些结构没有表达清楚？怎样尽可能采用最少的视图数目来表达这些结构？

观察图10-23所示主动轴零件的主视图（A向），它反映了该零件的基本形状，但是还有销孔、键槽、螺纹退刀槽的形状结构没有表达完全，因此需要适当地选择其他视图来将该零件表达清楚，如表10-4所示。

表 10-4 主动轴局部结构的视图选择

局部结构	视图表达	选择的视图名称
销孔		为表达销孔结构，采用将主视图画成_____（全剖/半剖/局部）剖视图的表达方案
键槽		主视图未将键槽的深度表达清楚，单独画出一个_____图来表达键槽

续表

局部结构	视图表达	选择的视图名称
退刀槽	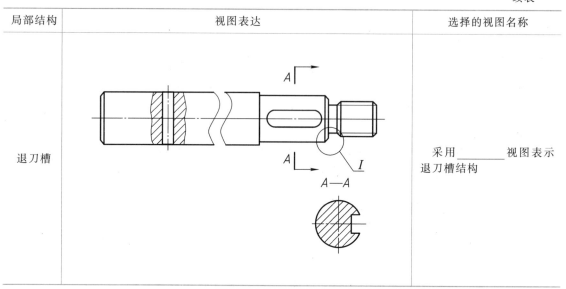	采用_____视图表示退刀槽结构

想一想：表10-4中所示的退刀槽相对于主动轴属于局部细小结构,在主视图中难以确切地表达清楚且不便于标注尺寸,能否将该部分结构局部放大绘制?

小词典

局部放大图：当机件的一些局部细小结构在原图形中难以表达清楚或不便于标注尺寸时,国家标准规定可以将这些结构用大于原图形所采用的比例画出。

图10-24中有两处采用局部放大图表达细小结构。

局部放大图的画法及标注：

① 局部放大图可以画成视图、剖视图或断面图,它与被放大部分在原图中的表达方法无关,如图10-24所示。局部放大图应尽量配置在被放大部位的附近。

② 局部放大图上被放大部位的范围用波浪线表示,在原视图中用细实线圈出被放大部位;局部放大图的投射方向应与被放大部位的投射方向一致,如图10-24所示。

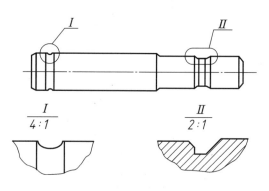

图10-24 局部放大图

③ 当机件上有几个被放大部位时,必须用罗马数字和指引线依次标明被放大的部位,并在局部放大图上方正中位置注出相应的罗马数字和所采用的比例(罗马数字和比例之间的横线用细实线画出,前者写在横线之上,后者写在横线之下),如图10-24中的 I、II 处所示。

④ 当机件上仅有一个需要放大的部位时不必编号,只需在被放大部位画圈,并在局部放大图的上方正中位置注明所采用的比例,如图 10-25 所示。

⑤ 对于同一机件上不同部位的局部放大图,当图形相同或对称时,只需画出其中的一个。

做一做:请查阅相关手册,选择合适的比例,画出退刀槽局部放大图并标注。

在图 10-25 中通过采用一个局部剖的主视图、一个移出断面图和一个局部放大图可将主动轴零件的结构形状表达清楚。

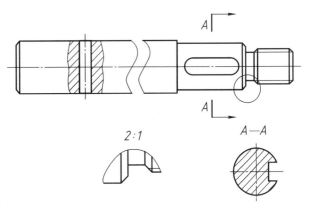

图 10-25　采用局部放大图表达退刀槽

 想一想:如何选择轴类零件的视图表达方案?

确定了零件的视图表达方案后,可以按照表 10-5 所示步骤绘制主动轴的零件图。

表 10-5　绘制零件图的步骤

步骤	内　　容
1	定图幅:根据视图数量和大小选择适当的绘图比例,确定图幅大小
2	画出图框和标题栏
3	布置视图:根据各视图的轮廓尺寸画出确定各视图位置的基线,各视图之间要留出标注尺寸的位置
4	画底稿:按投影关系逐个画出各个形体
5	加深:检查无误后加深并画剖面线
6	标注尺寸,注写技术要求,填写标题栏

3 根据主动轴在齿轮油泵中的位置和作用,分析主动轴各部分结构的尺寸,明确哪些是重要尺寸,哪些是非重要尺寸,在主动轴视图上正确、合理地标注尺寸和注写技术要求。

1. 确定尺寸基准

轴类零件的主要尺寸是表示直径大小的径向尺寸(高、宽尺寸)和表示各段长度的轴向尺寸(长度尺寸)。轴类零件的轴向尺寸根据零件的作用和装配要求选择重要定位面(轴肩或端面)作为主要尺寸基准。

 想一想:如何选择主动轴的尺寸基准?

图 10-26 中主动轴的各圆柱面应同轴,以保证其与相应孔的配合精度,径向尺寸选择以轴线为设计基准。由于加工时要求轴线与车床主轴的轴线同轴,所以轴线也是工艺基准。

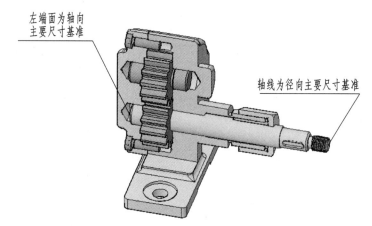

图 10-26 尺寸基准的选择

销孔的中心根据主动轴的左端面来确定,因此左端面是轴向尺寸的设计基准(主要尺寸基准)。

2. 标注尺寸、注写技术要求

1)选择标注尺寸的形式

确定了尺寸基准后,从基准出发进行尺寸标注。尺寸标注的形式有三种,见表 10-6。

表 10-6 标注尺寸的形式

尺寸标注形式	标注示例	标注特点
链式:零件同一方向的几个尺寸依次首尾相连		可保证各端尺寸的精度要求,但由于基准依次推移使各段尺寸的位置误差受到影响
坐标式:零件同一方向的几个尺寸由同一基准出发		能保证所注尺寸误差的精度要求,各段尺寸精度互不影响,不产生位置误差积累
综合式:零件同方向尺寸标注既有链状式又有坐标式标注		能灵活地适用于零件各部分结构对尺寸精度的不同要求,在尺寸标注中应用最广泛。如右端尺寸 20 是从辅助基准 2 标注的,因为该部分在齿轮油泵中要与带轮配合

想一想： 主动轴视图尺寸的标注应选择上述哪一种形式？_____（链式/坐标式/综合式）

2）标注轴类零件尺寸时须注意的一些问题

除恰当地选择尺寸基准、分清尺寸的重要性之外，在标注尺寸时还应注意以下几个问题：

① 避免标注成封闭尺寸链

零件图中，如在同一方向有几个尺寸构成封闭尺寸链时，则应选取其中不重要的一环作为开口环，不要标注其尺寸。

图 10-27 中_____（a/b）图为封闭尺寸链，是错误的。

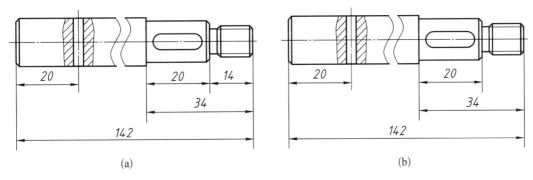

图 10-27　避免构成封闭尺寸链

图 10-27a 中长度方向的尺寸 14、20 首尾相接，与尺寸 34 构成一个封闭的尺寸链。由于加工时尺寸 14、20 都会产生误差，这样所有的误差都会积累到尺寸 34 上，不能保证尺寸 34 的精度要求。正确的标注如图10-27b所示，由于尺寸 14 为主动轴上伸出端螺纹部分的尺寸，功能上属于次要轴段，所以将尺寸 14 去掉。

② 尽量符合加工顺序

保证所注尺寸为加工时用到的尺寸，这样便于加工和测量。在图 10-28 中标注主动轴的轴

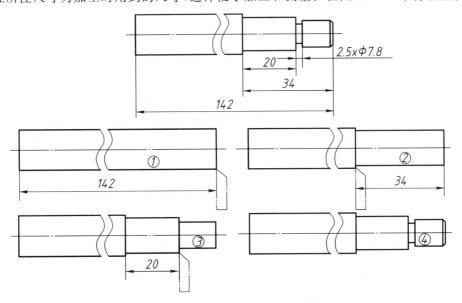

图 10-28　按加工顺序标注尺寸

向尺寸时,应考虑各轴段外圆的加工顺序,按照加工过程注出尺寸。其中尺寸 20 为与带轮配合的尺寸,从零件各部分的功能考虑为重要尺寸,所以必须直接标注。

③ 为了方便不同工种的工人识图,由不同工种加工的尺寸应尽量分开标注,以利于加工时查找方便。图 10 - 29 中主动轴上的键槽是在铣床上加工的,标注键槽尺寸应与其他车削加工尺寸分开。图中将键槽长度尺寸及其定位尺寸标注在主视图的上方,车削加工的各段长度尺寸标注在下方,键槽的宽度和深度集中标注在断面图上,这样配置尺寸清晰易找,加工时看图方便。

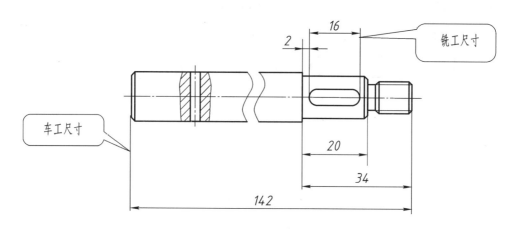

图 10 - 29   不同工种加工的尺寸应尽量分开标注

3) 根据主动轴在齿轮油泵中的位置和装配要求,在主动轴视图上标注尺寸并注写技术要求

 小提示

齿轮油泵属于一般传动机械,和水泵、减速器等一样,该类机械设备中的轴的尺寸公差和几何公差等级一般选用 IT7 级。

① 主动轴径向、轴向的尺寸标注。

图 10 - 30 中主动轴径向尺寸以轴线为基准,注出各轴段直径 $\phi15$、$\phi13$、M10。其中,$\phi15$ 轴段与泵盖、泵体支承孔相配合进行高速运转,采用基孔制间隙配合 H8/h7(装配图给出);$\phi13$ 轴段通过键与带轮连接,为了便于装配,留有很小的间隙,采用 H8/g7 的配合(装配图给出)。

轴向以主动轴左端面为主要尺寸基准,注出重要尺寸 20(销孔 $\phi3$ 的定位尺寸),总长尺寸 142;轴的右端面为轴向辅助基准 1,注出 34;$\phi15$ 轴段的右轴肩为轴向辅助基准 2,注出键槽的定位尺寸 2 和轴段长度尺寸 20。键槽长度 16 为轴向的重要尺寸,应直接注出。

② 其他结构的尺寸标注

图 10 - 30 中键槽的深度、宽度和尺寸公差由附录中的附表 17 查取,键槽的尺寸在断面图上

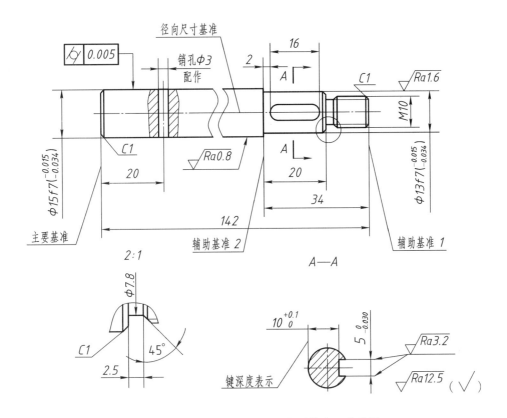

图 10-30　主动轴尺寸标注和相关技术要求注写

按规定标注。

退刀槽尺寸可通过查阅相关手册,在局部放大图上按规定标注。

主动轴左右两端倒角的标注如图 10-30 所示,此图中倒角的标注采用了简化标注。

③ 注写表面结构要求

图 10-30 中,两个 ϕ15 及 ϕ13 轴段与其他零件有配合要求,尺寸精度较高,均为 7 级公差,相应的表面结构要求也较严。由于 ϕ15 轴段与泵盖支承孔有相对运动,选择 Ra 值为 0.8 μm;ϕ13 轴段与带轮孔配合,但工作时与带轮没有相对运动,从经济角度来说,选择 Ra 值为 1.6 μm。由于键槽两侧为工作表面,与键配合在工作时无相对运动,选择 Ra 值为 3.2 μm。

其他非配合表面 Ra 值为 12.5 μm,标注时采用多个表面的简化注法。

④ 注写几何公差

在图 10-30 中根据 ϕ15 轴段在齿轮油泵中的安装和工作性能要求,该轴段必须标注圆柱度公差。根据尺寸公差等级查阅国家标准中有关几何公差的公差数值表,可知其圆柱度公差为 0.005 mm。

⑤ 对热处理、未注尺寸公差等要求采用文字进行说明

该轴整体进行调质处理,达到洛氏硬度 22~26 HRC,并去毛刺锐边,线性尺寸未注公差为 GB/T 1804。

做一做:请选择图幅,参看图 10-31,正确、完整地绘制主动轴的零件图。

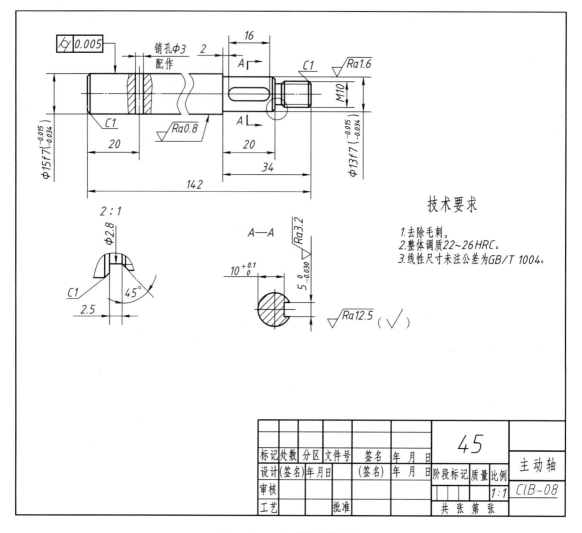

图 10 - 31　主动轴的零件图

4 在机器中滚动轴承是支承轴旋转的标准部件,国家制图标准对滚动轴承的类型、代号及画法有哪些规定?

图 10 - 32 所示滚动轴承具有摩擦力小、结构紧凑等特点,它可以大大减小轴与孔相对旋转时的摩擦力,因此得到了广泛的应用。

1. 滚动轴承的结构及类型

滚动轴承一般由内圈、外圈、滚动体、保持架四部分组成,如图 10 - 33 所示。

滚动轴承的分类方法很多,并且已标准化,可根据使用要求,查阅有关标准选用。滚动轴承按其承受载荷方向的不同可分为三类:

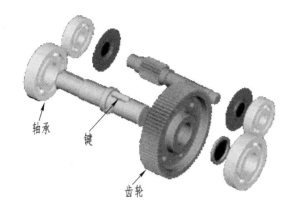

图 10 - 32   滚动轴承的应用

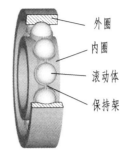

图 10 - 33   滚动轴承的结构

（1）向心轴承：主要承受径向载荷，如深沟球轴承（表 10 - 9）；

（2）推力轴承：主要承受轴向载荷，如推力球轴承（表 10 - 9）；

（3）向心推力轴承：同时承受径向和轴向载荷，如圆锥滚子轴承（表 10 - 9）。

2. 滚动轴承的代号

（1）滚动轴承代号的构成

为了便于设计、生产和选用，国家制图标准规定，一般用途的滚动轴承代号由基本代号、前置代号和后置代号构成，其排列顺序为：

$$\boxed{前置代号}—\boxed{基本代号}—\boxed{后置代号}$$

前置代号、后置代号是轴承在结构形状、尺寸、公差、技术要求等有改变时，在其基本代号左右添加的补充代号。补充代号的规定可由国家制图标准中查得。

（2）滚动轴承（滚针轴承除外）的基本代号

基本代号由轴承类型代号（表 10 - 7）、尺寸系列代号和内径代号（表 10 - 8）构成，如图 10 - 34所示。

表 10 - 7   滚动轴承类型代号

代号	轴承类型	代号	轴承类型
0	双列角接触球轴承	6	深沟球轴承
1	调心球轴承	7	角接触球轴承
2	调心滚子轴承和推力调心滚子轴承	8	推力圆柱滚子轴承
3	圆锥滚子轴承	N	圆柱滚子轴承（双列或多列用字母 NN 表示）
4	双列深沟球轴承	U	外球面球轴承
5	推力球轴承	QJ	四点接触球轴承

213

表 10-8　常用轴承内径代号

公称内径/mm		内径代号
10～17	10	00
	12	01
	15	02
	17	03
20～480（22、28、32 除外）		内径代号用公称内径除以 5 的商数表示,商数为个位数时需在商数左边加"0"

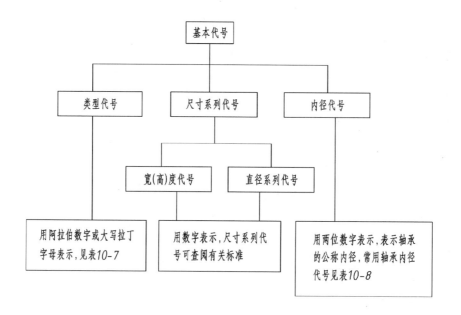

图 10-34　滚动轴承的基本代号

做一做：轴承基本代号"6208"表示什么含义?

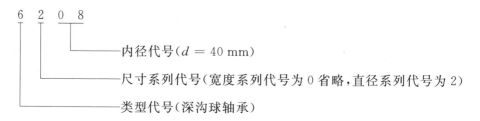

3. 滚动轴承的类型及画法

滚动轴承的画法（在装配图的剖视图中的画法）有简化画法和规定画法两种,见表 10-9。简化画法包括通用画法和特征画法,但在同一图样中一般只采用一种画法。

表 10 - 9　滚动轴承的类型及画法(摘自 GB/T 4459.7—1998)

类型	结构形式	简化画法		规定画法
		通用画法	特征画法	
深沟球轴承 (GB/T 276—1994) 6000 型				
推力球轴承 (GB/T 297—1994) 51000 型				
圆锥滚子轴承 (GB/T 301—1995) 30000 型				

 想一想：如何选用滚动轴承的画法？

小提示

(1) 当不需要表示滚动轴承的外形轮廓、载荷特性和结构特征时,采用通用画法;

(2) 当需要简便而又形象地表示滚动轴承的结构特征时,采用特征画法;

(3) 在滚动轴承的产品图样、产品样本及说明书等图样中,采用规定画法。

三、评价反馈

5 测一测

(1) 总结轴类零件的结构特点和轴类零件视图表达方案的选择原则。

_____

_____

(2) 总结轴套类零件尺寸标注的特点。

6 议一议

(1) 通过本学习任务的学习,你能否做到以下几点:

1) 叙述断面图、局部放大图的画法及其标注方法。

　　　　　　　能 □　　　　不确定 □　　　　不能 □

2) 正确、合理地标注轴类零件图的尺寸。

　　　　　　　能 □　　　　不确定 □　　　　不能 □

3) 正确绘制主动轴零件图。

　　　　　　　能 □　　　　不确定 □　　　　不能 □

4) 识读键连接、销连接、滚动轴承的标记、规定画法。

　　　　　　　能 □　　　　不确定 □　　　　不能 □

(2) 工作页的完成情况:

1) 能独立完成的任务:_____

_____

2) 与他人合作完成的任务:_____

_____

3) 在教师指导下完成的任务:_____

_____

(3) 你对本次任务学习的建议:

签名_____　　___年___月___日

学习任务 11　齿轮油泵装配图的识读

学习目标

完成本学习任务后,应当能:

1. 叙述装配图的作用和内容;
2. 知道装配图的规定画法和特殊画法;
3. 识读简单装配图的尺寸标注;
4. 识读装配图中零部件序号的编排方法、技术要求、明细栏和标题栏;
5. 在教师指导下,学会从装配图中拆画零件图的方法和步骤。

建议完成本学习任务用 10 学时。

内容结构

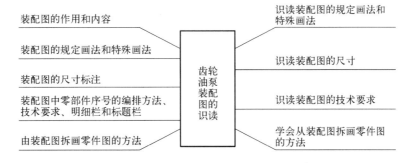

学习任务描述

图 11-1 为齿轮油泵的装配图,请按要求识读该部件装配图,并拆画填料压盖 6 的零件图。

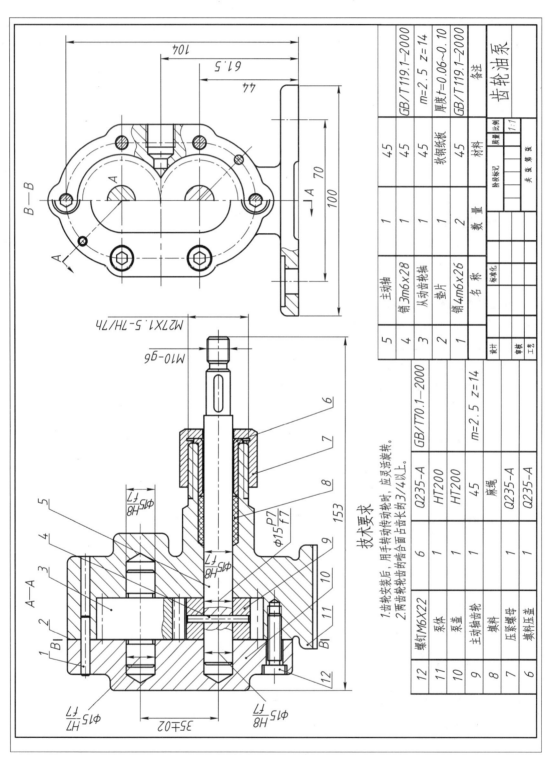

图 11 - 1 齿轮油泵装配图

在生产中经常要看装配图,装配图是表示机器或部件中零件间的相对位置、连接方式、装配关系的图样,是表达设计思想和进行技术交流的重要技术文件。通过读装配图能弄清机器(或部件)的性能、工作原理、装配关系、各零件的主要结构及装拆顺序等。

一、学习准备

1 齿轮油泵是一个结构完整的机械部件,由若干个机械零件装配而成。零件图只能表达单个机械零件,因此要表达整个齿轮油泵需要绘制其装配图。装配图的作用是什么? 一张表达机器或部件的装配图包含哪些内容?

1. 装配图的作用

由图 11 - 2 齿轮油泵的分解轴测图可以清楚直观地知道齿轮油泵的各个组成零件。由图 11 - 1 齿轮油泵的装配图则可以清楚了解齿轮油泵各零件之间的相对位置、连接方式和装配关系,以及该装配体的工作原理和技术要求等。

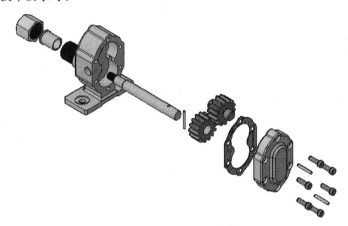

图 11 - 2　齿轮油泵的分解轴测图

小词典

装配图:表示机器或部件中零件间相对位置、连接方式、装配关系的图样。

在生产工作中经常要应用装配图这种重要技术文件。例如在设计过程中要按照装配图来设计零件,在装配机器时要按照装配图来安装零件或部件,在技术交流时还会通过参考阅读装配图来了解机器(或部件)的具体结构等。

由上述介绍可知,装配图是表达_____的图样。同时装配图也是安装、_____、_____的重要技术文件。

2. 装配图的内容

想一想:读图 11 - 1 齿轮油泵装配图,了解机器或部件的装配图应包含哪些内容?

一张完整的机器或部件的装配图应包含如下内容:

(1) 一组视图；

(2) 必要的尺寸；

(3) 技术要求；

(4) 零件序号、标题栏、明细栏。

2 装配图要正确、清楚地表达机器或部件的结构、零件之间的连接与装配关系,那么装配图的视图有哪些表达方法? 这些表达方法的画法有哪些规定?

想一想：图 11-3 齿轮油泵装配图中主视图、左视图采用了什么画法? 装配图的视图画法有哪些规定?

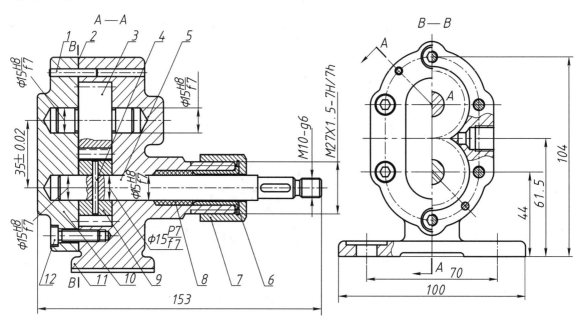

图 11-3 齿轮油泵装配图的视图分析

小提示

装配图视图表达的基本要求是必须清楚地表达装配体的工作原理、各零件间的装配关系及主要零件的基本形状。

在图 11-3 中齿轮油泵的主动齿轮部分和从动齿轮部分是其主要装配轴线。齿轮油泵的主视图以A—A为剖切平面,采用了全剖视图画法。左视图以 B—B 为剖切平面,采用了半剖视图画法。这样的视图表达能清楚反映出齿轮油泵中各零件的相对位置、连接方式、装配关系以及主要零件的形状特征。

做一做：请问哪些零件的形状特征在齿轮油泵主视图中能表达清楚?

1. 装配图画法的基本规定

（1）零件间接触面、配合面的画法

相邻两零件的接触面和公称尺寸相同的配合面只画一条线，如图 11-4 所示；不接触的表面和非配合表面即使间隙再小也应该画两条线，如图 11-5 所示。

做一做：指出图 11-3 齿轮油泵装配图中两处应用零件间接触面、配合面的画法的地方。

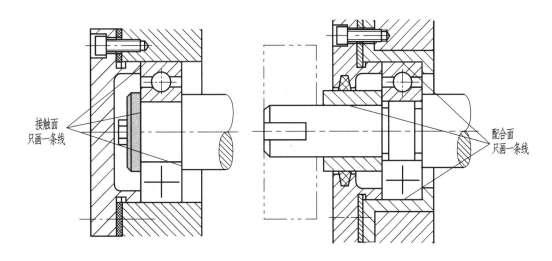

图 11-4　装配图中接触面和配合面的画法

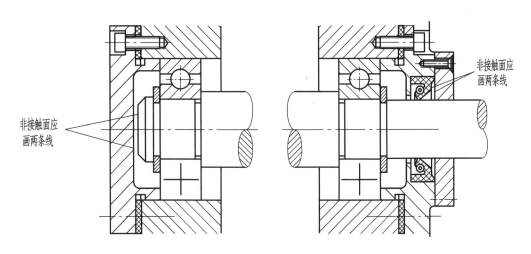

图 11-5　装配图中不接触面和非配合表面的画法

（2）剖面线画法

相邻两零件的剖面线的倾斜方向应相反，或者方向一致但剖面线的间隔不等；对于同一零件，在各个视图中其剖面线方向和间隔应相同；断面厚度在 2 mm 以下的图形允许以涂黑来代替剖面符号，如图 11-6 所示。

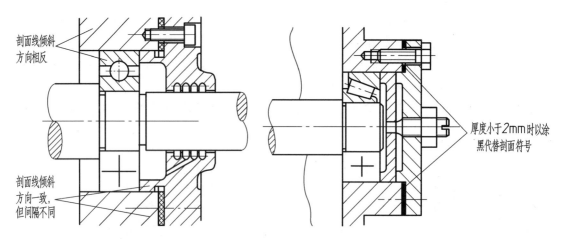

图 11-6　装配图中剖面符号的画法

做一做: 请问在图 11-3 齿轮油泵装配图的主视图中,哪些相邻的零件采用剖面线倾斜方向相反的画法? 哪些相邻的零件采用剖面线倾斜方向相同,但间隔不同的画法?

剖面线倾斜方向相反的零件:1. 泵体和 2. 泵盖 _____

_____

剖面线间隔不同的零件:_____

_____

（3）紧固件及实心零件的画法

在装配图中,对于紧固件及轴、球、手柄、键、连杆等实心零件,若沿纵向剖切且剖切平面通过其对称平面或轴线时,这些零件均按不剖绘制。如需表明零件的凹槽、键槽、销孔等结构可用局部剖视表示,如图 11-7 中所示的轴、螺钉和键均按不剖绘制。为表示轴和齿轮间的键连接关系,采用局部剖视。

做一做: 请问在图 11-3 齿轮油泵装配图的主视图中,哪些实心零件按不剖形式画出?

1. 螺钉 M6　　2. _____　　3. _____

4. _____　　5. _____。

综上所述,装配图用于表达机器或部件等装配体,在零件图中使用的各种表示方法（如视图、剖视、断面等）在装配图中同样适用。此外

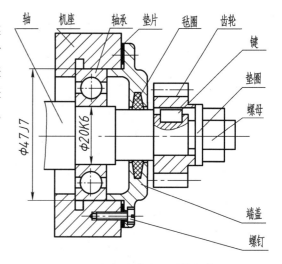

图 11-7　剖视图中实心零件规定画法

国家标准对装配图的画法除有基本规定外,同时也规定了装配图可以采用的特殊画法。

2. 装配图中的特殊画法

（1）拆卸画法

图 11-3 所示齿轮油泵的左视图采用拆卸画法,即假想沿泵盖与泵体的结合面 $B—B$ 剖切,将假想被剖切的泵盖移开,然后进行投射,得到该左视图。这样齿轮油泵左视图能更加清楚地表达出一对齿轮的啮合情况。

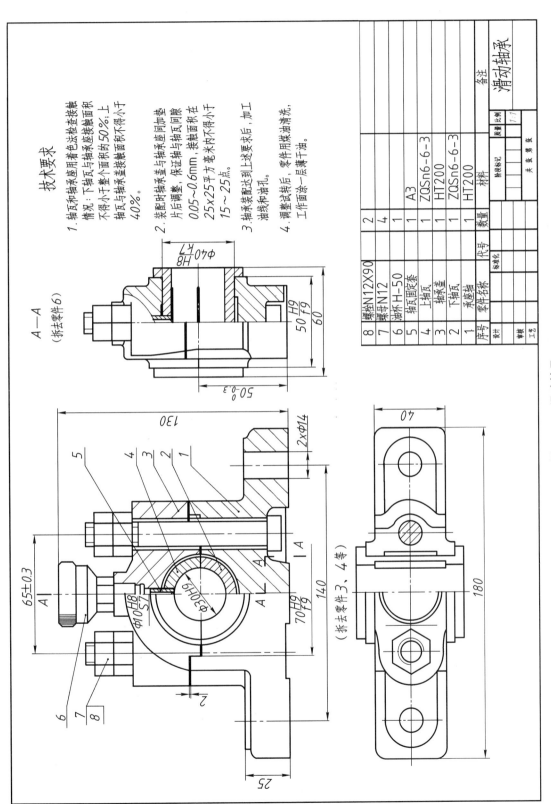

技术要求

1. 轴瓦和轴承座用着色法检查接触情况：下轴瓦与轴承座接触面积不得小于整个面积的50%；上轴瓦与轴承盖接触面积不得小于40%。

2. 装配时轴承盖与轴承座间加垫片后调整，保证轴与轴瓦间隙0.05~0.6mm，接触面积在25×25平方毫米内不得小于15~25点。

3. 轴承装配达到上述要求后，加工油线和油孔。

4. 调整试转后，零件用煤油清洗，工作面涂一层薄干油。

A—A
(拆去零件6)

$\phi40\frac{H8}{f7}$

$50\frac{H9}{f9}$

60

$50^{~0}_{-0.3}$

130

2×Φ14

65±0.3

$\phi10\frac{H8}{S7}$

$\phi30\frac{H9}{f9}$

140

$70\frac{H9}{f9}$

2

25

(拆去零件3、4等)

40

180

8	螺栓N12×90		2			
7	螺母N12		4			
6	油杯H-50		1		A3	
5	轴瓦固定套		1		ZQSn6-6-3	
4	上轴瓦		1		HT200	
3	轴承盖		1		ZQSn6-6-3	
2	下轴瓦		1		HT200	
1	承座轴		1			
序号	零件名称	代号	数量		材料	备注
设计		标准化		阶段标记	质量 比例	滑动轴承
					1:1	
审核				共 张 第 张		
工艺						

图 11 - 8　滑动轴承

223

装配图的拆卸画法：为表达一些重要零件的内、外部形状，可假想沿某些零件的结合面剖切，将剖切平面与观察者之间的零件拆掉后再进行投射，此时在零件结合面上不画剖面线。但被切部分（如螺杆、螺钉等）必须画出剖面线。

此外，对于拆卸画法，如果装配体上某些常见的较大零件（如手轮、摇杆等）在某个视图上的位置和基本连接关系等已表达清楚时，为了避免遮盖某些零件的投影，在某个视图上可假想将这些零件拆去不画，如图11-8中滑动轴承的俯视图就是拆去轴承盖、上轴衬后画出的。

💡 **小提示**

在装配图的拆卸画法中，当需要拆去某些零件再投射表达时，可在其视图上方标注出"拆去×××等"字样，如图11-8滑动轴承所示。

（2）简化画法

常见的装配图简化画法如下：

1）装配图中若干相同的零件组可仅详细地画出一个（组），其余只需用细点画线表示其装配位置，如图11-9中的紧固件、轴承座和孔的画法，图11-6螺钉的画法。

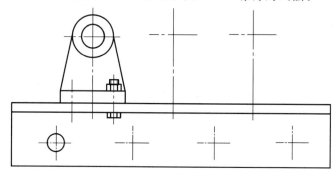

图11-9　成组相同要素的简化画法

2）在装配图中可以单独画出某一零件的视图，但必须标注清楚投射方向和名称并注上相同的字母，如图11-10所示。

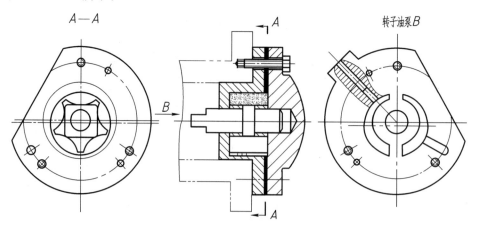

图11-10　装配图中单个零件的表示

3）在装配图中零件的工艺结构如倒角、倒圆、退刀槽等可省略不画。

4）在装配图中，当剖切平面通过的某些部件为标准产品或者该部件已由其他视图表示清楚时，可按不剖绘制，如图 11-8 中滑动轴承的油杯 6。

5）在装配图中可用粗实线表示带传动中的带，用细点画线表示链传动中的链。

6）在能够清楚表达产品特征和装配关系的条件下，在装配图中可以仅画出其简化后的轮廓，如图11-11所示。

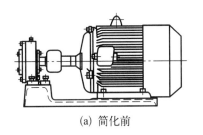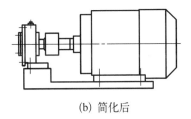

(a) 简化前　　　　　　　　　　　　(b) 简化后

图 11-11　装配图仅画出简化后的轮廓

（3）假想画法

1）当需要表达与本部件相邻的零部件，以利于表达清楚本部件的装配关系和工作原理时，该相邻的零部件可用细双点画线画出，如图 11-12a、图 11-13 中的主轴箱所示。

2）在表达某零件在装配体中的运动范围或极限位置时，可用细双点画线画出在极限位置上的该零件，如图 11-12b 所示。

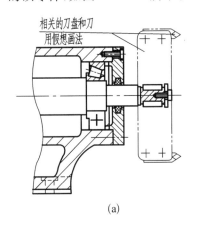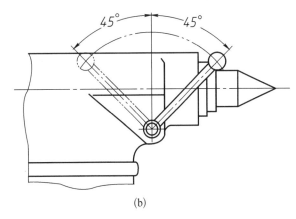

(a)　　　　　　　　　　　　　　(b)

图 11-12　装配图的假想画法

（4）展开画法

在传动机构中各轴系的轴线往往不在同一平面内，即使采用几个平行或几个相交的剖切面剖切，也不能将其运动路线完全表达出来。因此为了展示传动机构的传动路线和装配关系，可假想按传动路线沿轴线剖切，并依次展开画出剖视图，在展开图上方应注明"×—×展开"，如图 11-13 所示。

（5）夸大画法

对于装配图中某些直径或厚度小于 2 mm 的孔、薄片、细小零件以及较小的间隙、小斜度、小锥度等，允许夸大画出（即不按装配图的比例画出），如图 11-14 所示。

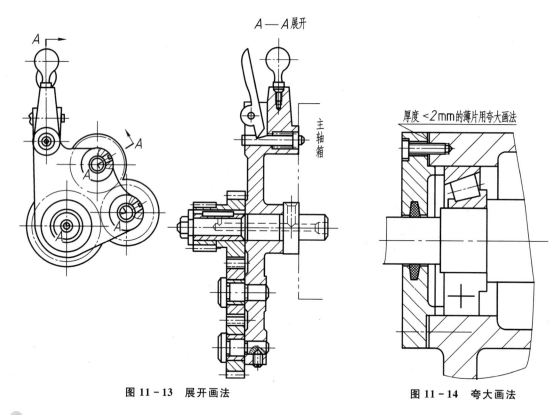

图 11 - 13 展开画法   图 11 - 14 夸大画法

想一想： 根据前面介绍的知识,分析图 11-1 齿轮油泵装配图采用了哪几种装配图的画法,说出简要的判断理由。

二、计划与实施

3 看装配图的目的是弄清楚该机器(或部件)的性能、工作原理、装配关系、各零件的主要结构及装拆顺序。那么识读机器或部件的装配图有哪些方法和步骤？请根据读图方法与步骤识读齿轮油泵的装配图。

看装配图的基本要求是首先了解机器或部件的名称、规格、性能、用途及工作原理,其次要了解各组成零件的相互位置和装配关系,最后是构想各组成零件的主要结构形状和分析其在装配体中的作用。因此一般看装配图的基本方法和步骤分为四步,如表 11-1 所示。

表 11 - 1 看装配图的方法与步骤

看图步骤	具体内容
1. 概括了解	(1) 了解装配体名称、比例和大致的用途; (2) 了解标准件和专用件的名称、数量以及专用件的材料、热处理等要求; (3) 初步分析视图的表达方法、各视图间的关系,弄清各视图的表达重点

看图步骤	具体内容
2. 了解工作原理和装配关系	结合相关资料(例如零件图、机器或部件说明书),在初步了解的基础上分析机器或部件的装配关系和工作原理,分析各装配干线,弄清零件相互的配合、定位、连接方式等
3. 分析视图,读懂零件的结构形状	分析视图,了解各视图、剖视图、断面图等的投影关系及表达意图,从而帮助看懂零件结构
4. 分析尺寸,了解技术要求	(1) 找出装配图中的性能(规格)尺寸、装配尺寸、安装尺寸、总体尺寸和其他重要尺寸; (2) 了解装配体的装配要求、检验要求和使用要求

根据上述介绍的装配图读图方法与步骤,识读图 11-1 齿轮油泵装配图。

1. 概括了解

(1) 由_____可了解部件的名称、用途及绘图比例

齿轮油泵是一种输油装置,在机器中用来输送润滑油。

(2) 由明细栏可了解零件数量、材料、热处理等要求

明细栏是全部零部件的详细目录,由序号、代号、名称、数量、材料、备注等组成,如图 11-15 所示为明细栏各部分的尺寸和格式。

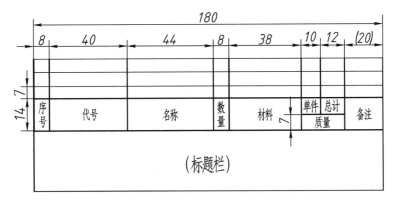

图 11-15　标题栏与明细栏

明细栏的编制要求:

1) 明细栏应画在标题栏上方,位置不够时可紧靠在标题栏的左方继续编写;

2) 明细栏序号填写应由下向上顺序填写,以便补充填写增加的零件。

做一做:根据图 11-1,从齿轮油泵装配图的_____中可知它是由泵体、_____、_____、_____(任意写出其中三个零件)等_____个不同的零件组成的。

(3) 对照明细栏与视图中的零件序号,概括了解装配体的视图

想一想:请说出图 11-16 齿轮油泵的装配图零件序号排列有什么规律、要求。

小提示

齿轮油泵装配图中零件序号的引线有什么特点？零件序号的排列方向如何？

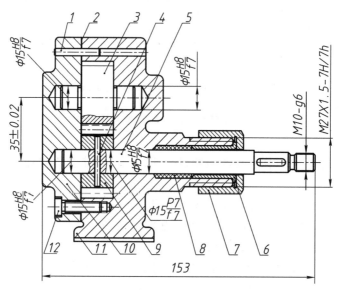

图 11 - 16　齿轮油泵装配图零件序号的编排

零件序号的编排方法如下：

为了便于看图、管理图样和组织生产，装配图中所有零部件必须编写序号。序号的作用是直观地了解组成装配体的全部零件个数，并将零件与明细栏中对应的信息联系起来。零件序号与明细栏的序号是一一对应的，根据序号可以在明细栏中查阅零件的详细信息。

① 标注序号的形式有三种，如图 11 - 17a 所示。在所要标注的零部件的可见轮廓线内画一圆点，然后引出指引线（细实线），也可以在指引线的一端画水平线或圆（细实线），在水平线上或圆内注写序号。若所指的零件很薄或是涂黑的剖面，不宜画圆点时，可在指引线的末端画出箭头并指向该部分的轮廓，如图 11 - 17b 所示。图 11 - 16 齿轮油泵装配图零件序号指引线使用_____形式。

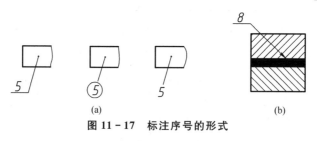

(a)　　　　　　　　　　　　　　(b)
图 11 - 17　标注序号的形式

小提示

零件序号的字体应比装配图中所标注尺寸的数字大一号或两号。

② 序号应编注在视图周围,按顺时针或逆时针方向顺次排列,在水平或铅垂方向应排列整齐,如图 11-16 齿轮油泵装配图的零件序号是按_____时针方向顺次排列的。

③ 指引线不能相交,也应尽量避免与其他指引线或剖面线平行,必要时允许指引线转折一次。

④ 对一组紧固件以及装配关系清楚的零件组允许采用公共指引线,如图 11-18 所示。

做一做:请按零件序号的注写要求,在图 11-19 中标注出零件序号。

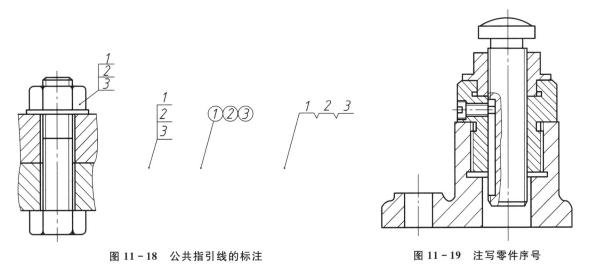

图 11-18　公共指引线的标注　　　　　图 11-19　注写零件序号

2. 了解工作原理和装配关系

分析装配体各装配干线、零件相互的配合、定位、连接方式、传动路线等。并且结合该装配图零件的零件图弄清齿轮油泵零件间的装配关系和齿轮油泵的工作原理。

想一想:图 11-1 齿轮油泵装配图可以从主视图中_____(写出该零件的名称)开始分析,这样便于分析清楚传动路线和装配关系。

(1) 齿轮油泵工作原理

通过前面的学习任务对齿轮油泵的主要零件:主动轴、泵盖、泵体的分析和识读,齿轮油泵各零件之间装配关系和连接方式已比较清楚。齿轮油泵的传动路线为:

主动轴(旋转) → _____ → _____ → _____。

齿轮油泵的工作原理:当主动轴做旋转运动时,啮合的齿轮也开始转动,由于齿轮的啮合运动使泵体空腔的一侧产生局部真空,形成低压区,油在大气压力的作用下经吸油口进入低压区。随着齿轮的转动,油液不断沿转动方向被带至另一侧的出油口,油被挤出,完成输油工作。

(2) 齿轮油泵的装配关系

分析装配关系即弄清楚零件之间的配合关系、连接方式和接触情况。

根据齿轮油泵的配合关系,主动轴 5 与主动轴齿轮 9 之间的配合为_____,主动轴 5 与泵体 11 之间的配合为_____,主动轴 5 与泵盖 10 之间的配合为_____;从动齿轮轴 3 与泵体 11 之间的配合为_____,从动齿轮轴 3 与泵盖 10 之间的配合为_____。

主动轴 5 与从动齿轮轴 3 中心距为_____，两轴中心距大小需要考虑齿轮的装配和啮合要求。

想一想：上述的主动轴与泵体、泵盖的配合属于哪种配合形式？采用这种配合的理由是什么？

根据齿轮油泵的连接方式,从_____中可以看出,齿轮油泵是采用两个_____定位、6个_____紧固的方法将端盖与泵体连接起来的。

主动轴与主动轴齿轮是通过_____来定位固定的。

3. 分析视图,读懂零件的结构形状

分析零件时应从主要视图中的主要零件开始,可按"先简单,后复杂"的顺序进行。有些零件在装配图上不一定表达完全清楚,可配合前面学习任务的零件图来识读装配图。

(1) 装配图表达方案的选择原则

装配图的视图表达方案确定与零件图类似,即要以主视图的选择为中心来确定整个一组视图的表达方案。

1) 主视图投射方向的选择

① 以装配体工作位置或易于表达装配体工作原理的方向作为主视图的投射方向;

② 以能反映装配体主要装配线或能尽量清楚地反映装配体内部零件间的相对位置关系的方向作为主视图的投射方向;

③ 以反映出装配体总体结构特征的方向作为主视图投射的方向。

2) 其他视图的选择

对主视图中尚未反映清楚的内容必须选择其他相应的视图来表达清楚。所选择的视图要重点突出,符合装配图表达的侧重点,并且要相互配合,避免重复。

想一想：图 11-1 齿轮油泵的装配图中主视图投射方向符合上述所介绍的哪一项原则?

(2) 分析齿轮油泵装配体视图

小提示

常用的装配体视图的分析方法如下：

(1) 利用剖面线的方向和间距来分析。同一零件的剖面线在各视图上方向一致、间距相等。

(2) 利用规定画法来分析。如实心件在装配图中沿轴线方向剖切时按规定可不画剖面线,由此可以方便地将丝杆、手柄、螺钉、键、销等零件区分出来。

(3) 利用零件序号,对照明细栏来分析。

在图 11-1 齿轮油泵装配图中,齿轮油泵装配图共选用了两个基本视图,其中主视图采用_____画法,它主要表达了齿轮泵主要的装配关系,清楚地反映出传动路线、主要零件的结构特点、零件间的装配关系以及连接方式和安装情况等。

左视图采用_____画法,它主要表达了_____,其中右端的局部剖视是用来表达_____,左端的局部剖视是用来表达_____。

对于零件结构,由主视图可反映清楚主动轴和从动齿轮轴的形状结构。由_____可以表达清楚泵体的形状特征。在_____中可以看清泵盖的形状。

4. 分析尺寸,了解技术要求

分析装配图中的尺寸标注和了解技术要求是读懂装配图、理解该装配体的工作原理的一个关键环节。

想一想:图 11-1 齿轮油泵的装配图中是否标注出了全部尺寸? 零件的尺寸是否需要标注出来? 从该装配图中的技术要求可以知道有关该部件的哪一方面的信息?

(1)装配图中的尺寸标注

装配图中不必标注零件的全部尺寸,只需标注与装配图作用相关的尺寸。一般标注以下几类尺寸。

小词典

性能(规格)尺寸:说明机器或部件的性能、规格的尺寸,它是设计和选用机器或部件的重要依据。

装配尺寸:一部分是零件之间的配合尺寸,另一部分是与装配有关的零件的相对位置尺寸。

安装尺寸:表示将零部件安装在机器上或将机器安装在固定基础上所需要的尺寸。

总体(外形)尺寸:表示机器或部件的总体长度、宽度、高度尺寸。

其他重要尺寸:根据装配体的结构特点和需要,还应标注其他重要尺寸。

在装配图上标注尺寸要根据情况作具体分析。以上介绍的五类尺寸并不是每张装配图都必须全部标出,而是根据装配体结构特点和实际需要来标注。

想一想:图 11-1 齿轮油泵的装配图所标注的尺寸中是否涵盖了上面列举的五类尺寸?

小提示

(1)性能(规格)尺寸是设计和选用机器或部件的重要依据,如图 11-8 中的滑动轴承中心孔 $\phi30H9$。

(2)装配尺寸,如图 11-8 中螺栓 8 的装配尺寸 65 ± 0.3 和轴瓦固定套 5 和上轴瓦 4 配合尺寸 $\phi10H8/s7$ 都属于这类尺寸。

(3)安装尺寸,如图 11-8 中滑动轴承底板两安装孔的直径 $\phi14$ 和两孔的中心距 140 是其安装尺寸。

(4)总体(外形)尺寸的作用是表示出装配体占有空间大小,供包装、运输、安装机器时参考。如图 11-8 滑动轴承的总长为 180 mm。

(5)其他重要尺寸如运动件的极限位置尺寸、零件的主要定位尺寸、设计计算尺寸等。

做一做: 1) 请回答图 11-1 齿轮油泵装配图中有关尺寸的问题,并简单说出理由。

① 齿轮油泵主视图中尺寸 M27×1.5-7H/7h 是不是其性能(规格)尺寸?

② 齿轮油泵主视图中尺寸 ϕ15H8/f7 是不是装配尺寸?

③ 齿轮油泵左视图中尺寸 61.5 是不是安装尺寸?

④ 齿轮油泵左视图中尺寸 100 是不是其总体尺寸(总宽)?

⑤ 在齿轮油泵装配图中是否有标注其他重要的尺寸?

2) 识读图 11-1 齿轮油泵装配图的尺寸。

① 分析齿轮油泵装配图的尺寸:齿轮油泵装配图中是否有标注其性能(规格)尺寸(如有标注,请写出该性能尺寸)?

_____

② 写出齿轮油泵的装配尺寸:_____,_____。

查表写出各装配尺寸属于什么类型的配合。

_____

③ 写出齿轮油泵的安装尺寸:_____。

④ 写出齿轮油泵的总体(外形)尺寸:_____。

⑤ 齿轮油泵装配图中是否有标注其他重要尺寸(如有标注,请写出该尺寸)?

_____

(2) 装配图中的技术要求

装配图上技术要求主要是针对装配体的工作性能、装配及检验要求、调试要求、使用与维护要求所提出的,用文字或数字注写在图纸的适当位置。不同的装配体有不同的技术要求,应作具体分析。一般应从以下三个方面考虑:装配要求、检验要求、使用要求。

小词典

装配要求:装配后必须保证的精度,需要在装配时的加工说明,装配时的其他要求。

检验要求:基本性能的检验方法和要求,对装配后必须达到的精度的检验方法说明,其他检验要求。

使用要求:对装配体的基本性能、维护、保养的要求,以及使用操作时的注意事项。

图 11-1 齿轮油泵装配图上注写了两项技术要求。

1) 齿轮安装后,用手转动传动齿轮时,应灵活旋转。该技术要求属于_____要求。

2) 两齿轮轮齿的啮合面占齿长的 3/4 以上。该技术要求属于_____要求。

4 由装配图拆画零件图简称拆图,它是在看懂装配图的基础上进行的。请在读懂齿轮油泵的装配图后拆画填料压盖 6 的零件图。

由装配图拆画零件图是一个设计零件的过程。拆图前必须认真阅读装配图,全面深入理解设计意图,分析清楚装配关系。同时画图时要从设计方面考虑零件的作用和要求,从工艺方面考虑零件的制造和装配,使所画的零件图既符合设计要求又符合生产要求。

填料压盖起到压紧填料、密封泵体、防止漏油的作用。

拆画填料压盖的零件图

1. 确定零件的结构形状

根据齿轮油泵装配图,分析填料压盖在装配体中的作用,并进行补充设计,确定其结构形状。

 小提示

由于齿轮油泵装配图主要是表达装配关系,对零件形状表达往往不够全面和清楚,因此拆画零件图时首先应根据零件的功用补充完整零件的结构。

在齿轮油泵主视图中根据零件序号 6 和剖面符号分析,可以看出填料压盖主要的投影轮廓,如图 11-20 所示。在齿轮油泵内填料压盖分别与_____和_____有配合关系。填料压盖的形状属于_____类的零件,可构想其结构形状如图 11-21 所示。

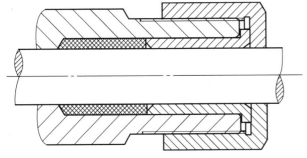

图 11-20 填料压盖在装配图的投影

图 11-21 填料压盖结构形状

2. 确定零件表达方案

分析清楚零件的结构形状后确定填料压盖视图的表达方案。

 小提示

装配图的视图选择是从表达装配关系和整个部件情况考虑的,因此拆画零件图时选择零件的表达方案不能简单照搬装配图的视图,应根据零件的结构形状,按照零件图的视图选择原则考虑。

根据前面学习任务中介绍的零件图绘制方法,按照零件图的视图选择原则,填料压盖零件的轴线按_____放置,即确定其主视图方位与装配图的方位一致,使该主视图方位符合零件的工作位置原则。零件图的主视图应采用_____画法,这样能表达清楚其内部通孔结构。根据装配图中填料压盖视图的投影,补画主视图中所缺的线,得到零件主视图,如图 11-22 所示。由于该零件结构较为简单,故采用主视图已能清楚表达其结构形状,不需要增加其他视图。

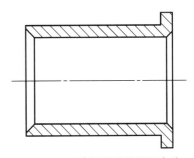

图 11-22 填料压盖的视图表达

3. 补全工艺结构

 小提示

装配图上零件的细小工艺结构如倒角、倒圆、退刀槽等往往被省略不画。因此拆图时这些工艺结构必须补全。

根据零件在装配体中的功能作用补全有关填料压盖的工艺结构。压盖内孔的左端应该有倒角,以利于压紧填料。同样压盖内孔的右端也应该有倒角,便于在装配时填料压盖能方便地安装在主动轴上。通过查设计手册和参考相关同类零件确定填料压盖的工艺结构,如图 11-23 所示。

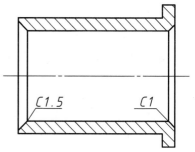

图 11-23 填料压盖的工艺结构

4. 尺寸标注

由装配图拆画零件图时零件图上的尺寸标注要求是:对有配合关系的尺寸应根据装配图的相关配合尺寸和零件的功能要求来确定;在装配图上未标注出的尺寸可直接在装配图上量取,如量得的尺寸不是整数,则应查相关标准加以圆整后标注;装配图上未体现的尺寸则需要自行确定。

 小提示

在装配图上直接量取拆画的零件尺寸时,要注意看清楚该装配图的绘图比例,当装配图采用的不是原值比例时,要注意尺寸数值的计算转化。

填料压盖零件图的尺寸标注

图 11-1 齿轮油泵装配图中没有标注出填料压盖相关的尺寸。因此填料压盖零件的尺寸应根据相关的零件配合尺寸,考虑零件功能要求,查表确定。部分尺寸可在装配图上直接量取。

根据零件图标注尺寸的原则要求,填料压盖属轴套类零件,其主要尺寸是径向尺寸和_____尺寸。径向尺寸以_____为基准,轴向长度方向以重要的定位面作为主要尺寸基准。

(1)根据填料压盖外径与泵体 11 轴孔相配合可确定填料压盖外径的公称尺寸为 $\phi 20$。由于该配合要求不高,采用较为宽松的配合,并考虑零件加工经济性,查表确定其尺寸为 $\phi 20_{-0.084}^{0}$。将该尺寸标注在零件图上,如图 11-24 所示。

(2)同理,根据填料压盖内孔与主动轴 5 配合可确定填料压盖内孔的公称尺寸为 $\phi 15$。由于该配合要求不高,采用较为宽松的配合,并考虑零件加工经济性,查表确定其尺寸为 $\phi 15_{0}^{+0.043}$。将该尺寸标注在零件图上,如图 11-24 所示。

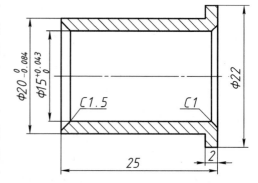

图 11-24 填料压盖的尺寸标注

(3)在装配图上直接量取填料压盖右端外圆的直径尺寸,将该尺寸标注在零件图上,如图 11-24 所示。

（4）在装配图上量取填料压盖总长及右端外圆的轴向尺寸，考虑该零件安装在齿轮油泵中的轴向位置要求，将该尺寸标注在零件图上，如图 11-24 所示。

由上述分析，填料压盖零件图的尺寸标注如图 11-24 所示。

5. 确定表面结构和技术要求

小提示

表面结构可以根据零件加工表面的作用，参阅有关资料或参照同类产品相应零件图的类比法确定。一般要求有相对运动和配合要求的表面，其表面粗糙度 Ra 的上限值应小于 3.2 μm；有密封要求和耐腐蚀的表面，其表面粗糙度 Ra 的上限值应小于 6.3 μm；非配合表面 Ra 的上限值应大于 25 μm；不重要的结合面 Ra 的上限值一般为 12.5 μm。

填料压盖主要的表面是外圆柱面、内孔以及左、右端面。左、右端面的表面质量要求不高。外圆柱面和内孔的表面结构需考虑零件的功能、零件间的配合以及零件尺寸公差等级来确定。通过查阅设计手册以及考虑产品加工的经济性，填料压盖的所有表面的表面粗糙度均为 $Ra6.3$ μm 即可，如图 11-25 所示。

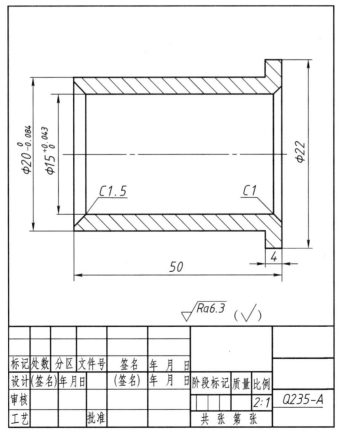

图 11-25　填料压盖零件图

6. 标注技术要求

💡 小提示

技术要求应根据零件在装配体中的作用,参考有关资料、查阅手册或参照同类产品相应零件图的类比法确定。

填料压盖的技术要求由参考有关同类产品的资料来确定,如图 11 - 25 所示。

图 11 - 25 为拆画零件——填料压盖的零件图。

通过分析拆画填料压盖零件图的过程,归纳总结拆图的一般程序和方法,填写表 11 - 2。

表 11 - 2

完善零件结构	在拆图时,应根据零件在装配体中的功用,补充、完善零件结构
	根据零件的结构形状,按照零件图的视图选择原则重新考虑、确定零件表达方案
	零件的细小工艺结构,如倒角、倒圆、退刀槽等往往省略不画。在拆图时这些结构必须补全,并加以标准化
	拆图时零件的尺寸必须补全。装配图上已标注的尺寸应在相关零件图上直接注出;未注的尺寸则由装配图上直接量取,数值可作适当圆整;装配图上未体现的尺寸则需要自行确定
	零件的表面结构应根据零件表面的作用和配合要求确定
	零件图的技术要求通过参考有关资料或参照同类产品相应零件图的类比法确定

三、评价反馈

5 测一测

请根据本学习任务所学内容,识读图 11 - 26 所示的滑动轴承装配图,填写表 11 - 3。

表 11 - 3　识读滑动轴承装配图

序号	步骤	识读的内容
1		
2		
3		
4		

6 议一议

(1) 通过本学习任务的学习,你能否做到以下几点:

1) 叙述装配图的作用和内容。

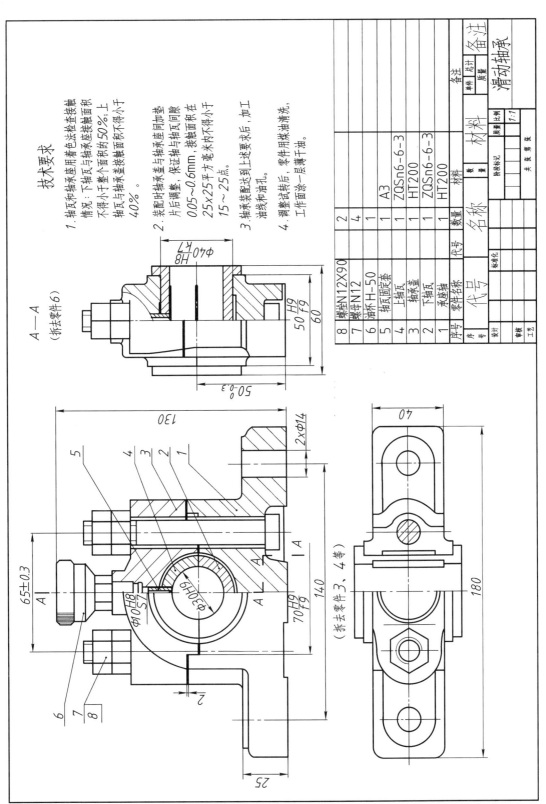

图 11－26　滑动轴承装配图

      能 ☐   不确定 ☐   不能 ☐

2）叙述装配图的基本画法和简化画法的要求。

      能 ☐   不确定 ☐   不能 ☐

3）叙述装配图的尺寸标注要求。

      能 ☐   不确定 ☐   不能 ☐

4）叙述装配图中零部件序号的编排方法，明细栏注写要求，技术要求。

      能 ☐   不确定 ☐   不能 ☐

5）按要求识读中等难度的机器或部件装配图。

      能 ☐   不确定 ☐   不能 ☐

（2）工作页完成情况：

1）能否识读齿轮油泵装配图填写的内容？

_____

2）能否与组内其他成员进行沟通并共同完成学习任务？

_____

3）工作页的完成情况如何？

_____

（3）你对本次任务学习的建议：

         签名_____   ___年___月___日

学习任务 12 机用虎钳螺杆零件的测绘

学习目标

完成本学习任务后,应当能:

1. 叙述零件测绘的方法和步骤;
2. 学会使用常用的测量工具测量零件尺寸;
3. 在教师指导下,绘制零件草图;
4. 正确使用参考资料、手册、标准,规范绘制螺杆零件工作图。

建议完成本学习任务用 24 学时。

内容结构

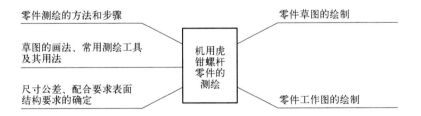

学习任务描述

在仿制、维修或对机器进行技术改造时,常常要先进行零件测绘再进行加工制造。如图 12 - 1 所示螺杆零件是从机用虎钳(图 12 - 2)中拆卸的零件,请完成螺杆零件的测绘工作。

生产中使用的零件图有的是新设计而绘制出的图样,有的是按实际零件进行测绘而产生的图样。零件测绘对机器或部件的仿制、改造设备、修配零件、推广先进技术、交流革新成果等都起到重要作用,是工程技术人员必须具备的一项技能。

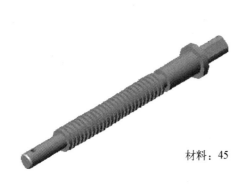

材料:45

图 12 - 1 螺杆

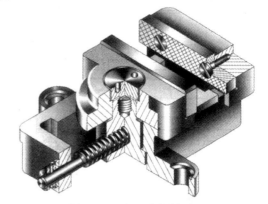

图 12 - 2 机用虎钳轴测图

一、学习准备

1 什么是零件测绘?零件测绘的工作内容包括哪些?

零件测绘的概念和过程如下:

小词典

零件测绘:依据实际零件,通过分析选定表达方案,以目测估计图形与实物的比例,徒手画出草图,测量并记入尺寸,制定必要的技术要求,然后经整理完成零件工作图绘制的过程。

实际生产中设计新产品或仿制时,需要测绘同类产品的部分或全部零件供设计时参考;机器或设备维修时,如果某一零件损坏,在无备件又无图样的情况下,也需要测绘损坏的零件,画出图样以满足修配时的需要。

零件测绘的一般过程为:

(1)了解和分析零件。在测绘时了解该零件的名称、主要功用、使用材料,分析零件的结构形状、制造工艺过程、技术要求及热处理等。

(2)确定表达方案。在对零件进行全面的了解和分析的基础上,根据零件图表达方案的选择原则,确定最佳表达方案。

(3)根据已选定的表达方案徒手绘制零件的草图。

(4)测绘零件的全部尺寸,并根据尺寸标注的原则和要求标注全部的必要尺寸。

(5)根据零件草图,结合实物进行认真的检查、校对。

2 零件测绘常用的量具有哪些?常用的测量方法是怎样的?

在零件测绘中,常用的量具有:直尺、内卡钳、外卡钳、游标卡尺、内径千分尺、外径千分尺、螺纹规等,如图 12 - 3 所示。

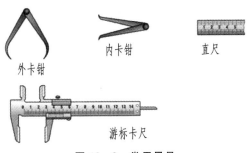

图 12-3　常用量具

　　对于精度要求不高的尺寸一般用直尺、内外卡钳等即可,精确度要求较高的尺寸一般用游标卡尺、千分尺等精确度较高的测量工具。特殊结构一般要用特殊工具如螺纹规、圆弧规、曲线尺来测量。

　　常用的测量方法如表 12-1 所示:

表 12-1　常用测量方法示例

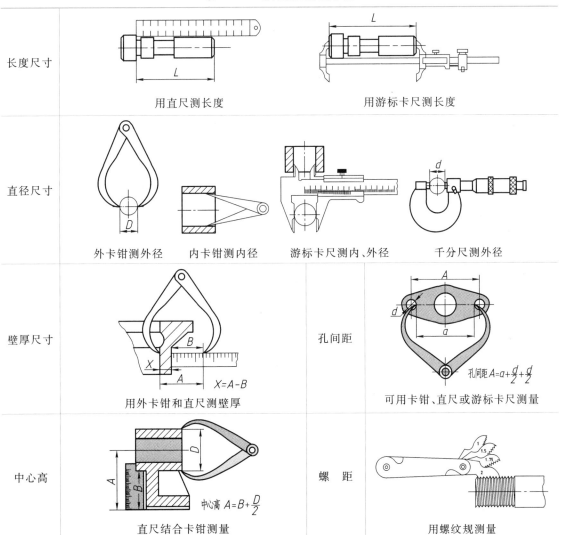

长度尺寸	用直尺测长度	用游标卡尺测长度
直径尺寸	外卡钳测外径　内卡钳测内径　游标卡尺测内、外径　千分尺测外径	
壁厚尺寸	用外卡钳和直尺测壁厚 $X=A-B$	孔间距　可用卡钳、直尺或游标卡尺测量　孔间距 $A=a+\dfrac{d}{2}+\dfrac{d}{2}$
中心高	直尺结合卡钳测量　中心高 $A=B+\dfrac{D}{2}$	螺距　用螺纹规测量

二、计划与实施

3 分析测绘零件,制订测绘零件的工作计划。

1. 分析测绘对象

测绘前要对被测绘的零件仔细观察和分析。参阅有关资料,分析了解零件在机器或部件中的位置,与其他零件的关系、作用,然后分析其结构形状和特点以及零件的名称、用途、材料等。

本次测绘对象螺杆是机用虎钳中的一个主要零件。图 12-2 所示的机用虎钳是安装在机床工作台上用于夹紧工件,以便进行切削加工的一种通用工具。其工作原理如图 12-4 所示,转动螺杆 2 使螺母 8 沿轴向移动,带动活动钳身沿固定钳身滑动,实现夹紧或松开工件的作用。

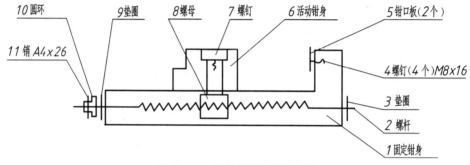

图 12-4 机用虎钳装配示意图

根据螺杆在机用虎钳中的作用,螺杆的结构形状是阶梯轴。在图 12-1 中螺杆的中间段是用于传动的矩形螺纹,左端有销孔,右端是连接其他零件用的方形凸缘,并开有退刀槽。螺杆左右两轴段与固定钳身上的轴孔有配合关系。

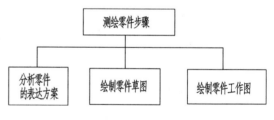

图 12-5 测绘螺杆零件工作计划

2. 制订测绘螺杆零件的工作计划(图 12-5)

4 绘制零件草图有哪些要求? 怎样绘制零件草图?

1. 零件草图的要求

通过目测零件的形状和大小直接徒手绘制的图样就叫做零件草图。草图一般应徒手以目测的比例绘制在坐标纸或白纸上。

零件草图是零件真实情况的记录,又是绘制零件工作图的依据,因此绘制草图要做到内容完整、表达正确、尺寸齐全、要求合理、比例匀称,并具有与零件图相同的内容。

 小提示

(1)草图切不可边画边测边注,而是用铅笔徒手画出图形,然后集中测量标注尺寸、技术要求。

(2)草图不是潦潦草草的图,仍然是符合国家标准的图。

想一想：比较零件草图与零件工作图的区别。

2. 绘制零件草图的基本技法

要绘制好草图,必须掌握好直线、圆、线段的等分、常见角度的画法等。

（1）直线的画法

直线的绘制要点为：标记好起始点和终止点,铅笔放在起始点,眼睛看着终止点,眼睛的余光看着铅笔,用较快的速度绘出直线,切不要一小段一小段地画。一般水平线从左向右绘,铅垂线从上向下绘,向右斜的线从左下向右上绘,向左斜的线从左上向右下绘,如图 12-6a 所示。

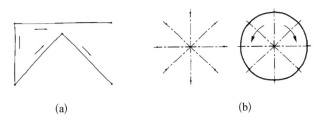

（a）   （b）

图 12-6 徒手绘制直线和圆的方法

（2）圆的画法

画较小的圆时,可在画出的中心线上按半径目测出四点,徒手画成圆。

画较大的圆时,过圆心再画两条 45°斜线,并在斜线上也目测定出四点,然后过八个点作圆,如图 12-6b 所示。

（3）等分线段的画法

线段的常见等分数有 2、3、4、5、8。

1）八等分线段

先定等分点 4,接着是等分点 2、6,再就是等分点 1、3、5、7,如图 12-7a 所示。

2）五等分线段

先定等分点 2,接着是等分点 1、3、4,如图 12-7b 所示。

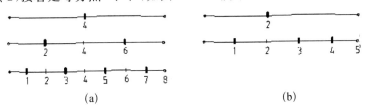

（a）   （b）

图 12-7 线段的 5 等分、8 等分画法

（4）常见角度 30°、45°、60°的画法

画常用角度时可利用直角三角形两直角边的长度比定出两端点,然后连成直线,如图 12-8 所示。

3. 绘制螺杆零件草图

（1）按目测比例画出零件的草图

1）拟定零件表达方案,选定比例,布置图面,画好各视图的基准线（视图的中心位置）,如图 12-9a 所示；

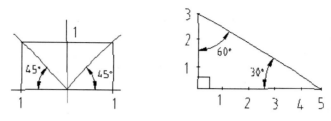

图 12-8　常见角度 30°、45°、60°的画法

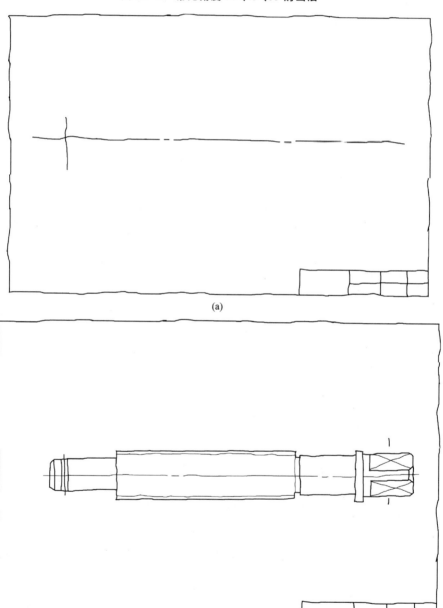

(a)

(b)

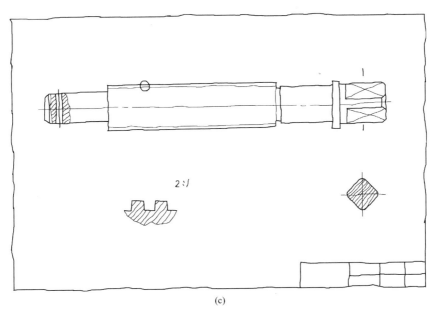

(c)

图 12 - 9　按目测比例画出零件草图的视图

　　螺杆属于轴套类零件,主视图将其轴线水平放置,符合工作位置原则。螺杆上的螺纹为方牙螺纹,应该用局部放大图表示其牙形并标注全部尺寸;螺杆右端为方榫,应该用移出断面图表示其断面形状,以便于标注尺寸;左端有圆锥销孔,用局部剖视图表达。

　　2)画出主视图的外部轮廓,如图 12 - 9b 所示;

　　3)画出其他视图、断面图等,如图 12 - 9c 所示。

　　(2)画出尺寸线、尺寸界线

　　选择长、宽、高方向的尺寸基准,画出尺寸线、尺寸界线,如图 12 - 10 所示。

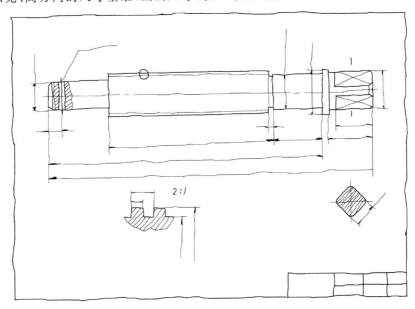

图 12 - 10　画出尺寸线、尺寸界线

以螺杆水平轴线为径向尺寸主要基准注出各轴段直径;以大直径的轴肩段左端面为轴向方向的主要基准。辅助基准选取螺杆的两端面注出轴向各部分尺寸。

(3)集中测量零件尺寸并标注尺寸(图 12-11)

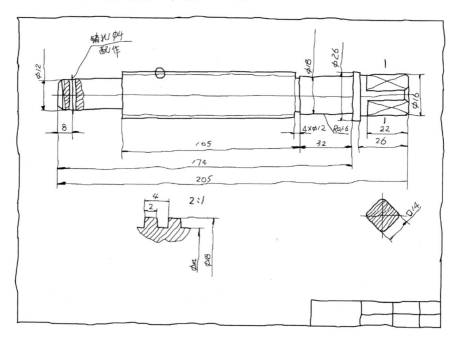

图 12-11　集中测量零件尺寸并标注尺寸

零件上的尺寸测量应集中进行以提高工作效率,避免遗漏。当所需尺寸确定后按尺寸标注要求集中标注。为防止尺寸的遗漏,可按尺寸的作用进行联想标注(定形尺寸、定位尺寸、形位尺寸等)。

 小提示

零件测绘的注意事项:

1)零件上的制造缺陷及长期使用产生的磨损均不应画出。

2)零件上的工艺结构要查阅有关标准画出。

3)有配合关系的尺寸一般只要测量公称尺寸,配合性质及公差值应查阅有关手册。

4)不重要的尺寸允许将测量的尺寸圆整。

5)对螺纹、键槽、齿轮等标准结构的尺寸,应将测得的数值与有关标准核对,使尺寸符合标准系列。

6)零件上的技术要求可参考同类型产品或有关资料确定。

7)根据设计要求,参考有关资料确定零件的材料。

对螺杆的测量要用到直尺、游标卡尺、千分尺、内卡钳等量具。

(4)完工前工作

按规定线型徒手将图线加深,注写技术要求,填写标题栏,检查有无错误和遗漏,如图 12-12

所示。

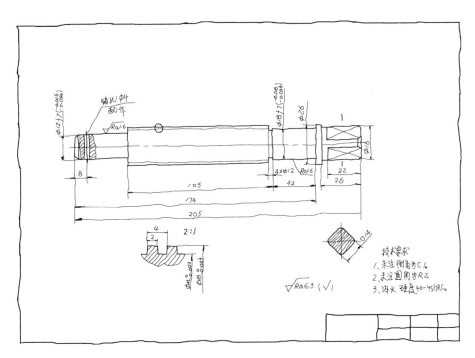

图 12 - 12　注写技术要求

　　配合(配合性质与配合制度的确定)、几何公差,以及零件的形体结构及各结构的作用和重要程度设定也可参照同类产品加以确定。对零件的重要形状和相对位置应设法测量其几何公差值,以此数据作为依据来确定零件图上所需的几何公差值。

　　表面结构的选用依然根据零件形体结构分析及各部分作用,用目测、感触或用比对样块与原零件进行比对确定相应的表面结构参数值。重要表面(如配合表面、基准面、定位面、密封面等)的表面结构要求较高。

　　其他技术要求同样要根据零件的作用确定,但也有一些规律可循。如铸件常常需要时效处理(以消除内应力),并注写未注圆角尺寸等。热处理方法及其数值一般通过零件各部分的功能和作用分析确定,也可通过测定硬度的办法参照对比确定。

5　零件草图是现场测绘的,所考虑的问题不一定是最完善的,对零件草图经过复查、修改后即可进行螺杆零件工作图的绘制。

　　由于绘制零件草图时往往受某些条件的限制,有些问题可能处理得不够完善。因此在画零件图时需要对草图再进行审核。有些部分要重新设计、计算和选用,如表面结构、尺寸公差、几何公差、材料及表面处理等;有些问题也需要重新加以考虑,如表达方案的选择、尺寸的标注等。经过复查、补充、修改后,方可画零件图。对于零件上的标准结构,需查表并正确注出尺寸。

　　画出零件工作图后整个零件测绘的工作就完成了。

　　螺杆的零件工作图如图 12 - 13 所示。

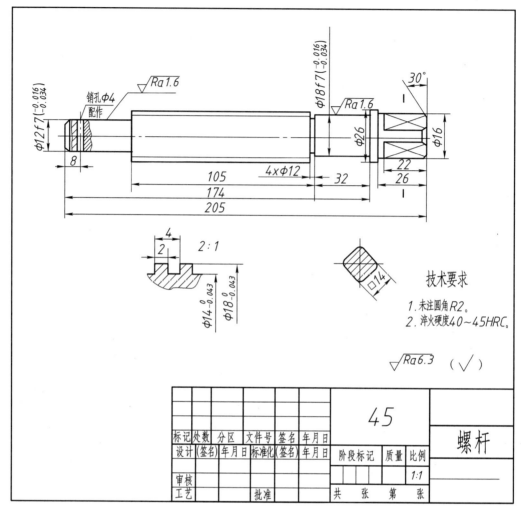

图 12 - 13　螺杆的零件工作图

三、评价反馈

6　测一测

（1）总结零件测绘的方法和步骤。

（2）比较零件测绘过程与学习任务 10 中由装配图拆画零件图过程的区别。

7　议一议

（1）通过本学习任务的学习，你能否做到以下几点：

1）叙述零件测绘的方法和步骤。

　　　　　　　　能 □　　　　　不确定 □　　　　　不能 □

2）正确使用常用的测量工具测量螺杆零件的尺寸。

　　　　　　　　能 □　　　　不确定 □　　　　不能 □

3）绘制螺杆零件的草图。

　　　　　　　　能 □　　　　不确定 □　　　　不能 □

4）绘制螺杆零件工作图。

　　　　　　　　能 □　　　　不确定 □　　　　不能 □

（2）工作页的完成情况：

1）能独立完成的任务：＿＿＿＿＿＿＿＿＿＿＿＿＿＿＿＿＿＿＿＿＿

＿＿＿＿＿＿＿＿＿＿＿＿＿＿＿＿＿＿＿＿＿＿＿＿＿＿＿＿＿＿＿＿＿

2）与他人合作完成的任务：＿＿＿＿＿＿＿＿＿＿＿＿＿＿＿＿＿＿＿

＿＿＿＿＿＿＿＿＿＿＿＿＿＿＿＿＿＿＿＿＿＿＿＿＿＿＿＿＿＿＿＿＿

3）在教师指导下完成的任务：＿＿＿＿＿＿＿＿＿＿＿＿＿＿＿＿＿＿

＿＿＿＿＿＿＿＿＿＿＿＿＿＿＿＿＿＿＿＿＿＿＿＿＿＿＿＿＿＿＿＿＿

（3）你对本次任务学习的建议：

　　　　　　　　　　签名＿＿＿＿＿＿　　＿＿＿年＿＿＿月＿＿＿日

附　　录

一、螺纹

附表 1　普通螺纹的直径与螺距(摘自 GB/T 193—2003)　　　　　　　　(mm)

公称直径 d、D			螺距 P		公称直径 d、D			螺距 P	
第一系列	第二系列	第三系列	粗牙	细牙	第一系列	第二系列	第三系列	粗牙	细牙
3			0.5	0.35	24			3	2,1.5,1,(0.75)
	3.5		(0.6)				25		2,1.5,(1)
4			0.7	0.5			(26)		1.5
	4.5		(0.75)			27		3	2,1.5,1,(0.75)
5			0.8				(28)		2,1.5,1
		5.5			30			3.5	(3),2,1.5,1,(0.75)
6		7	1	0.75,(0.5)			(32)		2,1.5
8			1.25	1,0.75,(0.5)		33		3.5	(3),2,1.5,(1),(0.75)
		9	(1.25)				35		(1.5)
10			1.5	1.25,1,0.75,(0.5)	36			4	3,2,1.5,(1)
		11	(1.5)	1,0.75,(0.5)			(38)		1.5
12			1.75	1.5,1.25,1,(0.75),(0.5)		39		4	3,2,1.5,(1)
	14		2	1.5,(1.25),1,(0.75),(0.5)			40		(3),2,1.5
		15		1.5,(1)	42	45		4.5	(4),3,2,1.5,(1)
16			2	1.5,1,(0.75),(0.5)	48			5	
		17		1.5,(1)			50		(3),(2),1.5
20	18		2.5	2,1.5,1,(0.75),(0.5)		52		5	(4),3,2,1.5,(1)
	22						55		(4),(3),2,1.5

250

公称直径 d、D			螺距 P		公称直径 d、D			螺距 P	
第一系列	第二系列	第三系列	粗牙	细牙	第一系列	第二系列	第三系列	粗牙	细牙
56			5.5	4,3,2,1.5,(1)			205		6,4,3
		58		(4),(3),2,1.5		210	215		
	60		(5.5)	4,3,2,1.5,(1)	220		225		
		62		(4),(3),2,1.5			230		6,4,3
64			6	4,3,2,1.5,(1)		240	235		
	65			(4),(3),2,1.5	250		245		
	68		6	4,3,2,1.5,(1)			255		
	70			(6),(4),(3),2,1.5		260	265		
72				6,4,3,2,1.5,(1)			270		
	75			(4),(3),2,1.5			275		6,4,(3)
	76			6,4,3,2,1.5,(1)	280		285		
	(78)			2			290		
80				6,4,3,2,1.5,(1)	300		295		
	(82)			2			310		
90	85				320		330		
100	95					340	350		6,4
110	105				360		370		
125	115			6,4,3,2,(1.5)	400	380	390		
	120					420	410		
	130	135				440	430		
140	150	145			450	460	470		
		155				480	490		
160	170	165			500	520	510		6
180		175		6,4,3,(2)	550	540	530		
	190	185					560	570		
200		195			600	580	590		

注：① 优先选用第一系列,其次是第二系列,第三系列尽可以不用。

② M14×1.25 仅用于火花塞；M35×1.5 仅用于滚动轴承锁紧螺母。

③ 括号内的螺距应尽可能不用。

附表 2　普通螺纹的基本尺寸(摘自 GB/T 196—2003)　　　　　　　　(mm)

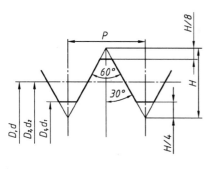

内、外螺纹中径,小经和螺距的关系:

$$D_2 = D - 2 \times \frac{3}{8}H; \quad d_2 = d - 2 \times \frac{3}{8}H$$

$$D_1 = D - 2 \times \frac{5}{8}H; \quad d_1 = d - 2 \times \frac{5}{8}H;$$

原始三角形高度:

$$H = \frac{\sqrt{3}}{2}P = 0.866\,025\,404P°$$

标注示例:

公称直径为 10 mm,中径及大径公差带均为 6 g,中等旋合长度的粗牙右旋普通外螺纹,标记为:M10 - 6 g。

公称直径为 24 mm,螺距为 1.5 mm,旋向为左旋的细牙普通内螺纹,中等旋合长度,标记为:M24×1.5 - LH。

公称直径 D、d	螺距 P	中径 D_2 或 d_2	小径 D_1 或 d_1	公称直径 D、d	螺距 P	中径 D_2 或 d_2	小径 D_1 或 d_1
3	0.5	2.675	2.459	9	(1.25)	8.188	7.647
	0.35	2.773	2.621		1	8.350	7.917
3.5	(0.6)	3.110	2.850		0.75	8.513	8.188
	0.35	3.273	3.121		0.5	8.675	8.459
4	0.7	3.545	3.242	10	1.5	9.026	8.376
	0.5	3.675	3.459		1.25	9.188	8.647
4.5	(0.75)	4.013	3.688		1	9.350	8.917
	0.5	4.175	3.959		0.75	9.513	9.188
5	0.8	4.480	4.134		(0.5)	9.675	9.459
	0.5	4.675	4.459	11	(1.5)	10.026	9.376
5.5	0.5	5.175	4.959		1	10.350	9.917
6	1	5.350	4.917		0.75	10.513	10.188
	0.75	5.513	5.188		0.5	10.675	10.459
	(0.5)	5.675	5.459	12	1.75	10.863	10.106
7	1	6.350	5.917		1.5	11.026	10.376
	0.75	6.513	6.188		1.25	11.188	10.647
	0.5	6.675	6.459		1	11.350	10.917
8	1.25	7.188	6.647		(0.75)	11.513	11.188
	1	7.350	6.917		(0.5)	11.675	11.459
	0.75	7.513	7.188	14	2	12.701	11.835
	(0.5)	7.675	7.459		1.5	13.026	12.376

公称直径 D、d	螺距 P	中径 D_2 或 d_2	小径 D_1 或 d_1	公称直径 D、d	螺距 P	中径 D_2 或 d_2	小径 D_1 或 d_1
	(1.25)	13.188	12.647	18	(0.5)	17.675	17.459
14	1	13.350	12.917		2.5	18.376	17.294
	(0.75)	13.513	13.188		2	18.701	17.835
	(0.5)	13.675	13.459	20	1.5	19.026	18.376
15	1.5	14.026	13.376		1	19.350	18.917
	(1)	14.350	13.917		(0.75)	19.513	19.188
	2	14.701	13.835		(0.5)	19.675	19.459
16	1.5	15.026	14.376		2.5	20.376	19.294
	1	15.350	14.917	22	2	20.701	19.835
	(0.75)	15.513	15.188		1.5	21.026	20.376
	(0.5)	15.675	15.459		1	21.350	20.917
17	1.5	16.026	15.376		(0.75)	21.513	21.188
	(1)	16.350	15.917	24	(0.5)	21.675	21.459
	2.5	16.376	15.294		3	22.051	20.751
	2	16.701	15.835		2	22.701	21.835
18	1.5	17.026	16.376		1.5	23.026	22.376
	1	17.350	16.917		1	23.350	22.917
	(0.75)	17.513	17.188		(0.75)	23.513	23.188

附表3　螺纹密封、非螺纹密封管螺纹的基本尺寸(摘自 GB/T 7306.1—2000、
GB/T 7306.2—2000、GB/T 7307—2000)　　　　　　　　　　　　(mm)

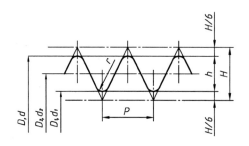

圆柱螺纹的设计牙型

圆锥螺纹的牙型参数

$H = 0.960\,237P$　　$h = 0.640\,327P$　　$r = 0.137\,278P$

圆柱螺纹的牙型参数

$H = 0.960\,491P$　　$h = 0.640\,327P$　　$r = 0.137\,329P$

标记示例：

尺寸代号为 3/4、右旋、非螺纹密封的管螺纹,标记为:G 3/4。

尺寸代号为 1/4、右旋、密封的圆锥内螺纹,标记为:Rc 1/4。

尺寸代号	每25.4 mm内的牙数 n	螺距 P	基本直径			尺寸代号	每25.4 mm内的牙数 n	螺距 P	基本直径		
			大径 D、d	中径 D_2、d_2	小径 D_1、d_1				大径 D、d	中径 D_2、d_2	小径 D_1、d_1
1/8	28	0.907	9.728	9.147	8.566	$1\frac{1}{4}$		2.309	41.910	40.431	38.952
1/4	19	1.337	13.157	12.301	11.445	$1\frac{1}{2}$		2.309	47.303	46.324	44.845
3/8		1.337	16.662	15.806	14.950	$1\frac{1}{8}$		2.309	53.746	52.267	50.788
1/2	14	1.814	20.955	19.793	18.631	2	11	2.309	59.614	58.135	56.656
5/8*		1.814	22.911	21.749	20.587	$2\frac{1}{4}$*		2.309	65.710	64.231	62.752
3/4		1.814	26.441	25.279	24.117	$2\frac{1}{2}$		2.309	75.148	73.705	72.226
7/8*		1.814	30.201	29.039	27.877	$2\frac{3}{4}$*		2.309	81.534	80.055	78.576
1	11	2.309	33.249	31.770	30.291	3		2.309	87.884	86.405	84.926
$1\frac{1}{8}$*		2.309	37.897	36.418	34.939	$3\frac{1}{2}$		2.309	100.330	98.851	97.372

注:① GB/T 7307—2000 为非螺纹密封的管螺纹,一般为圆柱螺纹;GB/T 7306.1—2000、GB/T 7306.2—2000 为 55°密封的管螺纹,一般为锥螺纹,其螺纹的锥度为 1∶16。

② 用密封的管螺纹的"基本直径"为基准平面上的基本直径。

③ 尺寸代号有"＊"号者,仅有非螺纹密封的管螺纹。

附表 4　梯形螺纹(摘自 GB/T 5796.2—2005)　　　　　　　　　　　(mm)

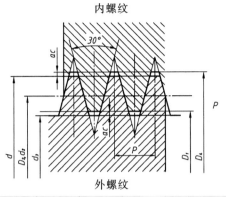

内螺纹

外螺纹

D_4、D_2、D_1 为内螺纹大径、中径和小径

d、d_2、d_3 为外螺纹大径、中径和小径

$d_2 = D_2$

a_c 为牙顶间隙

标注示例：

公称直径 30 mm，导程 14 mm，螺距 7 mm，左旋的双线梯形内螺纹，标记为：Tr30×14(p7)LH。

公称直径 30 mm，螺距 7 mm 的单线梯形螺纹，标记为：Tr30×7。

公称直径 d		螺距	中径	大径	小径		公称直径 d		螺距	中径	大径	小径	
第一系列	第二系列	P	$D_2=d_2$	D_4	d_3	D_1	第一系列	第二系列	P	$D_2=d_2$	D_4	d_3	D_1
8		1.5	7.25	8.30	6.20	6.50	26		5	23.50	26.50	20.50	21.00
	9	1.5	8.25	9.30	7.20	7.50			8	22.00	27.00	17.00	18.00
	9	2	8.00	9.50	6.50	7.00	28		3	26.50	28.50	24.50	25.00
10		1.5	9.25	10.30	8.20	8.50			5	25.50	28.50	22.50	23.00
10		2	9.00	10.50	7.50	8.00			8	24.00	29.00	19.00	20.00
	11	2	10.00	11.50	8.50	8.00		30	3	28.50	30.50	26.50	27.00
	11	3	9.50	11.50	7.50	9.00		30	6	27.00	31.00	23.00	24.00
12		2	11.00	12.50	9.50	10.00		30	10	25.00	31.00	19.00	20.00
12		3	10.50	12.50	8.50	9.00	32		3	30.50	32.50	28.50	29.00
	14	2	13.00	14.50	11.50	12.00			6	29.00	33.00	25.00	26.00
	14	3	12.50	14.50	10.50	11.00			10	27.00	33.00	21.00	22.00
16		2	15.00	16.50	13.50	14.00		34	3	32.50	34.50	30.50	31.00
16		4	14.00	16.50	11.50	12.00		34	6	31.00	35.00	27.00	28.00
	18	2	17.00	18.50	15.50	16.00		34	10	29.00	35.00	23.00	24.00
	18	4	16.00	18.50	13.50	14.00	36		3	34.50	36.50	32.50	33.00
20		2	19.00	20.50	17.50	18.00			6	33.00	37.00	29.00	30.00
20		4	18.00	20.50	15.50	16.00			10	31.00	37.00	25.00	26.00
	22	3	20.50	22.50	18.50	19.00		38	3	36.50	38.50	34.50	35.00
	22	5	19.50	22.50	16.50	17.00		38	7	34.50	39.00	30.00	31.00
	22	8	18.00	23.00	13.00	14.00		38	10	33.00	39.00	27.00	28.00
24		3	22.50	24.50	20.50	21.00	40		3	38.50	40.50	36.50	37.00
24		5	21.50	24.50	18.50	19.00			7	36.50	41.00	32.00	33.00
24		8	20.00	25.00	15.00	16.00							
	26	3	24.50	26.50	22.50	23.00			10	35.00	41.00	29.00	30.00

二、螺栓

附表 5　六角头螺栓(摘自 GB/T 5782—2000)　　　　　　　　　　　　　（mm）

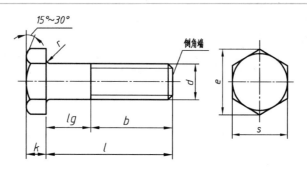

标记示例:

　　螺纹规格 d＝M12,公称长度 l＝80 mm,性能等级为 8.8 级,表面氧化,A 级的六角头螺栓,标记为:螺栓 GB/T 5782 M12×80。

螺纹规格 d			M3	M4	M5	M6	M8	M10	M12	M16	M20	M24	M30	M36
b 参考	$l\leqslant125$		12	14	16	18	22	26	30	38	46	54	66	
	$125<l\leqslant200$		18	20	22	24	28	32	36	44	52	60	72	84
	$l>200$		31	33	35	37	41	45	49	57	65	73	85	97
c	min		0.15	0.15	0.15	0.15	0.15	0.15	0.15	0.2	0.2	0.2	0.2	0.2
	max		0.4	0.4	0.5	0.5	0.6	0.6	0.6	0.8	0.8	0.8	0.8	0.8
d_w min	产品等级	A	4.57	5.88	6.88	8.88	11.63	14.63	16.6	22.49	28.19	33.61		
		B	4.45	5.74	6.74	8.74	11.47	14.47	16.47	22	27.7	33.2	42.75	51.11
e min	产品等级	A	6.01	7.66	8.79	11.05	14.38	17.77	20.03	26.75	33.53	39.98		
		B	5.88	7.50	8.63	10.89	14.20	17.59	19.85	26.17	32.95	39.55	50.85	60.79
k 公称			2	2.8	3.5	4	5.3	6.4	7.5	10	12.5	15	18.7	22.5
s max＝公称			5.5	7	8	10	13	16	18	24	30	36	46	55
l 公称(系列值)			6,8,10,12,16,20,25,30,35,40,45,50,55,60,65,70,80,90,100,110,120,130,140,150,160,180,200,240,260,280,300,320,340,360,380,400,420,440,460,480,500											

　　注: ① 等级 A、B 是根据公差取值不同而定,A 级用于 $d\leqslant24$ 和 $l\leqslant10d$ 或 $l\leqslant150$ mm(按较小值)的螺栓;B 级用于 $d>24$ 和 $l>10d$ 或 $l>150$ mm(按较小值)的螺栓。

　　② 螺纹末端应倒角,对 $d\leqslant$M4 时,可为碾制末端。

　　③ 螺纹规格 d 从 M1.6～M64。

三、螺柱

双头螺柱——$b_m = d$(摘自 GB/T 897—1988)　　双头螺柱——$b_m = 1.5d$(摘自 GB/T 899—1988)

双头螺柱——$b_m = 1.25d$(摘自 GB/T 898—1988)　　双头螺柱——$b_m = 2d$(摘自 GB/T 900—1988)

A型
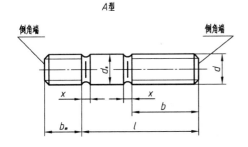

B型
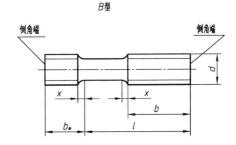

标记示例:

　　两端均为粗牙普通螺纹,$d = 10$ mm、公称长度 $l = 50$ mm,性能等级为 4.8 级,不经热处理及表面处理,B 型、$b_m = d$ 的双头螺柱,标记为:螺柱 GB897 M10×50;

　　若按 A 型制造,必须加注"A",如:螺柱 GB/T 897 AM10×50。

螺纹规格		M5	M6	M8	M10	M12	M16	M20	M24	M30	M36	M42
b_m	GB897—1988	5	6	8	10	12	16	20	24	30	36	42
	GB898—1988	6	8	10	12	15	20	25	30	38	45	52
	GB899—1988	8	10	12	15	18	24	30	36	45	54	63
	GB900—1988	10	12	16	20	24	32	40	48	60	72	84
d_s		5	6	8	10	12	16	20	24	30	36	42
x		$1.5p$	$1.5p$	$1.5p$	$1.5p$	$1.5p$	$1.5p$	$1.5p$	$1.5p$	$1.5p$	$1.5p$	$1.5p$
$\dfrac{l}{b}$		$\dfrac{16\sim22}{10}$ $\dfrac{25\sim50}{16}$	$\dfrac{20\sim22}{10}$ $\dfrac{25\sim30}{14}$ $\dfrac{32\sim75}{18}$	$\dfrac{20\sim22}{12}$ $\dfrac{25\sim30}{16}$ $\dfrac{32\sim90}{22}$	$\dfrac{25\sim28}{14}$ $\dfrac{30\sim38}{16}$ $\dfrac{40\sim120}{26}$ $\dfrac{130}{32}$	$\dfrac{25\sim30}{16}$ $\dfrac{32\sim40}{20}$ $\dfrac{45\sim120}{30}$ $\dfrac{130\sim180}{36}$	$\dfrac{30\sim38}{20}$ $\dfrac{40\sim55}{30}$ $\dfrac{60\sim120}{38}$ $\dfrac{130\sim200}{44}$	$\dfrac{35\sim40}{25}$ $\dfrac{45\sim65}{35}$ $\dfrac{70\sim120}{46}$ $\dfrac{130\sim200}{52}$	$\dfrac{45\sim50}{30}$ $\dfrac{55\sim75}{45}$ $\dfrac{80\sim120}{54}$ $\dfrac{130\sim200}{60}$	$\dfrac{60\sim65}{40}$ $\dfrac{70\sim90}{50}$ $\dfrac{95\sim120}{66}$ $\dfrac{130\sim200}{72}$ $\dfrac{210\sim250}{85}$	$\dfrac{65\sim75}{45}$ $\dfrac{80\sim110}{60}$ $\dfrac{120}{78}$ $\dfrac{130\sim200}{84}$ $\dfrac{210\sim300}{97}$	$\dfrac{65\sim80}{50}$ $\dfrac{85\sim110}{70}$ $\dfrac{120}{90}$ $\dfrac{130\sim200}{96}$ $\dfrac{210\sim300}{109}$
l 系列		16,(18),20,(22),25,(28),30,(32),35,(38),40,45,50,(55),60,(65),70,(75),80,(85),90,(95),100,110,120,130,140,150,160,170,180,190,200,210,220,230,240,250,260,280,300										

注:① p 是粗牙螺纹的螺距。

　　② l 系列中尽可能不采用括号内的数值。

四、螺钉

附表 7　开槽圆柱头螺钉(摘自 GB/T 65—2000)　　　　　　　　　(mm)

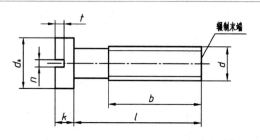

标记示例：

　　螺纹规格 d＝M5、公称长度 l＝20 mm、性能等级为 4.8 级、不经表面处理的开槽圆柱头螺钉,标记为:螺钉 GB/T65 M5×20。

螺纹规格 d		M3	M4	M5	M6	M8	M10
b min		25	38	38	38	38	38
d_k	max	5.5	7	8.5	10	13	16
	min	5.32	6.78	8.28	9.78	12.73	15.73
k	max	2	2.6	3.3	3.9	5	6
	min	1.86	2.46	3.12	3.6	4.7	5.7
n 公称		0.8	1.2	1.2	1.6	2	2.5
t min		0.85	1.1	1.3	1.6	2	2.4
l 公称(系列值)		4,5,6,8,10,12,(14),16,20,25,30,35,40,45,50,(55),60,(65),70,(75),80					

注:① 当 l≤40 时,螺钉制出全螺纹。

② l 公称值尽可能不采用括号内的规格。

附表 8　开槽盘头螺钉(摘自 GB/T 67—2000)　　　　　　　　(mm)

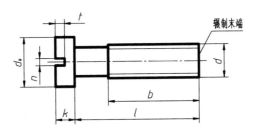

标记示例:

　　螺纹规格 d＝M5、公称长度 l＝20 mm、性能等级为 4.8 级、不经表面处理的 A 级开槽盘头螺钉,标记为:
螺钉 GB/T 67 M5×20。

螺纹规格 d		M3	M4	M5	M6	M8	M10
b min		25	38	38	38	38	38
d_k	max	5.6	8	9.5	12	16	20
	min	5.3	7.64	9.14	11.57	15.57	19.48
k	max	1.8	2.4	3	3.6	4.8	6
	min	1.66	2.26	2.86	3.3	4.5	5.7
n 公称		0.8	1.2	1.2	1.6	2	2.5
t min		0.7	1	1.2	1.4	1.9	2.4
l 公称(系列值)		4,5,6,8,10,12,(14),16,20,25,30,35,40,45,50,(55),60,(65),70,(75),80					

注:① 当 l≤40 时,螺钉制出全螺纹。
② l 公称值尽可能不采用括号内的规格。

附表 9　开槽沉头螺钉(摘自 GB/T 68—2000)　　　　　　　　　　　　　(mm)

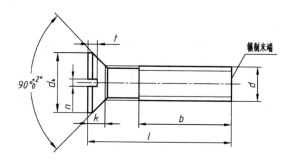

标记示例:

　　螺纹规格 d＝M5、公称长度 l＝20 mm、性能等级为 4.8 级、不经表面处理的 A 级开槽沉头螺钉,标记为:
螺钉 GB/T 68 M5×20。

螺纹规格 d		M2	M2.5	M3	M4	M5	M6	M8	M10
b min		25	25	25	38	38	38	38	38
d_k实际值	max	3.8	4.7	5.5	8.4	9.3	11.3	15.8	18.3
	min	3.5	4.4	5.2	8.04	8.94	10.87	15.37	17.78
k 公称＝max		1.2	1.5	1.65	2.7	2.7	3.3	4.65	5
n 公称		0.5	0.6	0.8	1.2	1.2	1.6	2	2.5
t	min	0.4	0.5	0.6	1	1.1	1.2	1.8	2
	max	0.6	0.75	0.85	1.3	1.4	1.6	2.3	2.6
l公称(系列值)		2.5,3,4,5,6,8,10,12,(14),16,20,25,30,35,40,45,50,(55),60,(65),70,(75),80							

注:① 当 $d{\leqslant}3,l{\leqslant}30;d{>}3$ 时,螺钉制出全螺纹。
　　② l公称值尽可能不采用括号内的规格。

附表 10　紧 定 螺 钉　　　　　　　　　　（mm）

开槽锥端紧定螺钉　　　　　开槽平端紧定螺钉　　　　　开槽长圆柱端紧定螺钉
GB/T 71—1985　　　　　　GB/T 73—1985　　　　　　GB/T 75—1985

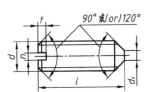 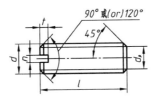 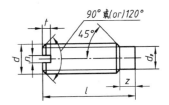

标记示例：

螺纹规格 d＝M5，公称长度 l＝20 mm，性能等级为 14H 级，表面氧化的开槽锥端紧定螺钉，标记为：螺钉 GB/T 71 M5×20。

螺纹规格 d＝M5，公称长度 l＝20 mm，性能等级为 14H 级，表面氧化的开槽平端紧定螺钉，标记为：螺钉 GB/T 73 M5×20。

螺纹规格 d＝M5，公称长度 l＝20 mm，性能等级为 14H 级，表面氧化的开槽长圆柱端紧定螺钉，标记为：螺钉 GB/T75 M5×20。

d	M2	M2.5	M3	M4	M5	M6	M8	M10	M12
n(公称)	0.25	0.4	0.4	0.6	0.8	1	1.2	1.6	2
t(min)	0.64	0.72	0.8	1.12	1.28	1.6	2	2.4	2.8
d_p(max)	1	1.5	2	2.5	3.5	4	5.5	7	8.5
z(max)	1.25	1.5	1.75	2.25	2.75	3.25	4.3	5.3	6.3
d_t(max)	0.2	0.25	0.3	0.4	0.5	1.5	2	2.5	3
l GB/T71—1985	3～10	3～12	4～16	6～20	8～25	8～30	10～40	12～50	14～60
l GB/T73—1985	2～10	2.5～12	3～16	4～20	5～25	6～30	8～40	10～50	12～60
l GB/T75—1985	3～10	4～12	5～16	6～20	8～25	8～30	10～40	12～50	14～60
l 系列	3,4,5,6,8,10,12,(14),16,20,25,30,40,45,50,(55),60								

注：① l 系列值中，尽可能不采用括号内的规格。
② 开端锥端紧定螺钉(GB/T 71—1985)，当 $d≤$M5 时不要求锥端有平面部分(d_t)，可以倒圆。

261

五、螺母

附表 11 六 角 螺 母 （mm）

1 型六角螺母 GB/T 6170—2000  六角薄螺母 GB/T 6172.1—2000

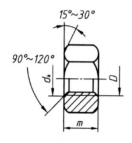

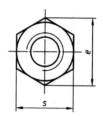

标记示例：

螺纹规格 D＝M12，性能等级为 8 级，不经表面处理，产品等级为 A 级的 1 型六角螺母，标记为：螺母 GB/T 6170 M12。

螺纹规格 D			M2	M2.5	M3	M4	M5	M6	M8	M10	M12	M16	M20	M24	M30
c		max	0.2	0.3	0.4	0.4	0.5	0.5	0.6	0.6	0.6	0.8	0.8	0.8	0.8
d_w		min	3.1	4.1	4.6	5.9	6.9	8.9	11.6	14.6	16.6	22.5	27.7	33.3	42.8
e		min	4.32	5.45	6.01	7.66	8.79	11.05	14.38	17.77	20.03	26.75	32.95	39.55	50.85
s		max	4	5	5.5	7	8	10	13	16	18	24	30	36	46
		min	3.82	4.82	5.32	6.78	7.78	9.78	12.73	5.73	17.73	23.67	29.16	35	45
m	GB/T 6170	max	1.6	2	2.4	3.2	4.7	5.2	6.8	8.4	10.8	14.8	18	21.5	25.6
		min	1.35	1.75	2.15	2.9	4.4	4.9	6.44	8.04	10.73	14.1	16.9	20.2	24.3
	GB/T 6172.1	max	1.2	1.6	1.8	2.2	2.7	3.2	4	5	6	8	10	12	15
		min	0.95	1.35	1.55	1.95	2.45	2.9	3.7	4.7	5.7	7.42	9.10	10.9	13.9

注：A 级用于 $D \leqslant 16$ 的螺母，B 级用于 $D > 16$ 的螺母。

六、垫圈

小垫圈—A 级
GB/T 848—2002

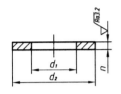

平垫圈—A 级
GB/T 97.1—2002

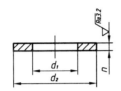

平垫圈　倒角型—A 级
GB/T 97.2—2002

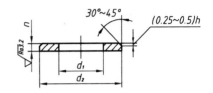

标记示例：

公称尺寸 $d=10$ mm,性能等级为 140HV 级,不经表面处理的小垫圈,标记为：垫圈 GB/T 848－10。

公称尺寸 $d=10$ mm,性能等级为 140HV 级,不经表面处理的平垫圈,标记为：垫圈 GB/T 97.1－10。

公称尺寸 $d=10$ mm,性能等级为 A140 级、倒角型、不经表面处理的平垫圈,标记为：垫圈 GB/T 97.2－10。

公称尺寸（螺纹规格 d）		3	4	5	6	8	10	12	14	16	20	24
内径 d_1	GB/T 848—2002	3.2	4.3	5.3	6.4	8.4	10.5	13	15	17	21	25
	GB/T 97.1—2002	3.2	4.3	5.3	6.4	8.4	10.5	13	15	17	21	25
	GB/T 97.2—2002	—	—	5.3	6.4	8.4	10.5	13	15	17	21	25
外径 d_2	GB/T 848—2002	6	8	9	11	15	18	20	24	28	34	39
	GB/T 97.1—2002	7	9	10	12	16	20	24	28	30	37	44
	GB/T 97.2—2002	—	—	10	12	16	20	24	28	30	37	44
厚度 h	GB/T 848—2002	0.5	0.8	1	1.6	1.6	1.6	2	2.5	2.5	3	4
	GB/T 97.1—2002	0.5	0.8	1	1.6	1.6	2	2.5	2.5	3	3	4
	GB/T 97.2—2002	—	—	1	1.6	1.6	2	2.5	2.5	3	3	4

注：① 垫圈材料为钢时,垫圈的性能等级分为 140 HV、200 HV、300 HV 三级；其中 140 HV 级最常用。

② GB/T 848 适用于规格为 1.6～36 mm 的圆柱头螺钉。

③ GB/T 97.1,GB/T 97.2 适用于规格为 5～36 mm 的标准六角头螺栓、螺钉和螺母。

附表 13　弹 簧 垫 圈　　　　　　　　　　　　　　（mm）

标准型弹簧垫圈（摘自 GB/T 93—1987）

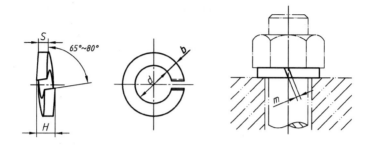

标记示例：

　　规格 16 mm，材料为 65 Mn，表面氧化的标准型弹簧垫圈，标记为：垫圈 GB/T 93 16。

规格（螺纹大径）	3	4	5	6	8	10	12	(14)	16	(18)	20	(22)	24	(27)	30
d(min)	3.1	4.1	5.1	6.1	8.1	10.2	12.2	14.2	16.2	18.2	20.2	22.5	24.5	27.5	30.5
H(min)	1.6	2.2	2.6	3.2	4.2	5.2	6.2	7.2	8.2	9	10	11	12	13.6	15
$S(b)$	0.8	1.1	1.3	1.6	2.1	2.6	3.1	3.6	4.1	4.5	5	5.5	6	6.8	7.5
$m\leqslant$	0.4	0.55	0.65	0.8	1.05	1.3	1.55	1.8	2.05	2.25	2.5	2.75	3	3.4	3.75

注：m 应大于零。

七、销

圆锥销（摘自 GB/T 117—2000）
磨削　　　　　　　　　　　切削或冷镦

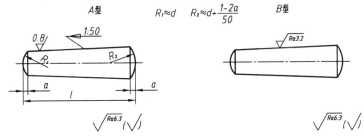

标记示例:

　　公称直径 $d=10$ mm,长度 $l=60$ mm,材料为 35 钢,热处理硬度 28～38 HRC,表面氧化处理的 A 型圆锥销,标记为:

　　销 GB/T117 10×60。

d	2	2.5	3	4	5	6	8	10	12
$a \approx$	0.25	0.3	0.4	0.5	0.63	0.8	1	1.2	1.6
l	10～35	10～35	12～45	14～55	18～60	22～90	22～120	26～160	32～180
l 系列	10,12,14,16,18,20,22,24,26,28,30,32,35,40,45,50,55,60,65,70,75,80,85,90,95,100,120,140,160,180								

注:标准规定圆锥销的公称直径 $d=0.6～50$ mm。

附表 15　圆　柱　销　　　　　　　　　　　　　　　　　（mm）

圆柱销（摘自 GB/T 119.1—2000）

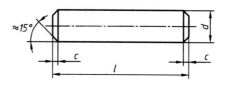

标记示例：

公称直径 $d=8$ mm，公差为 m6，长度 $l=30$ mm，材料为钢，热处理硬度 28～38 HRC，表面氧化的圆柱销，标记为：销 GB/T 119.1 8m6×30。

d	2	2.5	3	4	5	6	8	10	12
$c\approx$	0.35	0.40	0.50	0.63	0.80	1.2	1.6	2.0	2.5
l	6～20	6～24	8～30	8～40	10～50	12～60	14～80	18～95	22～140
l 系列	6,8,10,12,14,16,18,20,22,24,26,28,30,32,35,40,45,50,55,60,65,70,75,80,85,90,95,100,120,140,160,180,200								

注：圆柱销的公称直径 $d=0.6\sim50$ mm，公称长度 $l=2\sim200$ mm，公差有 m6 和 h8。

附表 16 开 口 销　　　　　　　　　　（mm）

开口销（摘自 GB/T 91—2000）

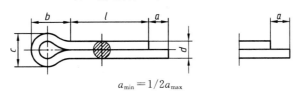

$$a_{min}=1/2a_{max}$$

标记示例:

公称直径 $d=5$ mm,长度 $l=50$ mm,材料为 Q215 或 Q235,不经表面处理的开口销,标记为:销 GB/T 91 5×50。

公称规格		1	1.2	1.6	2	2.5	3.2	4	5	6.3	8	10	13
d	max	0.9	1	1.4	1.8	2.3	2.9	3.7	4.6	5.9	7.5	9.5	12.4
c	max	1.8	2	2.8	3.6	4.6	5.8	7.4	9.2	11.8	15	19	24.8
	min	1.6	1.7	2.4	3.2	4	5.1	6.5	8	10.3	13.1	16.6	21.7
$b\approx$		3	3	3.2	4	5	6.4	8	10	12.6	16	20	26
a max		1.6		2.5			3.2		4			6.3	
l 公称(系列值)		4,5,6,8,10,12,14,16,18,20,22,24,26,28,30,32,36,40,45,50,55,60,65,70,75,80,85,90,95,100,120,140,160,180,200											

注:① 公称规格为销孔的公称直径。

② 开口销的公称规格为 0.6～20 mm。

③ 根据供需双方协议,可采用公称规格为 3、6、12 mm 的开口销。

八、键

附表 17　平键和键槽断面的基本尺寸　　　　　　　　　　（mm）

平键和键槽的剖面尺寸(摘自 GB/T 1095—2003)

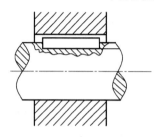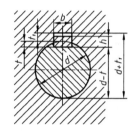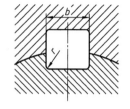

公称直径 d			6～8	>8～10	>10～12	>12～17	>17～22	>22～30	>30～38	>38～44	>44～50	>50～58	>58～65	>65～75	>75～85
键的公称尺寸		b	2	3	4	5	6	8	10	12	14	16	18	20	22
		h	2	3	4	5	6	7	8	8	9	10	11	12	14
键槽	深度	轴 t	1.2	1.8	2.5	3.0	3.5	4.0	5.0	5.0	5.5	6	7.0	7.5	9
		毂 t₁	1.0	1.4	1.8	2.3	2.8	3.3	3.3	3.3	3.8	4.3	4.4	4.9	5.4
	半径 r	最大	0.08			0.16			0.25				0.40		
		最小	0.16			0.25			0.40				0.60		

附表 18　普通平键的型式尺寸　　　　　　　　　（mm）

普通平键型式尺寸（摘自 GB/T 1096—2003）

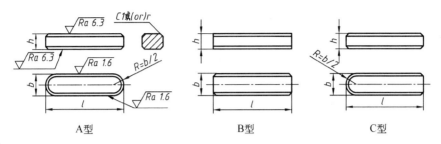

A型　　　　　　　　　　　B型　　　　　　　　　　　C型

标记示例：

　　圆头普通平键（A 型），$b=16$ mm，$h=10$ mm，$L=100$ mm，标记为：GB/T 1096 键 16×10×100。

　　平头普通平键（B 型），$b=16$ mm，$h=10$ mm，$L=100$ mm，标记为：GB/T 1096 键 B16×10×100。

　　单圆头普通平键（C 型），$b=16$ mm，$h=10$ mm，$L=100$ mm，标记为：GB/T 1096 键 C16×10×100。

b	2	3	4	5	6	8	10	12	14	16	18	20	22	25	28	32	36	40
h	2	3	4	5	6	7	8	8	9	10	11	12	14	14	16	18	20	22
C 或 r	<0.16			<0.25			<0.40					<0.60					1.0	
长度范围 l	6～20	6～36	8～45	10～56	14～70	18～90	22～110	28～140	36～160	45～180	50～200	56～220	63～250	70～280	80～320	90～360	100～400	100～400
l 系列	6, 8, 10, 12, 14, 16, 18, 20, 22, 25, 28, 32, 36, 40, 45, 50, 56, 63, 70, 80, 90, 100, 110, 125, 140, 160, 180, 200, 220, 250, 280, 320, 360																	

注：标准规定键宽 $b=2\sim100$ mm，公称长度 $L=6\sim500$ mm。

九、滚动轴承

附表 19　深沟球轴承　　　　　　　　　　　　　　（mm）

深沟球轴承（摘自 GB/T 276—1994）

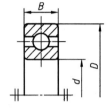

标记示例：
滚动轴承 6008 GB/T 276

轴承型号		尺寸			轴承型号		尺寸		
新	旧	d	D	B	新	旧	d	D	B
01 尺寸系列(旧:特轻(1)系列)					02 尺寸系列(旧:轻窄(2)系列)				
6000	100	10	26	8	6207	207	35	72	17
6001	101	12	28	8	6208	208	40	80	18
6002	102	15	32	9	6209	209	45	85	19
6003	103	17	35	10	6210	210	50	90	20
6004	104	20	42	12	6211	211	55	100	21
6005	105	25	47	12	6212	212	60	110	22
6006	106	30	55	13	6213	213	65	120	23
6007	107	35	62	14	6214	214	70	125	24
6008	108	40	68	15	6215	215	75	130	25
6009	109	45	75	16	6216	216	80	140	26
6010	110	50	80	16	6217	217	85	150	28
6011	111	55	90	18	6218	218	90	160	30
02 尺寸系列(旧:轻窄(2)系列)					6219	219	95	170	32
6200	200	10	30	9	03 尺寸系列(旧:中窄(3)系列)				
6201	201	12	32	10	6300	300	10	35	11
6202	202	15	35	11	6301	301	12	37	12
6203	203	17	40	12	6302	302	15	42	13
6024	204	20	47	14	6303	303	17	47	14
6205	205	25	52	15	6304	304	20	52	15
6206	206	30	62	16	6305	305	25	62	17

轴承型号		尺寸			轴承型号		尺寸		
新	旧	d	D	B	新	旧	d	D	B
03 尺寸系列(旧:中窄(3)系列)					04 尺寸系列(旧:重窄(4)系列)				
6306	306	30	72	19	6408	408	40	110	27
6307	307	35	80	21	6409	409	45	120	29
6308	308	40	90	23	6410	410	50	130	31
6309	309	45	100	25	6411	411	55	140	33
6310	310	50	110	27	6412	412	60	150	35
6311	311	55	120	29	6413	413	65	160	37
04 尺寸系列(旧:重窄(4)系列)					6414	414	70	180	42
6403	403	17	62	17	6415	415	75	190	45
6404	404	20	72	19	6416	416	80	200	48
6405	405	25	80	21	6417	417	85	210	52
6406	406	30	90	23	6418	418	90	225	54
6407	407	35	100	25	6420	420	100	250	58

附表 20　圆锥滚子轴承　　　　　　　　　　　　　　　（mm）

圆锥滚子轴承（摘自 GB/T 297—1994）

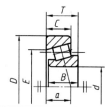

标记示例：
滚动轴承 30218 GB/T 297

轴承型号	尺寸							轴承型号	尺寸						
	d	D	T	B	C	E	a		d	D	T	B	C	E	a
02 尺寸系列(旧:轻窄(2)系列)								22 尺寸系列(旧:轻窄(5)系列)							
30204	20	47	15.25	14	12	37.3	11.2	32206	30	62	21.5	20	17	46.9	15.6
30205	25	52	16.25	15	13	41.1	12.5	32207	35	72	24.25	23	19	57	17.9
30206	30	62	17.25	16	14	49.9	13.8	32208	40	80	24.75	23	19	64.7	18.9
30207	35	72	18.25	17	15	58.8	15.3	32209	45	85	24.75	23	19	69.6	20.1
30208	40	80	19.75	18	16	65.7	16.9	32210	50	90	24.75	23	19	74.2	21
30209	45	85	20.75	19	16	70.4	18.6	32211	55	100	26.75	25	21	82.8	22.8
30210	50	90	21.75	20	17	75	20	32212	60	110	29.75	28	24	90.2	25
30211	55	100	22.75	21	18	84.1	21	32213	65	120	32.75	31	27	99.4	27.3
30212	60	110	23.75	22	19	91.8	22.3	32214	70	125	33.25	31	27	103.7	28.8
30213	65	120	24.75	23	20	101.9	23.8	32215	75	130	33.25	31	27	108.9	30
30214	70	125	26.25	24	21	105.7	25.8	32216	80	140	35.25	33	28	117.4	31.4
30215	75	130	27.25	25	22	110.4	27.4	32217	85	150	38.5	36	30	124.9	33.9
30216	80	140	28.25	26	22	119.1	28.1	32218	90	160	42.5	40	34	132.6	36.8
30217	85	150	30.5	28	24	126.6	30.3	32219	95	170	45.3	43	37	140.2	39.2
30218	90	160	32.5	30	26	134.9	32.3	32220	100	180	49	46	39	148.1	41.9
30219	95	170	34.5	32	27	143.3	34.2	23 尺寸系列 (旧:中宽(6)系列)							
30220	100	180	37	34	29	151.3	36.4	32304	20	52	22.25	21	18	39.5	13.6
03 尺寸系列(旧:中窄(3)系列)								32305	25	62	25.25	24	20	48.6	15.9
30304	20	52	16.25	15	13	41.3	11.1	32306	30	72	28.75	27	23	55.7	18.9
30305	25	62	18.25	17	15	50.6	13	32307	35	80	32.75	31	25	62.8	20.4
30306	30	72	20.75	19	16	58.2	15.3	32308	40	90	35.25	33	27	69.2	23.3
30307	35	80	22.75	21	18	65.7	16.8	32309	45	100	38.25	36	30	78.3	25.6
30308	40	90	25.25	23	20	72.7	19.5	32310	50	110	42.25	40	33	86.2	28.2
30309	45	100	27.75	25	22	81.7	21.3	32311	55	120	45.5	43	35	94.3	30.4
30310	50	110	29.25	27	23	90.6	23	32312	60	130	48.5	46	37	102.9	32
30311	55	120	31.5	29	25	99.1	24.9	32313	65	140	51	48	39	111.7	34.3
30312	60	130	33.5	31	26	107.7	26.6	32314	70	150	54	51	42	119.7	36.5
30313	65	140	36	33	28	116.8	28.7								
30314	70	150	38	35	30	125.2	30.7								

附表 21　推力球轴承　　　　　　　　　　　　　　　　　　　　　　　　　　（mm）

推力球轴承（GB/T 301—1995）

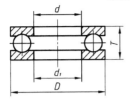

标记示例：
滚动轴承 51209 GB/T 301

轴承型号		尺寸				轴承型号		尺寸			
新	旧	d	d_{1min}	D	T	新	旧	d	d_{1min}	D	T
12 尺寸系列（旧：轻（2）系列）						13 尺寸系列（旧：中（3）系列）					
51200	8200	10	12	26	11	51310	8310	50	52	95	31
51201	8201	12	14	28	11	51311	8311	55	57	105	35
51202	8202	15	17	32	12	51312	8312	60	62	110	35
51203	8203	17	19	35	12	51313	8313	65	67	115	36
51204	8204	20	22	40	14	51314	8314	70	72	125	40
51205	8205	25	27	47	15	31315	8315	75	77	135	44
51206	8206	30	32	52	16	51316	8316	80	82	140	44
51207	8207	35	37	62	18	51317	8317	85	88	150	49
51208	8208	40	42	68	19	51318	8318	90	93	155	50
51209	8209	45	47	73	20	51320	8320	100	103	170	55
51210	8210	50	52	78	22	14 尺寸系列（旧：重（4）系列）					
51211	8211	55	57	90	25	51405	8405	25	27	60	24
51212	8212	60	62	95	26	51406	8406	30	32	70	28
51213	8213	65	67	100	27	51407	8407	35	37	80	32
51214	8214	70	72	105	27	51408	8408	40	42	90	36
51215	8215	75	77	110	27	51409	8409	45	47	100	39
51216	8216	80	82	115	28	51410	8410	50	52	110	43
51217	8217	85	88	125	31	51411	8411	55	57	120	48
51218	8218	90	93	135	35	51412	8412	60	62	130	51
51220	8220	100	103	150	38	51413	8413	65	68	140	56
13 尺寸系列（旧：中（3）系列）						51414	8414	70	73	150	60
51304	8304	20	22	47	18	51415	8415	75	78	160	65
51305	8305	25	27	52	18	51416	8416	80	83	170	68
51306	8306	30	32	60	21	51417	8417	85	88	180	72
51307	8307	35	37	68	24	51418	8418	90	93	190	77
51308	8308	40	42	78	26	51420	8420	100	103	210	85
51309	8309	45	47	85	28						

十、极限与配合

附表 22　标准公差数值(摘自 GB/T 1800.1—2009)

公称尺寸/mm		公差等级																		
大于	至	IT1	IT2	IT3	IT4	IT5	IT6	IT7	IT8	IT9	IT10	IT11	IT12	IT13	IT14	IT15	IT16	IT17	IT18
		μm①											mm							
—	3	0.8	1.2	2	3	4	6	10	14	25	40	60	0.10	0.14	0.25	0.40	0.60	1.0	1.4
3	6	1	1.5	2.5	4	5	8	12	18	30	48	75	0.12	0.18	0.30	0.48	0.75	1.2	1.8
6	10	1	1.5	2.5	4	6	9	15	22	36	58	90	0.15	0.22	0.36	0.58	0.90	1.5	2.2
10	18	1.2	2	3	5	8	11	18	27	43	70	110	0.18	0.27	0.43	0.70	1.10	1.8	2.7
18	30	1.5	2.5	4	6	9	13	21	33	52	84	130	0.21	0.33	0.52	0.84	1.30	2.1	3.3
30	50	1.5	3.5	4	7	11	16	25	39	62	100	160	0.25	0.39	0.62	1.00	1.60	2.5	3.9
50	80	2	3	5	8	13	19	30	46	74	120	190	0.30	0.46	0.74	1.20	1.90	3.0	4.6
80	120	2.5	4	6	10	15	22	35	54	87	140	220	0.35	0.54	0.87	1.40	2.20	3.5	5.4
120	180	3.5	5	8	12	18	25	40	63	100	160	250	0.40	0.63	1.00	1.60	2.50	4.0	6.3
180	250	4.5	7	10	14	20	29	46	72	115	185	290	0.46	0.72	1.15	1.85	2.90	4.6	7.2
250	315	6	8	12	16	23	32	52	81	130	210	320	0.52	0.81	1.30	2.10	3.20	5.2	8.1
315	400	7	9	13	18	25	36	57	89	140	230	360	0.57	0.89	1.40	2.30	3.60	5.7	8.9
400	500	8	10	15	20	27	40	63	97	155	250	400	0.63	0.97	1.55	2.50	4.00	6.3	9.7

注:① 1 μm=1/1 000 mm。
② 公称尺寸>500 mm 的偏差数值未列入。

附表 23　轴的基本偏差数值(摘自 GB/T 1800.1—2009)　　　　　　　(μm)

基本偏差	上极限偏差(es)											
	a	b	c	cd	d	e	ef	f	fg	g	h	js
公称尺寸 /mm	公　差											
大于　至	所　有　等　级											
—　　3	−270	−140	−60	−34	−20	−14	−10	−6	−4	−2	0	
3　　6	−270	−140	−70	−46	−30	−20	−14	−10	−6	−4	0	
6　　10	−280	−150	−80	−56	−40	−25	−18	−13	−8	−5	0	
10　　14	−290	−150	−95	—	−50	−32	—	−16	—	−6	0	
14　　18												
18　　24	−300	−160	−110	—	−65	−40	—	−20	—	−7	0	
24　　30												
30　　40	−310	−170	−120	—	−80	−50	—	−25	—	−9	0	
40　　50	−320	−180	−130									
50　　65	−340	−190	−140	—	−100	−60	—	−30	—	−10	0	
65　　80	−360	−200	−150									
80　　100	−380	−220	−170	—	−120	−72	—	−36	—	−12	0	
100　　120	−410	−240	−180									
120　　140	−460	−260	−200	—	−145	−85	—	−43	—	−14	0	
140　　160	−520	−280	−210									
160　　180	−580	−310	−230									
180　　200	−660	−340	−240	—	−170	−100	—	−50	—	−15	0	
200　　225	−740	−380	−260									
225　　250	−820	−420	−280									
250　　280	−920	−480	−300	—	−190	−110	—	−56	—	−17	0	
280　　315	−1 050	−540	−330									
315　　355	−1 200	−600	−360	—	−210	−125	—	−62	—	−18	0	
355　　400	−1 350	−680	−400									
400　　450	−1 500	−760	−440	—	−230	−135	—	−68	—	−20	0	
450　　500	−1 650	−840	−480									

偏差 $= \pm\dfrac{IT_n}{2}$

续表

公称尺寸/mm 大于	至	j 5,6	j 7	j 8	k 4~7	k ≤3 >7	m	n	p	r	s	t	u	v	x	y	z	za	zb	zc
—	3	−2	−4	−6	0	0	+2	+4	+6	+10	+14	—	+18	—	+20	—	+26	+32	+40	+60
3	6	−2	−4	—	+1	0	+4	+8	+12	+15	+19	—	+23	—	+28	—	+35	+42	+50	+80
6	10	−2	−5	—	+1	0	+6	+10	+15	+19	+23	—	+28	—	+34	—	+42	+52	+67	+97
10	14	−3	−6	—	+1	0	+7	+12	+18	+23	+28	—	+33	—	+40	—	+50	+64	+90	+130
14	18	−3	−6	—	+1	0	+7	+12	+18	+23	+28	—	+33	+39	+45	—	+60	+77	+108	+150
18	24	−4	−8	—	+2	0	+8	+15	+22	+28	+35	—	+41	+47	+54	+63	+73	+98	+136	+188
24	30	−4	−8	—	+2	0	+8	+15	+22	+28	+35	+41	+48	+55	+64	+75	+88	+118	+160	+218
30	40	−5	−10	—	+2	0	+9	+17	+26	+34	+43	+48	+60	+68	+80	+94	+112	+148	+200	+274
40	50	−5	−10	—	+2	0	+9	+17	+26	+34	+43	+54	+70	+81	+97	+114	+136	+180	+242	+325
50	65	−7	−12	—	+2	0	+11	+20	+32	+41	+53	+66	+87	+102	+122	+144	+172	+226	+300	+405
65	80	−7	−12	—	+2	0	+11	+20	+32	+43	+59	+75	+102	+120	+146	+174	+210	+274	+360	+480
80	100	−9	−15	—	+3	0	+13	+23	+37	+51	+71	+91	+124	+146	+178	+214	+258	+335	+445	+585
100	120	−9	−15	—	+3	0	+13	+23	+37	+54	+79	+104	+144	+172	+210	+254	+310	+400	+525	+690
120	140	−11	−18	—	+3	0	+15	+27	+43	+63	+92	+122	+170	+202	+248	+300	+365	+470	+620	+800
140	160	−11	−18	—	+3	0	+15	+27	+43	+65	+100	+134	+190	+228	+280	+340	+415	+535	+700	+900
160	180	−11	−18	—	+3	0	+15	+27	+43	+68	+108	+146	+210	+252	+310	+380	+465	+600	+780	+1 000
180	200	−13	−21	—	+4	0	+17	+31	+50	+77	+122	+166	+236	+284	+350	+425	+520	+670	+880	+1 150
200	225	−13	−21	—	+4	0	+17	+31	+50	+80	+130	+180	+258	+310	+385	+470	+575	+740	+960	+1 250
225	250	−13	−21	—	+4	0	+17	+31	+50	+84	+140	+196	+284	+340	+425	+520	+640	+820	+1 050	+1 350
250	280	−16	−26	—	+4	0	+20	+34	+56	+94	+158	+218	+315	+385	+475	+580	+710	+920	+1 200	+1 550
280	315	−16	−26	—	+4	0	+20	+34	+56	+98	+170	+240	+350	+425	+525	+650	+790	+1 000	+1 300	+1 700
315	355	−18	−28	—	+4	0	+21	+37	+62	+108	+190	+268	+390	+475	+590	+730	+900	+1 150	+1 500	+1 900
355	400	−18	−28	—	+4	0	+21	+37	+62	+114	+208	+294	+435	+530	+660	+820	+1 000	+1 300	+1 650	+2 100
400	450	−20	−32	—	+5	0	+28	+40	+68	+126	+232	+330	+490	+595	+740	+920	+1 100	+1 450	+1 850	+2 400
450	500	−20	−32	—	+5	0	+28	+40	+68	+132	+252	+360	+540	+660	+820	+1 000	+1 250	+1 600	+2 100	+2 600

注：公称尺寸＞500 mm 的偏差数值未列入。

附表 24　孔的基本偏差数值（GB/T 1800.1—2009）　　　　　　　（μm）

基本偏差		下极限偏差(EI)												上极限偏差(ES)						
		A	B	C	CD	D	E	EF	F	FG	G	H	Js	J			K		M	
公称尺寸/mm		公差																		
大于	至	所有等级												6	7	8	≤8	>8	≤8	>8
—	3	+270	+140	+60	+34	+20	+14	+10	+6	+4	+2	0		+2	+4	+6	0	0	-2	-2
3	6	+270	+140	+70	+46	+30	+20	+14	+10	+6	+4	0		+5	+6	+10	-1+Δ	—	-4+Δ	-4
6	10	+280	+150	+80	+56	+40	+25	+18	+13	+8	+5	0		+5	+8	+12	-1+Δ	—	-6+Δ	-6
10	14	+290	+150	+95	—	+50	+32	—	+16	—	+6	0		+6	+10	+15	-1+Δ	—	-7+Δ	-7
14	18																			
18	24	+300	+160	+110	—	+65	+40	—	+20	—	+7	0		+8	+12	+20	-2+Δ	—	-8+Δ	-8
24	30																			
30	40	+310	+170	+120	—	+80	+50	—	+25	—	+9	0		+10	+14	+24	-2+Δ	—	-9+Δ	-9
40	50	+320	+180	+130																
50	65	+340	+190	+140	—	+100	+60	—	+30	—	+10	0		+13	+18	+28	-2+Δ	—	-11+Δ	-11
65	80	+360	+200	+150																
80	100	+380	+220	+170	—	+120	+72	—	+36	—	+12	0	偏差 = ±$\frac{IT_n}{2}$	+16	+22	+34	-3+Δ	—	-13+Δ	-13
100	120	+410	+240	+180																
120	140	+460	+260	+200	—	+145	+85	—	+43	—	+14	0		+18	+26	+41	-3+Δ	—	-15+Δ	-15
140	160	+520	+280	+210																
160	180	+580	+310	+230																
180	200	+660	+340	+240	—	+170	+100	—	+50	—	+15	0		+22	+30	+47	-4+Δ	—	-17+Δ	-17
200	225	+740	+380	+260																
225	250	+820	+420	+280																
250	280	+920	+480	+300	—	+190	+110	—	+56	—	+17	0		+25	+36	+55	-4+Δ	—	-20+Δ	-20
280	315	+1 050	+540	+330																
315	355	+1 200	+600	+360	—	+210	+125	—	+62	—	+18	0		+29	+39	+60	-4+Δ	—	-21+Δ	-21
355	400	+1 350	+680	+400																
400	450	+1 500	+760	+440	—	230	+135	—	+68	—	+20	0		+33	+43	+66	-5+Δ	—	-23+Δ	-23
450	500	+1 650	+840	+480																

续表

基本偏差	上极限偏差(ES)															Δ					
公称尺寸/mm	N		P至ZC	P	R	S	T	U	V	X	Y	Z	ZA	ZB	ZC	等级					
大于—至	≤8	>8	≤7	>7												3	4	5	6	7	8
— 3	-4	-4	在>7级的相应数值上增加一个Δ值	-6	-10	-14	—	-18	—	-20	—	-26	-32	-40	-60	0					
3 6	-8+Δ	0		-12	-15	-19	—	-23	—	-28	—	35	-42	-50	-80	1	1.5	1	3	4	6
6 10	-10+Δ	0		-15	-19	-23	—	-28	—	-34	—	-42	-52	-67	-97	1	1.5	2	3	6	7
10 14	-12+Δ	0		-18	-23	-28	—	-33	—	-40	—	-50	-64	-90	-130	1	2	3	3	7	9
14 18									-39	-45	—	60	-77	-108	-150						
18 24	-15+Δ	0		-22	28	-35	—	-41	-47	-54	-63	-73	-98	-136	-188	1.5	2	3	4	8	12
24 30							-41	-48	-55	-64	-75	-88	-118	-160	-218						
30 40	-17+Δ	0		-26	-34	-43	-48	-60	-68	-80	-94	-112	-148	-200	-274	1.5	3	4	5	9	14
40 50							-54	-70	-81	-97	-114	-136	-180	-242	-325						
50 65	-20+Δ	0		-32	-41	-53	-66	-87	-102	-122	-144	-172	-226	-300	-405	2	3	5	6	11	16
65 80					-43	-59	-75	-102	-120	-146	-174	-210	-274	-360	-480						
80 100	-23+Δ	0		-37	-51	-71	-91	-124	-146	-178	-214	-258	-335	-445	-585	2	4	5	7	13	19
100 120					-54	-79	-104	-144	-172	-210	-254	-310	-400	-525	-690						
120 140	-27+Δ	0		-43	-63	-92	-122	-170	-202	-248	-300	-365	-470	-620	800	3	4	6	7	15	23
140 160					-65	-100	-134	-190	-228	-280	-340	-415	-535	-700	-900						
160 180					-68	-108	-146	-210	-252	-310	-380	-465	-600	-780	-1000						
180 200	-31+Δ	0		-50	-77	-122	-166	-236	-284	-350	-425	-520	-670	-880	-1150	3	4	6	7	17	26
200 225					-80	-130	-180	-258	-310	-385	-470	-575	-740	-960	-1250						
225 250					-84	-140	-196	-284	-340	-425	-520	-640	-820	-1050	-1350						
250 280	-34+Δ	0		-56	-94	-158	-218	-315	-385	-475	-580	-710	-920	-1200	-1550	4	4	7	9	20	29
280 315					-98	-170	-240	-350	-425	-525	-650	-790	-1000	-1300	-1700						
315 355	-37+Δ	0		-62	-108	-190	-268	-390	-475	-590	-730	-900	-1150	-1500	-1900	4	5	7	11	21	32
355 400					-114	-208	-294	-435	-530	-660	-820	-1000	-1300	-1650	-2100						
400 450	-40+Δ	0		-68	-126	-232	-330	-490	-595	-740	-920	-1100	-1450	-1850	-2400	5	5	7	13	23	34
450 500					-132	-252	-360	-540	-660	-820	-1000	-1250	-1600	-2100	-2600						

注：公称尺寸>500 mm的偏差数值未列入。

附表 25　优先配合中轴的极限偏差(GB/T 1800.4—1999)　　　　　(μm)

公称尺寸/mm		公差带												
		c	d	f	g	h				k	n	p	s	u
大于	至	11	9	7	6	6	7	9	11	6	6	6	6	6
—	3	−60 / −120	−20 / −45	−6 / −16	−2 / −8	0 / −6	0 / −10	0 / −25	0 / −60	+6 / 0	+10 / +4	+12 / +6	+20 / +14	+24 / +18
3	6	−70 / −145	−30 / −60	−10 / −22	−4 / −12	0 / −8	0 / −12	0 / −30	0 / −75	+9 / +1	+16 / +8	+20 / +12	+27 / +19	+31 / +23
6	10	−80 / −170	−40 / −76	−13 / −28	−5 / −14	0 / −9	0 / −15	0 / −36	0 / −90	+10 / +1	+19 / +10	+24 / +15	+32 / +23	+37 / +28
10	14	−95 / −205	−50 / −93	−16 / −34	−6 / −17	0 / −11	0 / −18	0 / −43	0 / −110	+12 / +1	+23 / +12	+29 / +18	+39 / +28	+44 / +33
14	18	−95 / −205	−50 / −93	−16 / −34	−6 / −17	0 / −11	0 / −18	0 / −43	0 / −110	+12 / +1	+23 / +12	+29 / +18	+39 / +28	+44 / +33
18	24	−110 / −240	−65 / −117	−20 / −41	−7 / −20	0 / −13	0 / −21	0 / −52	0 / −130	+15 / +2	+28 / +15	+35 / +22	+48 / +35	+54 / +41
24	30	−110 / −240	−65 / −117	−20 / −41	−7 / −20	0 / −13	0 / −21	0 / −52	0 / −130	+15 / +2	+28 / +15	+35 / +22	+48 / +35	+61 / +48
30	40	−120 / −280	−80 / −142	−25 / −50	−9 / −25	0 / −16	0 / −25	0 / −62	0 / −160	+18 / +2	+33 / +17	+42 / +26	+59 / +43	+76 / +60
40	50	−130 / −290	−80 / −142	−25 / −50	−9 / −25	0 / −16	0 / −25	0 / −62	0 / −160	+18 / +2	+33 / +17	+42 / +26	+59 / +43	+86 / +70
50	65	−140 / −330	−100 / −174	−30 / −60	−10 / −29	0 / −19	0 / −30	0 / −74	0 / −190	+21 / +2	+39 / +20	+51 / +32	+72 / +53	+106 / +87
65	80	−150 / −340	−100 / −174	−30 / −60	−10 / −29	0 / −19	0 / −30	0 / −74	0 / −190	+21 / +2	+39 / +20	+51 / +32	+78 / +59	+121 / +102
80	100	−170 / −390	−120 / −207	−36 / −71	−12 / −34	0 / −22	0 / −35	0 / −87	0 / −220	+25 / +3	+45 / +23	+59 / +37	+93 / +71	+146 / +124
100	120	−180 / −400	−120 / −207	−36 / −71	−12 / −34	0 / −22	0 / −35	0 / −87	0 / −220	+25 / +3	+45 / +23	+59 / +37	+101 / +79	+166 / +144
120	140	−200 / −450	−145 / −245	−43 / −83	−14 / −39	0 / −25	0 / −40	0 / −100	0 / −250	+28 / +3	+52 / +27	+68 / +43	+117 / +92	+195 / +170
140	160	−210 / −460	−145 / −245	−43 / −83	−14 / −39	0 / −25	0 / −40	0 / −100	0 / −250	+28 / +3	+52 / +27	+68 / +43	+125 / +100	+215 / +190
160	180	−230 / −480	−145 / −245	−43 / −83	−14 / −39	0 / −25	0 / −40	0 / −100	0 / −250	+28 / +3	+52 / +27	+68 / +43	+133 / +108	+235 / +210
180	200	−240 / −530	−170 / −285	−50 / −96	−15 / −44	0 / −29	0 / −46	0 / −115	0 / −290	+33 / +4	+60 / +31	+79 / +50	+151 / +122	+265 / +236
200	225	−260 / −550	−170 / −285	−50 / −96	−15 / −44	0 / −29	0 / −46	0 / −115	0 / −290	+33 / +4	+60 / +31	+79 / +50	+159 / +130	+287 / +258
225	250	−280 / −570	−170 / −285	−50 / −96	−15 / −44	0 / −29	0 / −46	0 / −115	0 / −290	+33 / +4	+60 / +31	+79 / +50	+169 / +140	+313 / +284
250	280	−300 / −620	−190 / −320	−56 / −108	−17 / −49	0 / −32	0 / −52	0 / −130	0 / −320	+36 / +4	+66 / +34	+88 / +56	+190 / +158	+347 / +315
280	315	−330 / −650	−190 / −320	−56 / −108	−17 / −49	0 / −32	0 / −52	0 / −130	0 / −320	+36 / +4	+66 / +34	+88 / +56	+202 / +170	+382 / +350
315	355	−360 / −720	−210 / −350	−62 / −119	−18 / −54	0 / −36	0 / −57	0 / −140	0 / −360	+40 / +4	+73 / +37	+98 / +62	+226 / +190	+426 / +390
355	400	−400 / −760	−210 / −350	−62 / −119	−18 / −54	0 / −36	0 / −57	0 / −140	0 / −360	+40 / +4	+73 / +37	+98 / +62	+244 / +208	+471 / +435
400	450	−440 / −840	−230 / −385	−68 / −131	−20 / −60	0 / −40	0 / −63	0 / −155	0 / −400	+45 / +5	+80 / +40	+108 / +68	+272 / +232	+530 / +490
450	500	−480 / −880	−230 / −385	−68 / −131	−20 / −60	0 / −40	0 / −63	0 / −155	0 / −400	+45 / +5	+80 / +40	+108 / +68	+292 / +252	+580 / +540

附表 26　优先配合中孔的极限偏差(GB/T 1800.4—1999)　　（μm）

公称尺寸/mm 大于	至	C11	D9	F8	G7	H7	H8	H9	H11	K7	N7	P7	S7	U7
—	3	+120/+60	+45/+20	+20/+6	+12/+2	+10/0	+14/0	+25/0	+60/0	0/-10	-4/-14	-6/-16	-14/-24	-18/-28
3	6	+145/+70	+60/+30	+28/+10	+16/+4	+12/0	+18/0	+30/0	+75/0	+3/-9	-4/-16	-8/-20	-15/-27	-19/-31
6	10	+170/+80	+76/+40	+35/+13	+20/+5	+15/0	+22/0	+36/0	+90/0	+5/-10	-4/-19	-9/-24	-17/-32	-22/-37
10	14	+205/+95	+93/+50	+43/+16	+24/+6	+18/0	+27/0	+43/0	+110/0	+6/-12	-5/-23	-11/-29	-21/-39	-26/-44
14	18	+205/+95	+93/+50	+43/+16	+24/+6	+18/0	+27/0	+43/0	+110/0	+6/-12	-5/-23	-11/-29	-21/-39	-26/-44
18	24	+240/+110	+117/+65	+53/+20	+28/+7	+21/0	+33/0	+52/0	+130/0	+6/-15	-7/-28	-14/-35	-27/-48	-33/-54
24	30	+240/+110	+117/+65	+53/+20	+28/+7	+21/0	+33/0	+52/0	+130/0	+6/-15	-7/-28	-14/-35	-27/-48	-40/-61
30	40	+280/+120	+142/+80	+64/+25	+34/+9	+25/0	+39/0	+62/0	+160/0	+7/-18	-8/-33	-17/-42	-34/-59	-51/-76
40	50	+290/+130	+142/+80	+64/+25	+34/+9	+25/0	+39/0	+62/0	+160/0	+7/-18	-8/-33	-17/-42	-34/-59	-61/-86
50	65	+330/+140	+174/+100	+76/+30	+40/+10	+30/0	+46/0	+74/0	+190/0	+9/-21	-9/-39	-21/-51	-42/-72	-76/-106
65	80	+340/+150	+174/+100	+76/+30	+40/+10	+30/0	+46/0	+74/0	+190/0	+9/-21	-9/-39	-21/-51	-48/-78	-91/-121
80	100	+390/+170	+207/+120	+90/+36	+47/+12	+35/0	+54/0	+87/0	+220/0	+10/-25	-10/-45	-24/-59	-58/-93	-111/-146
100	120	+400/+180	+207/+120	+90/+36	+47/+12	+35/0	+54/0	+87/0	+220/0	+10/-25	-10/-45	-24/-59	-66/-101	-131/-166
120	140	+450/+200	+245/+145	+106/+43	+54/+14	+40/0	+63/0	+100/0	+250/0	+12/-28	-12/-52	-28/-68	-77/-117	-155/-195
140	160	+460/+210	+245/+145	+106/+43	+54/+14	+40/0	+63/0	+100/0	+250/0	+12/-28	-12/-52	-28/-68	-85/-125	-175/-215
160	180	+480/+230	+245/+145	+106/+43	+54/+14	+40/0	+63/0	+100/0	+250/0	+12/-28	-12/-52	-28/-68	-93/-133	-195/-235
180	200	+530/+240	+285/+170	+122/+50	+61/+15	+46/0	+72/0	+115/0	+290/0	+13/-33	-14/-60	-33/-79	-105/-151	-219/-265
200	225	+550/+260	+285/+170	+122/+50	+61/+15	+46/0	+72/0	+115/0	+290/0	+13/-33	-14/-60	-33/-79	-113/-159	-241/-287
225	250	+570/+280	+285/+170	+122/+50	+61/+15	+46/0	+72/0	+115/0	+290/0	+13/-33	-14/-60	-33/-79	-123/-169	-267/-313
250	280	+620/+300	+320/+190	+137/+56	+69/+17	+52/0	+81/0	+130/0	+320/0	+16/-36	-14/-66	-36/-88	-138/-190	-295/-347
280	315	+650/+330	+320/+190	+137/+56	+69/+17	+52/0	+81/0	+130/0	+320/0	+16/-36	-14/-66	-36/-88	-150/-202	-330/-382
315	355	+720/+360	+350/+210	+151/+62	+75/+18	+57/0	+89/0	+140/0	+360/0	+17/-40	-16/-73	-41/-98	-169/-226	-369/-426
355	400	+760/+400	+350/+210	+151/+62	+75/+18	+57/0	+89/0	+140/0	+360/0	+17/-40	-16/-73	-41/-98	-187/-244	-414/-471
400	450	+840/+440	+385/+230	+165/+68	+83/+20	+63/0	+97/0	+155/0	+400/0	+18/-45	-17/-80	-48/-108	-209/-272	-467/-530
450	500	+880/+480	+385/+230	+165/+68	+83/+20	+63/0	+97/0	+155/0	+400/0	+18/-45	-17/-80	-48/-108	-229/-292	-517/-580

参 考 文 献

[1] 王幼龙.机械制图.3 版.北京:高等教育出版社,2008.

[2] 金大鹰.机械制图.6 版.北京:机械工业出版社,2005.

[3] 金大鹰.机械制图.7 版.北京:机械工业出版社,2007.

[4] 钱可强.机械制图.4 版.北京:中国劳动社会保障出版社,2001.

[5] 韩变枝.机械制图与识图.北京:机械工业出版社,2009.

[6] 倪国栋.机械识图.上海:上海科学技术文献出版社,2009.

[7] 叶曙光.机械制图.北京:机械工业出版社,2008.

[8] 杨老记,李俊武.简明机械零件设计手册.北京:机械工业出版社,2008.

[9] 吴宗泽.机械零件设计手册.北京:机械工业出版社,2008.

[10] 钱可强,赵洪庆.零部件测绘实训教程.北京:高等教育出版社,2007.

[11] 中华人民共和国国家标准《机械制图》.北京:中国标准出版社出版发行,2005.

[12] 中华人民共和国国家标准《技术制图与机械制图》.北京:中国标准出版社出版发行,1996.